DIE RAKETEN DER NVA

BODEN – BODEN

Jörg Siegert

Motor buch Verlag

Einbandgestaltung: Sven Rauert

Bildnachweis
1. Privatarchive und Sammlungen: J. Plate (38), W. Graupner (22), A. Junghans (19), E. Gerecke (15), J. Siegert (14), J. Richter (10), M. Wilhelm (6), R. Seifert (5), B. Ihde (5), M. Smisek (4), H. Helmke (3), B. Hildebrandt (3), G. Knebel (3), H. Hanske (2), J. Zihang (2), G. Matern (1), K. Piotrowski (1), L.Gau (1)
2. Militärhistorischer Verein Demen e.V. Konversions- und Raketenmuseum (18)
3. Dokumentationen: Vorschriften der NVA (36)
4. Verzeichnis der Kampftechnik, Bewaffnung und Ausrüstung (6)
5. Weiterführende Literatur (11):
Landgestützte Raketensysteme der NVA - Die Raketensysteme Boden-Boden der Landstreitkräfte und der Volksmarine - Media-Script
Raketentruppen der NVA-Landstreitkräfte - Geheimhaltungsgrad aufgehoben - Roland Großer
Die Raketentruppen der NVA - Kurt Schmidt
Die Küstenraketentruppen der Volksmarine - Schmidt, Gödde, Schädlich
Энциклопедия Отечественного ракетного оружия - 1817-2002 - А.Б.Широкорад
Секретные автомобили Советской Армии - Евгений Кочнев
Автомобили Советской Армии - Евгений Кочнев
Deutsche Militärfahrzeuge - Bundeswehr und NVA - Motorbuchverlag - Gau, Plate, Siegert
Radfahrzeuge der NVA - Lkw, Pkw, Kräder - Motorbuchverlag - Gau, Siegert
Raketen über See - Die taktische Seezielrakete P-15 (STYX) - Egbert Lemcke, Holger Neidel

ISBN 978-3-613-04654-2

1. Auflage 2024

Sie finden uns im Internet unter www.motorbuch-verlag.de

Lektorat: Georg Otto
Innengestaltung: WS – WerbeService Linke, 76185 Karlsruhe
Druck und Bindung: DZS GRAFIK d.o.o, 1210 Ljubljana
Printed in Printed in Slovenia

Inhalt

Vorwort

Mit dem vorliegenden Buch bietet der Motorbuchverlag die Möglichkeit, eines der bestgehüteten Geheimnisse der NVA (Nationale Volksarmee) dem interessierten Leser nahezubringen. Es handelt sich bei diesem Phänomen um die in der NVA eingesetzten bodengestützten Raketen.

Thematisch lassen sich die bodengestützten Raketen in operativtaktische Raketen, in taktische Raketen, in Fla-Raketen, in Panzerabwehrlenkraketen und in Flügelraketen einteilen. In diesem Buch werden die operativ-taktischen und die taktischen Raketen der Landstreitkräfte sowie die landgestützten Flügelraketen der Volksmarine vorgestellt. Neben der Raketentechnik werden auch Themen wie geschichtliche Entwicklung, Einsatzprinzipien oder Gliederungen der militärischen Einheiten behandelt, hauptsächlich geht es aber um die Beschreibung der technischen Komponenten. Die in den einzelnen Kapiteln verwendeten Technikbezeichnungen stammen aus einem zeitlich definierten Stellenplan / Ausrüstungsnachweis, der am Anfang des Kapitels erwähnt wird. Wichtige Technik, die später eingeführt wurde, findet zusätzlich Erwähnung. Es kommt vor, dass Technik, die bei mehreren Raketen verwendet wurde, unterschiedliche Bezeichnungen trägt.

Die Kapitel *Fla-Raketen* und *Panzerabwehrlenkraketen* werden in einem weiteren Buch behandelt. Geschosswerfer werden laut *Verzeichnis für Kampftechnik, Bewaffnung und Ausrüstung* den Artilleriewaffen zugeordnet und gehören demzufolge nicht zur Raketentechnik. Sie wurden bereits im Buch ***Artilleriesysteme der NVA*** dargestellt.

Jede Rakete erhielt eine Bezeichnung, die sich aus der militärischen Bestimmung und einem Index zusammensetzte. Die militärische Bestimmung gab Auskunft über den Einsatzzweck, zum Beispiel *Taktische Rakete*. Die Indexe 3M…, 8K… oder 9M… wurden von der *Hauptverwaltung für Raketen und Artillerie des Verteidigungsministeriums der UdSSR (GRAU-Index)* vergeben und durch die NVA übernommen.
In der Regel erhielt jedes Raketensystem, jeder Raketenkomplex zusätzlich einen Eigennamen, der zum Beispiel einem Himmelskörper (LUNA), einem Berg (ELBRUS) oder einem Fluss (OKA) entlehnt wurde. Mitunter wurden diese Eigennamen im militärischen Sprachgebrauch der NVA auch für die Rakete verwendet, zum Beispiel *Taktische Rakete TOTSCHKA* oder *Panzerabwehrlenkrakete MALJUTKA*.

Da die Raketen im Mittelpunkt stehen, werden ihrem Aufbau und der Wirkungsweise wichtiger Komponenten der größte Teil des Buches gewidmet. Mit der Technik, die unmittelbar für den Einsatz der Rakete notwendig war, zum Beispiel Startrampen, wird in gleicher Weise verfahren. Die Beschreibung mittelbar notwendiger Technik wie Transportmittel, Tankfahrzeuge, Mittel der topografischen, technischen und meteorologischen Sicherstellung oder Kräne wird kurzgehalten. Außen vor gelassen wurde Technik des Chemischen- und Verpflegungs-Dienstes sowie des Pionier- und Nachrichtenwesens. Technik, die für den Einsatz mehrerer Raketen notwendig ist, wird nur einmal beschrieben. Taucht diese Technik ein zweites oder drittes Mal auf, wird sie mit (1) markiert, was bedeutet, dass sie in einem früheren Kapitel bereits beschrieben wurde. Gepanzerte Ketten- und Radtechnik, die bereits Aufnahme in die Bücher **Panzer der NVA** oder **Gepanzerte Rad- und Spezialfahrzeuge der NVA** fanden, wurden mit (2) oder (3) gekennzeichnet. In den jeweiligen Kapiteln sind lediglich ergänzende Erläuterungen oder raketenspezifische Beschreibungen enthalten.
Bis 1981 wurden operativ-taktische und taktische Startmittel als *Startanlagen* bezeichnet, 1982 wurde die Bezeichnung *Startrampen* eingeführt.

Die zur Verfügung stehenden, authentischen Dokumente, die *Dienstvorschriften der Nationalen Volksarmee*, bilden die Grundlage für die Darstellung sämtlicher Technik. Der größte Teil der verwendeten taktisch-technischen Daten, der Beschreibungen und der Erklärungen wurden aus diesen Dienstvorschriften extrahiert. Weiterhin wurden zahlreiche Informationen durch Recherchen im Militärarchiv Freiburg gewonnen, zum Beispiel geschichtliche Daten oder Strukturen zu militärischen Einheiten. Zusätzlich fanden eine Vielzahl von Publikationen Verwendung (siehe Literaturnachweis), mit deren Hilfe eine bessere geschichtliche Einordnung möglich wurde. Die beschränkte Verfügbarkeit entsprechenden Bildmaterials war der Grund dafür, dass nicht die gesamte Technik bildlich dargestellt werden konnte. Das private Fotografieren von Gefechtstechnik war in der NVA verboten, Verstöße wurden mit äußerster Härte bestraft. Die teilweise minderwertige Bildqualität ist auf das Alter der Fotos und die Umstände ihres Entstehens zurückzuführen. In vielen Fällen gab es nur die Entscheidung zwischen keinem oder diesem Bild. Mitunter konnte nur noch eine Zeichnung zur Darstellung der Technik genutzt werden. Eine große Hilfe waren die beiden Bücher **Automobile der Sowjetischen Armee** und **Geheime Automobile der Sowjetischen Armee** von Jewgeni Kotschnew, die die eine oder andere Lücke zu schließen halfen. Für das Raketensystem TOTSCHKA gibt es kaum Bildmaterial, das den Einsatz dieser Waffe in der NVA dokumentiert. Hier erhielt ich Hilfe von Martin Smíšek (Quelle: www.valka.cz) aus der Tschechischen Republik. Es fanden aber auch verschiedene Internetpräsentationen Verwendung, die sich mit gleichen oder ähnlichen Themen beschäftigten.

Um mit dem Buch einen breiten Leserkreis zu erreichen, wurde auf eine tiefergehende technische Beschreibung der Raketen verzichtet, da es den Umfang des Buches gesprengt hätte. Mit der Verwendung technischer Fachbegriffe wurde behutsam umgegangen.

Sollten aufgrund der zum Teil unübersichtlichen Quellenlage Unstimmigkeiten entstanden sein, bin ich für Berichtigungen oder Ergänzungen stets dankbar. Vorschläge und Anregungen bitte ich dem Verlag mitzuteilen, der sie dann weiterleitet.

Einige wichtige Abkürzungen:

GK	- Gefechtskopf (Kopfteil)
OTR	- operativ-taktische Rakete
OTRs	- operativ-taktisches Raketensystem
RTF	- Raketentransportfahrzeug
SA	- Startanlage
SR	- Startrampe
STAN	- Stellenplan und Ausrüstungsnachweis
TR	- taktische Rakete
TRs	- taktisches Raketensystem
(K)	- Kofferaufbau

Danksagung

Bei den Recherchen zu diesem Buch bin ich überall auf positive Resonanz und Unterstützung gestoßen. Ich möchte an dieser Stelle ausdrücklich allen, die meine Arbeit durch ideelle oder materielle Beiträge unterstützt haben, danken. Stellvertretend für alle engagierten Unterstützer möchte ich mich ganz besonders bei **W. Graupner** (LUNA und LUNA-M), **P. Schulz** (R-11, R-17 und ELBRUS), **M. Einbeck** (OKA), **E. Wendland** (TOTSCHKA) sowie **L. Schmidt** (SOPKA und RUBESH-Ä) bedanken.
Ein großes Dankeschön geht an den Motorbuchverlag, der es ermöglichte, dieser Thematik eine Bühne zu bereiten.
Auch bei **Andre Junghans** und **Markus Wilhelm**, mit denen mich seit vielen Jahren ein intensiver Kontakt verbindet, möchte ich mich bedanken. **Jürgen Plate** war Stütze in vielfacher Hinsicht, danke.

Mir fehlen wie immer die richtigen Worte, um meiner Ehefrau **Doris** in angemessener Weise für ihr überragendes persönliches Engagement bei der Forschung im Bundesarchiv Freiburg und für die Durchsicht des Manuskriptes Danke zu sagen. Mit Akribie fand Sie jeden noch so kleinen Rechtschreib- und Grammatikfehler. Ihrer Unnachgiebigkeit und Hartnäckigkeit ist es zu verdanken, dass das vorliegende Buch leicht und verständlich zu lesen ist.

Potsdam im Winter 2023
Jörg Siegert

Einleitung

Mit dem Befehl des Ministers für Nationale Verteidigung 17/62 vom 07. März 1962 wurde der Grundstein für die Aufstellung der Raketentruppen der Landstreitkräfte gelegt. In dem Befehl hieß es:

Zur weiteren Erhöhung der Kampfkraft und der Gefechtsbereitschaft der Nationalen Volksarmee beginnt im Jahre 1962 die Ausrüstung der Landstreitkräfte mit modernen Raketenwaffen verschiedener Typen.
Dazu

BEFEHLE ICH:

1.
(1) In den Landstreitkräften der Nationalen Volksarmee sind aufzustellen:
a) eine selbständige Raketenbrigade (operativ-taktische Rakete) gemäß Org.-Schema (Anlage 2).
b) sechs selbständige Raketenabteilungen (taktische Rakete) gemäß Org.-Schema (Anlage 3).

(2) Ab 15. Mai 1962 ist mit der Aufstellung der selbständigen Raketenbrigade ohne eine Abteilung, den selbständigen Raketenabteilungen der 4. MSD und 9. PD sowie sieben Panzerabwehr-Raketenbatterien der Mot.-Schützenregimenter-3; -7; -18; -22; -23; -27 und -28 zu beginnen und bis zum 15. Juni 1962 abzuschließen.

(3) Im Jahre 1963 erfolgt die Aufstellung der zweiten Abteilung der selbständigen Raketenbrigade, der selbständigen Raketenabteilungen der 1.; 8.; 11. MSD und der 7. PD sowie der Panzerabwehr-Raketenbatterien in den Mot.-Schützenregimentern-1; -2; -9; -16; -17; -24 und -29.

(5) Die Raketenbrigade und die selbständigen Raketen-Einheiten führen folgende Bezeichnung:
- Selbständige Raketenbrigade = selbständige Artilleriebrigade 2
- Selbständige Raketenabteilungen = selbständige Artillerieabteilungen entsprechend der Nummerierung der Divisionen
- Selbständige Panzerabwehr-Raketenbatterien = Selbständige Panzerabwehrbatterien entsprechend der Nummerierung der Mot.-Schützenregimenter.

Bei der Führung und Bearbeitung von graphischen und textlichen Gefechtsdokumenten wurden grundlegende taktische Zeichen (TZ) und Abkürzungen verwendet. Dabei wurden die eigenen Truppen rot, der Gegner blau dargestellt. Elemente der Raketentruppen und Artillerie wurden schwarz abgebildet.
Die hier dargestellten taktischen Zeichen stammen aus dem Katalog 046/3/003 - Taktische Zeichen und Abkürzungen - von 1989. Die Zahlen, die hier in den Einheitsbezeichnungen verwendet wurden, waren fiktiv.

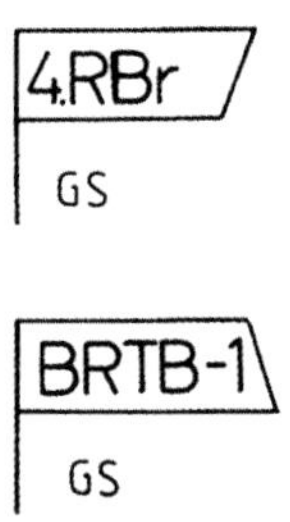

Gefechtsstand der 4. Raketenbrigade und Gefechtsstand der Beweglichen raketentechnischen Basis 1.

Raum der Beweglichen raketentechnischen Basis-7 und Raum der Raketentransportabteilung 8 (geplant).

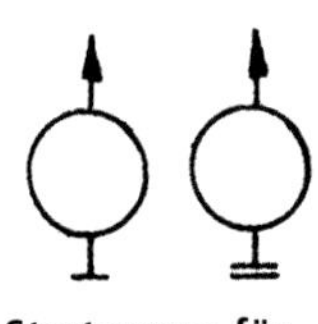

Startrampe für taktische (oberes TZ) und Startrampe für operativ-taktische Raketen.

Landgestützte Flügelrakete auf Startrampe taktischer Bestimmung.

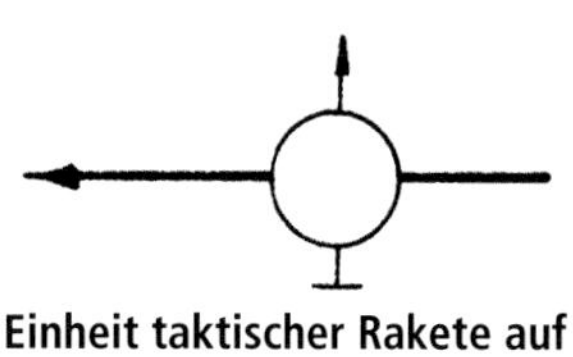

Einheit taktischer Rakete auf dem Marsch.

Reichweite taktische Rakete (oberes TZ) und Reichweite operativ-taktische Rakete.

Transport-Ladefahrzeug mit Ladekran (oberes TZ) und Raketentransportfahrzeug.

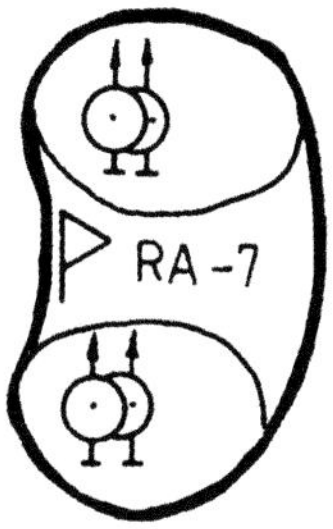

Stellungsraum einer taktischen Raketenabteilung mit Führungsstelle und Stellungsräumen der Batterien.

Empfangspunkt eines Raketentransports (Zähler - Transportnummer, Nenner - Zeit und Datum).

Übergabepunkt für Raketen (BRTB-7 an 10, RBr, Transportnummer Ra-0102, Zeit und Datum).

Mit Einführung von operativ-taktischen und taktischen Raketen besaß die NVA, theoretisch, die militärischen und technischen Voraussetzungen, Kernwaffenschläge zu führen.

Aber…

Generaloberst Joachim Goldbach, stellvertretender Verteidigungsminister der DDR und Chef Technik und Bewaffnung der NVA, hat die Rolle der NVA in einem Beitrag zu *Selbstverständnis und Geschichte des Deutschen Militärs von 1945 bis 1990* wie folgt charakterisiert:
Sie (die NVA – Anm. des Autors) war eine reine Koalitionsarmee und hätte auf ihrem konkreten Kriegsschauplatz nie eine eigenständige Rolle spielen können. Ihre operativen Aufgaben wurden im sowjetischen Generalstab erarbeitet, durch den Oberkommandierenden der Vereinten Streitkräfte übermittelt, in DDR-Stäben aufgearbeitet, durch die DDR-Spitze zur Kenntnis genommen und den Befehlshabern der Teilstreitkräfte und Armeen und den Kommandeuren der Divisionen als Befehle übergeben.

Im Buch *Raketentruppen der NVA-Landstreitkräfte – Geheimhaltungsgrad aufgehoben* heißt es zum Einsatz von Kernwaffeneinsatzmitteln durch die NVA:
Die Übergabe der Kernwaffen-Gefechtsköpfe war durch Spezialeinheiten der Sowjetarmee, stationiert auf dem Territorium der DDR, vorgesehen. Parolenaustausch, Bewachung bis zum Start, Verhinderung von nicht sanktionierten (vorzeitigen) Starts waren dabei unerlässliche Bestandteile der Übergabe der Kernwaffen-Gefechtsköpfe. Der Start einer mit Kernwaffen-Gefechtskopf bestückten Rakete der NVA ohne Anwesenheit eines Stellvertreters der Sowjetarmee war bis zur späteren Installation spezieller Blockierungseinrichtungen in den Startrampen ausgeschlossen.
Ohne Genehmigung der Sowjetunion wäre keine NVA-Rakete mit Kernwaffen-Gefechtskopf gestartet.

Die operativ-taktischen und taktischen Raketen, die in den 1950er-Jahren in der Sowjetunion entwickelt wurden, waren ein Resultat des Kalten Krieges und des atomaren Wettrüstens zwischen dem Warschauer Vertrag und der NATO. Die beiden, sich in ihrer Reichweite unterscheidenden Raketentypen, waren ausschließlich als Kernwaffeneinsatzmittel konzipiert.
In der DV 326/0/001 *Gefechtsvorschrift der Raketentruppen und Artillerie der Landstreitkräfte - Division, Brigade und Regiment von 1984* wurden die Aufgaben der Raketentruppen wie folgt definiert: *Die Raketentruppen … sind die Hauptmittel zur Bekämpfung des Gegners durch KERNWAFFEN … . Sie können mächtige Kernwaffenschläge in kurzer Zeit und mit hoher Genauigkeit auf große Entfernungen vorbereiten und führen. …*

Operativ-taktische Raketen

Im Mai 1958 unterbreitete das Vereinte Kommando des Warschauer Vertrages der DDR erste Vorschläge für die Ausstattung der NVA mit modernster Bewaffnung und Ausrüstung. Nach umfangreichen Beratungen bat am 05. Dezember 1960 der Minister für Nationale Verteidigung den Sekretär des Nationalen Verteidigungsrates um die prinzipielle Zustimmung zur Einführung folgender neuer Bewaffnung:

1. *Boden-Luft-Raketensystem SA-75 mit 16 Feuer- und 4 Technischen Abteilungen*
2. *Boden-Boden-Raketensystem R-11 mit 6 Feuerabteilungen und 6 Technischen Batterien (eine Raketenbrigade mit zwei Gefechtsabteilungen à drei Batterien, dazu zwei Lehr-Ausbildungs-Geräte, Einführung von 1962 bis 1964)*
3. *Boden-Boden-Raketensystem R-11M mit 12 Raketenabteilungen und 12 Technischen Batterien (1962 bis 1963)*
4. *Ufer-Schiff-Küstenschutzbatterie SOPKA mit 1 Batterie mit 4 Rampen und 12 Geschossen (1962)*

Für Kampfhandlungen erhalten die R-Geräte (Raketen) spezielle Sprengladungen, deren Lagerung noch abgestimmt werden muss. Die Schaffung von Lagerkapazitäten für diese R-Geräte und für den Treibstoff ist erforderlich.

Auf der 4. Sitzung des Nationalen Verteidigungsrates der DDR (20. Januar 1961) wurden die Empfehlungen des Vereinten Kommandos zur weiteren Erhöhung der Kampfkraft der NVA zum größten Teil bestätigt.

Für den Einsatz der ersten **operativ-taktischen Rakete 8K11** der NVA wurde mit Befehl 17/62 des Ministers für Nationale Verteidigung am 01.05.1962 die *selbständige Artilleriebrigade 2* (sABr-2) in Stallberg aufgestellt. Obwohl die vorangegangenen Planungen den Einsatz der OTR R-11 und der OTR R-11M vorsahen, kam in der NVA nur die Version R-11M zum Einsatz. Die »2« in der Einheitsbezeichnung sABr-2 wies darauf hin, dass diese Einheit dem *Chef Artillerie des MfNV* direkt unterstellt, logistisch aber dem Militärbezirk V angegliedert war.

In der sABr-2 befand sich laut Stellenplan von April 1962 eine Raketenabteilung mit drei Startanlagen 8U218 für die Rakete 8K11 sowie eine Technische Batterie. Bereits im Dezember 1962 erfolgte die Aufstellung einer zweiten Raketenabteilung, die Anzahl der Startanlagen erhöhte sich auf sechs. 1963 wurde für die technische Sicherstellung der sABr-2 die *Bewegliche artillerietechnische Basis-2* (BATB-2) und 1964 die *Transportbatterie 2* (TBttr-2) in Dienst gestellt. Die Ausbildung des notwendigen Personalbestandes wurde ab 1963 durch die *Ausbildungsabteilung 2* (AusbA-2) sichergestellt.

Ab 1965 erfolgte bereits die Zuführung der neuen OTR 8K14 mit der SA 2P19 in die sABr-2. In der sABr-2 wurde eine dritte Raketenabteilung mit drei SA 8U218 (OTR 8K11) aufgestellt. Diese Raketenabteilung bildete später die Basis für eine zweite Raketenbrigade.

Die materiell-technische Sicherstellung der dritten Raketenabteilung wurde durch BATB-2, ab 1967 durch die bewegliche raketentechnische Basis-5 sichergestellt.

Die organisatorischen Grundlagen für die Einführung der zweiten OTR wurden mit dem Stellenplan der sABr-2 vom 15. September 1964 gelegt. Im April 1965 erfolgte die Einführung der Startanlage 2P19 mit der **operativ-taktischen Rakete 8K14**. Zum 1. Mai 1965 wurde die sABr-2 dem Militärbezirk V unterstellt, zum 7. Oktober 1967 in *5. Raketenbrigade* (5. RBr) umbenannt. 1968 war der Prozess der Umstellung der 5. RBr auf die OTR 8K14, ausgerüstet mit sechs SA 2P19 und je einer OTR 8K14, abgeschlossen. Die *Bewegliche artillerietechnische Basis 2* und die *Transportbatterie 2* dienten bis Oktober 1967 der technischen Sicherstellung der sABr-2. Die Umbenennung der BATB-2 in die *Bewegliche raketentechnische Basis 5* (BRTB-5) erfolgte im November 1967. Für die Ausbildung des erforderlichen Personalbestandes kam die *Ausbildungsabteilung 2*, ab 1968 die neu formierte *Raketen-Ausbildungsabteilung 2* zum Einsatz. Im Frühjahr 1969 begann die Umrüstung der ersten Raketenabteilung der 5. RBr auf die neue Startanlage 9P117M. Die durch die Einführung der SA 9P117M freiwerdenden drei SA 2P19 wurden in die 3. RA der 5. RBr umgesetzt, sie lösten die bis dahin genutzten drei SA 8U218 (mit OTR 8K11) ab. 1972 erhielt die 5. RBr weitere drei Startanlagen 9P117M, sie war komplett mit der neuen SA ausgerüstet.

In der Leitungsvorlage des *Chefs der Raketentruppen und Artillerie MB III* vom 12. Juli 1973 zur Neuaufstellung und Erweiterung von Truppenteilen und Einheiten der Raketentruppen und Artillerie des MB III im Zeitraum 1973 bis 1975 war unter anderem *die Aufstellung der 3. Raketenbrigade mit sechs Startrampen R-300* vorgesehen. Im Zusammenhang mit der Aufstellung der 3. RBr bis 1975 entwickelte *der Stellvertreter des Ministers und Chef der Landstreitkräfte* im Oktober 1973 einen Plan zur Bildung gemischter Raketenbrigaden (drei SA 9P117M und drei SA 2P19) zur Erhöhung der Mobilität beider RBr. Dieser Plan wurde Anfang 1974 vom Hauptstab für operative Fragen abgelehnt. Diese Entscheidung wurde wie folgt begründet:

- doppelte Ersatzteilversorgung innerhalb der RBr und der BRTB
- komplizierte Ausbildung der Instandsetzungskräfte an zwei Systemen
- geringe Möglichkeit, Aggregate beim Ausfall von Startrampen auszutauschen
- eine Abteilung wäre mobil, die zweite Abteilung müsste ständig auf Tiefladern verladen werden.

Am 1. Mai 1975 erfolgte, mit Befehl 40/75 des MfNV, die Aufstellung der 3. RBr mit der OTR 8K14 und sechs Startanlagen 2P19.

Ab 1978 erfolgte die erste Umstrukturierung der 3. und der 5. RBr, jede Raketenabteilung wurde auf vier SA aufgestockt. Dazu erhielt die 3. RBr Anfang 1978 die ersten zwei SA 9P117M1 aus der Sowjetunion. Beide RBr verfügten nun über je zwei Raketenabteilungen mit vier OTR (vier Startanlagen 9P117M mit Rakete 8K14), die NVA konnte somit 16 OTR einsetzen. Eine grundlegende Umstrukturierung auf drei Raketenabteilungen mit je vier SR 9P117M erfolgte in der 3. RBr von 1981 bis 1982. Sie verfügte damit über zwölf OTR mit je einer Startrampe 9P117M/M1.

Die 5. RBr erhielt 1985 eine dritte Raketenabteilung, die mit der neuen **operativ-taktischen Rakete 9M714** ausgerüstet wurde. Damit verfügte die NVA ab 1985 über 24 Startrampen für OTR, 12 SR in jedem MB.
Im Rahmen der zwischen dem Warschauer Vertrag und der NATO geführten Verhandlungen zur Reduzierung der Streitkräfte und konventionellen Rüstungen in Europa wurde auch die *vollständige Beseitigung der Mittelstreckenraketen (Reichweite 500 bis 5000 km) der USA und der UdSSR in der europäischen Zone* beschlossen. Daraufhin erfolgte eine gedankliche Umrüstung und Umstrukturierung der 3. und 5. RBr, die sich im STAN 1990 manifestierten. Grundgedanke war die komplette Außerdienststellung sämtlicher operativ-taktischer Raketen der NVA. Dass es der DDR mit diesem Schritt ernst war, belegte die Tatsache, dass zur Militärparade am 7. Oktober 1989 keine operativ-taktischen Raketen mehr gezeigt wurden.

Operativ-taktische Rakete 8K11

Die im Text verwendeten Technikbezeichnungen stammen aus dem STAN der selbständigen Artilleriebrigade 2 vom Dezember 1962.

1962 verfügten die Chefs der beiden Militärbezirke für das Bekämpfen des Gegners auf große Entfernungen über je ein Artillerieregiment. Die eingesetzte 152 mm Haubitze Modell 43 (D-1) erreichte eine maximale Schussweite von 12.400 m, die 152 mm Kanonen-Haubitze Modell 1937 (ML-30) beachtliche 17.200 m. Jedes Artillerieregiment verfügte über eine Artillerieabteilung 152 mm Kanonen-Haubitzen und eine Artillerieabteilung 152 mm Haubitzen mit je 18 Geschützen.

Die OTR 8K11 war Bestandteil des operativ-taktischen Raketensystems R-11M, in der NVA wurde die Bezeichnung OTRs R-11 verwendet. Um mit der OTR 8K11 ein Ziel bekämpfen zu können, waren umfangreiche, vorbereitende Tätigkeiten notwendig. Die Rakete musste aus Träger und Gefechtskopf montiert, mit Oxidator, Brennstoff und Druckluft betankt und zur Startanlage transportiert werden. Die Koordinaten der Startanlage und des Ziels sowie die meteorologischen Parameter mussten bestimmt, der Kurs der Rakete errechnet und das Lenksystem der Rakete entsprechend programmiert werden. Mithilfe der Startanlage wurde die Rakete in Startposition aufgerichtet, zum Ziel ausgerichtet und gestartet. Unterschiedliche Prüf- und Wartungstechnik konnte die technischen Parameter der OTR bewerten und bei Notwendigkeit neu einstellen.

Operativ-taktische Rakete

8K11 - оперативно-тактическая ракета Р-11М =
8K11 - operativ-taktische Rakete R-11M

Im Juli 1963 wurden vom *Munitionslager 2* die ersten zehn Raketen, bezeichnet als *Gefechtsgegenstand 8K11 kpl. mit Bezug 3JaK2* und *EWZ, ein Schnittmodell 8K11 komplett* und diverses EWZ übernommen. Ende 1963 befanden sich 28 **operativ-taktische Raketen 8K11** im Bestand der NVA

Operativ-taktische Rakete R-11M	
GRAU-Index Träger	8K11
GRAU-Index Gefechtskopf (nuklear)	3N10
Bezeichnung in der NVA	8K11
Beginn der Einführung in die NVA	1963
NATO-Bezeichnung	SS-1b SCUD A
Einsatzebene	Raketenbrigade
Maximale Schussentfernung (km)	170
Minimale Schussentfernung (km)	60
Maximale Flughöhe (km)	78
Minimale Flughöhe (km)	20
Länge Rakete (mm)	10.311
Durchmesser mit Flügeln (mm)	880
Durchmesser ohne Flügel (mm)	1818
Art des Triebwerks	Flüssigkeitstriebwerk
Startbrennstoff	TG-02
Brennstoff	T-1
Oxidator	AK-20I
Masse Rakete betankt (kg)	5410
Masse Rakete unbetankt (kg)	1990
Masse Gefechtskopf ohne Gefechtsladung (kg)	265
Masse Gefechtskopf mit Gefechtsladung (kg)	950
TNT-Äquivalent (kt)	10
Startanlage	8U218

Die Entwicklung der einstufigen Rakete R-11 mit hochsiedenden Treibstoffkomponenten begann im Dezember 1950. Zwei wesentliche Forderungen waren eine Reichweite bis 270 km und die Möglichkeit, die Rakete einen Monat lang in betanktem Zustand zu lagern. Ein Jahr später war der erste Entwurf fertig, 1953 fanden in Kapustin Jar die ersten Flugtests mit Reichweiten von 250 bis 270 km statt. Nach mehreren Veränderungen, vor allem am Triebwerk, wurde die OTR R-11 (GAU-Index 8A61) im Juli 1955 in Dienst gestellt. Die Rakete R-11 wurde ab Frühjahr 1956 in ihrer Konstruktion überarbeitet, sie sollte in der Lage sein, den 950 kg wiegenden Nuklearsprengkopf 3N10 zu transportieren. Obwohl die Reichweite der neuen Rakete R-11M dadurch auf maximal 170 km sank, wurde sie unter dem GRAU-Index 8K11 ab April 1958 für die Streitkräfte zugelassen.

Für die Steuerung der Rakete wurde ein Trägheitslenksystem entwickelt. Nach dem 1. Newtonschen Gesetz bewegte sich ein Körper mit konstanter Geschwindigkeit weiter, wenn keine äußeren Kräfte auf ihn einwirkten. Aufgrund der Vielzahl von Kräften, die den Flug einer Rakete beeinflussten, wurde ein Lenksystem entwickelt, das ständig den Punkt auf der vorher programmierten Flugbahn überprüfte und bei Bedarf Gegenmaßnahmen zum Verbleib auf der Flugbahn einleitete.

Die operativ-taktische Rakete 8K11 war als Kernwaffeneinsatzmittel zum Vernichten und Bekämpfen von Kräften und technischen Kampfmitteln des Gegners in Konzentrierungsräumen bestimmt. Sie konnte zum Zerstören von Verteidigungsanlagen, zum Führen von Schlägen auf wichtige militärische und wirtschaftliche Objekte sowie auf Verkehrsknotenpunkte eingesetzt werden.

Die OTR 8K11 setzte sich aus dem *Träger für Gefechtskopf 8K11* und dem *nuklearen Gefechtskopf 3N10* zusammen. Für Übungs- und Ausbildungszwecke wurde in der NVA der *Gefechtskopf 3N10 mit Gewichtsäquivalent für 8K11* verwendet. Im Schriftverkehr und Sprachgebrauch innerhalb der NVA wurde allerdings die komplette Rakete als *Rakete 8K11* bezeichnet. Die Flugbahn der operativ-taktischen Rakete 8K11 bestand aus dem aktiven und dem passiven Teil, wobei sie sich nur auf dem aktiven Teil selbst lenkte.

Der Gefechtskopf 3N10 hatte eine Länge von 2870 mm und einen maximalen Durchmesser von 884 mm. Mit der elektrischen Heizanlage konnte im Inneren des Gefechtskopfs eine Temperatur von 7 °C bis 35 °C bei einer Außentemperatur von 8 °C bis -40 °C gewährleistet werden. Diese Temperatur war notwendig, um eine maximale Wirkung der Gefechtsladung zu erzielen. Die Stromversorgung der elektrischen Heizanlage erfolgte durch einen Gleichstromgenerator, der sich in der Startanlage befand. Eine Zündanlage garantierte, dass die Rakete zu einem bestimmten Zeitpunkt oder beim Auftreffen auf das Ziel detonierte.

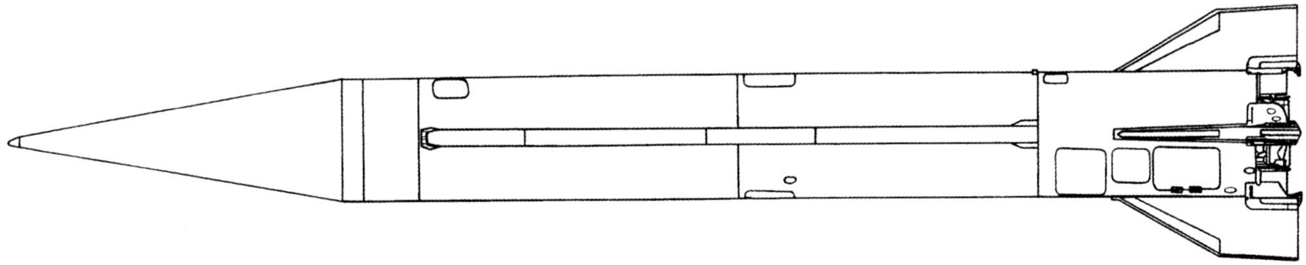

Grafik der operativ-taktischen Rakete 8K11.

Der zylindrische Träger 8K11 bestand aus einem Rumpf und einem Heckteil. Im Rumpf des Trägers befanden sich die Haupttreibstofftanks für Oxidator und Brennstoff sowie die zwischen ihnen liegenden Teile der Triebwerkseinrichtung. Die Haupttreibstoffbehälter waren tragende Behälter aus drei Millimeter starken legierten Stahlblechen, die alle auf die Rakete einwirkenden Belastungen aufnahmen. Zwischen den Behältern befanden sich unter anderem die Kreiselgeräte der Lenkeinrichtung, der Integrator für Längsbeschleunigung und das Integriergerät. Die Triebwerkseinrichtung bestand unter anderem aus dem Triebwerk, den Leitungen, der Armatur zum Auftanken und Ablassen der Treibstoffkomponenten und der Druckluftanlage. Mit der Druckluftanlage wurden die Brennstoff- und Oxidator-Förderanlagen, die pneumatische Anlage, die Ausgleichsbehälter und die Armaturen zum Anlassen und Abschalten der Triebwerkseinrichtung betrieben.

Mithilfe der Brennstoff- und Oxidator-Förderanlagen wurden durch Druckluft der Brennstoff T-1 und der Oxidator AK-20I getrennt in die Brennkammer eingespritzt (Verdrängungs-Treibstoffversorgung). Dazu wurde in beiden Förderanlagen ein Arbeitsdruck von maximal 31 at aufgebaut, der die Treibstoffkomponenten in die Brennkammer des Triebwerks drückte. Im Brennkammerkopf befanden sich drei verschiedene Typen von Einspritzdüsen für Brennstoff (insgesamt 293) und zwei verschiedene Typen von Einspritzdüsen für Oxidator (insgesamt 256), die sich jeweils durch den Verbrauch je Sekunde voneinander unterschieden. Die Einspritzdüsen für Brennstoff und Oxidator wurden schachbrettartig angeordnet, was zu einer ausreichenden Vermischung der Treibstoffkomponenten im Brennkammerkopf führte. Die Einspritzdüsen mit dem größten Durchlass befanden sich im Zentrum des Brennkammerkopfes. Durch die Verteilung der Einspritzdüsen mit geringem Durchlass an den Wänden der Brennkammer wurde eine ständige Kühlung gewährleistet und ein Durchbrennen der Wände verhindert. Der Brennstoff-Hauptbehälter fasste 882 Liter Brennstoff T-1 (725,3 kg), der Oxidator-Hauptbehälter 1642 Liter Oxidator AK-20I (2609 kg). Im spiralförmigen, aus Aluminiumblech gefertigten Behälter für den Startbrennstoff wurden elf Liter TG-02 (18,6 kg) transportiert. Der kugelförmige Druckluftbehälter der pneumatischen Anlage hatte ein Fassungsvermögen von 17,2 Liter (etwa fünf Kilo). Mithilfe eines Druckluftverteilers wurde die Druckluft auf die Behälter der Treibstoffförderanlagen verteilt. Gleichzeitig diente er dem Verschluss der Druckluft- und Treibstoffleitungen bei der Lagerung sowie nach Brennschluss der Rakete.

Die Lenkeinrichtung, die ihre Informationen von zwei Kreiselgeräten erhielt, arbeitete nur auf dem aktiven Abschnitt der Flugbahn und lenkte die Rakete mithilfe von vier Gasstrahlrudern. Auf dem passiven Abschnitt flog die Rakete wie ein freier Körper. Um das Treffen des Ziels mit geringster Abweichung zu erreichen, musste sich die Rakete auf dem aktiven Bahnabschnitt genau auf der vorher errechneten Flugbahn bewegen. Das Triebwerk wurde in dem Augenblick ausgeschaltet, wenn die erreichte Geschwindigkeit das Erreichen der Zielkoordinaten garantierte. Die Aufgabe der Lenkeinrichtung war es, die Abweichung vom geplanten Kurs auf einen zulässigen Wert zu reduzieren. Die empfindlichen Kreiselgeräte der Lenkeinrichtung maßen den Winkel der Abweichung der Rakete von der festgelegten Richtung und erzeugten eine Spannung, die proportional zu diesen Winkeln war. Durch Umformer und Verstärker wurde diese Spannung in Signale umgewandelt, mit denen die Gasstrahlruder bewegt wurden. Der Integrator für Längsbeschleunigung erarbeitete die Kommandos für den Brennschluss der Triebwerkseinrichtung bei Erreichen einer Geschwindigkeit, die die notwendige Schussentfernung gewährleistete. Das Integriergerät verringerte die Abweichung der Rakete von der Schussebene, die durch die ständig einwirkenden Faktoren (Druckluft, Windgeschwindigkeit, Temperatur) und die nicht zu beseitigenden Bewegungen der Rudermaschine entstand.

Im Heckteil befanden sich die Brennkammer, Teile der Lenkeinrichtung und des Havariesprengsystems. Das Heckteil diente als Stütze für die Rakete, wenn sie auf dem Starttisch der Startanlage aufgestellt wurde. Die Stabilisatoren des Heckteils und die Gasstrahlruder gewährleisteten gemeinsam die Stabilisierung der Raketen während des Fluges auf dem aktiven Teil der Flugbahn. Die vier Stabilisatoren waren in einem Winkel von 90° zueinander angeordnet. Ihre Form war so gehalten, dass ihr aerodynamischer Widerstand beim Flug mit Überschallgeschwindigkeit so gering wie möglich war. Das Havariesprengsystem (HSS) war ein autonomes System. Es erzeugte bei abnormalem Flug der Rakete die Kommandos zum Vernichten der Spezialladung des Gefechtskopfs und sprengte die Rakete sowie die Gefechtsladung. Zur Erfüllung der Aufgaben war das HSS mit dem Kreiselblock und dem Integrator für Längsbeschleunigung über Relais verbunden. Der Kreiselblock kontrollierte die programmmäßige Drehung der Rakete in Flugrichtung und die Lage der Rakete im Raum. Mit einem Barorelais wurde ein Blockierelement in das HSS integriert, das die Überprüfung der Rakete in der Startstellung erlaubte. Das Barorelais aktivierte erst in einer Höhe von 2000 m das HSS.

Der Start der Rakete vom Starttisch der SA erfolgte mithilfe der Bodenprüf- und Startausrüstung, die in der Startanlage 8U218 untergebracht war. Das Anlassen des Triebwerks geschah durch die Selbstentzündung von Startbrennstoff und Oxidator in der Brennkammer. Nachdem der Startbrennstoff verbraucht war, hatte die Brennkammer die erforderliche Temperatur erreicht, um die Selbstentzündung des Oxidator-Brennstoffgemischs zu gewährleisten. Die Schubkraft entstand durch das Ausströmen der Verbrennungsprodukte aus der Brennkammerdüse. Wenn die Schubkraft des

Triebwerks das Gewicht der Rakete überstieg, löste sich die Rakete vom Starttisch. Das Triebwerk benötigte etwa 0,1 Sekunden, um den Nennschub zu erreichen. In den ersten sechs Sekunden flog die Rakete senkrecht und kippte danach entsprechend dem Flugprogramm in Richtung des Ziels. Dazu musste die Rakete so auf dem Starttisch gedreht werden, dass der *Stabilisator Nr. 1* exakt in Zielrichtung zeigte. Nachdem die Rakete die Fluggeschwindigkeit erreicht hatte, die der gegebenen Entfernung zum Ziel entsprach, schaltete der Integrator für Längsbeschleunigung das Triebwerk ab, indem die Zufuhr der Treibstoffkomponenten zur Brennkammer unterbrochen wurde.

Die Rakete war durch Kabel mit der Bodenprüf- und Startausrüstung der Startanlage verbunden. Dazu befand sich ein Fallstecker am Heckteil der Rakete. Alle notwendigen Arbeiten für den Start der Rakete wurden von der Startanlage aus durchgeführt. Unmittelbar vor dem Start wurden durch Betätigen des Knopfs *Bordbatterie* die Batterien zur Versorgung des Lenk- und des Havariesprengsystems aktiviert. Dies erfolgte durch Einspritzen von Elektrolytflüssigkeit in die Stromzellen. Nach wenigen Sekunden erreichte die Bordversorgung ihre volle Leistung. Durch Betätigen des Knopfs *FEUER* wurden die Kreiselgeräte entriegelt und Druckluft strömte aus dem Druckluftbehälter über das elektro-pneumatische Ventil in die Behälter der pneumo-hydraulischen Anlage. Gleichzeitig sprach der Magnet des Fallsteckers an und löste die Verbindung zur Rakete. Nach dem Lösen des Fallsteckers blieb die Verbindung der Rakete mit der elektrischen Bodeneinrichtung nur über ein Kabel bestehen, das bis zum Abheben der Rakete vom Starttisch die Möglichkeit der Havarieabschaltung des Triebwerks gewährleistete.

Nach dem Abfallen des Fallsteckers begann die pneumo-hydraulische Anlage zu arbeiten. Sie führte Druckluft in die Behälter für Startbrennstoff, Brennstoff und Oxidator der Treibstoffförderanlagen. Sobald der Druck in den Treibstoffbehältern 28,5 bis 31,5 at erreichte, sprachen die Drucksignalisatoren an und ein Zeitlaufwerk wurde für vier Sekunden eingeschaltet. 3,5 Sekunden nach dem Einschalten des Zeitlaufwerks wurde der Zugang des Start- und danach des Hauptbrennstoffs und nach weiteren 0,4 Sekunden der Zugang des Oxidators zur Brennkammer durch Pyropatronen freigegeben. Beim Zusammentreffen des Startbrennstoffs mit dem Oxidator erfolgte die Selbstentzündung, das Triebwerk wurde auf die notwendige Temperatur erwärmt, die die Selbstentzündung der Haupttreibstoffkomponenten garantierte.

Nachdem der Startbrennstoff verbraucht war, folgte die Zufuhr des Brennstoffs und es entwickelte sich die Schubkraft. Mit dem Abheben der Rakete vom Starttisch wurden die Kreisel und der Integrator für Längsbeschleunigung eingeschaltet. Beim Abweichen der Rakete vom Programm der horizontalen Ebene, bei der Abweichung von der Schussebene und wenn sich die Rakete um ihre Längsachse drehte, wurden vom Kreisel elektrische Signale erzeugt und an die Rudermaschinen weitergegeben. Diese Signale bewirkten, dass die Rudermaschinen die entsprechenden Gasstrahlruder in die erforderlichen Richtungen drehten und die Rakete wieder auf die vorausberechnete ballistische Flugbahn brachten. Wenn die notwendige Geschwindigkeit erreicht war, erfolgte der Brennschluss des Triebwerks durch Unterbrechung der Treibstoffzufuhr zur Brennkammer. Dazu gab der Integrator für Längsbeschleunigung einen Impuls an die Pyropatronen der Sperrventile für Druckluft, Oxidator und Brennstoff. Unter dem Druck der Gase, die sich beim Abbrennen der pyrotechnischen Ladung bildeten, schlossen sich die Sperrventile. Gleichzeitig wurde die Zufuhr von Druckluft unterbrochen. Durch das verzögerte Unterbrechen der Brennstoffzufuhr wurde gewährleistet, dass die Brennkammer des Triebwerks durch Brennstoff ausgespült und somit der Brennschluss ohne Detonation der Treibstoffreste in der Brennkammer vor sich ging. Fünf Sekunden, nachdem das Triebwerk die Arbeit beendet hatte, wurden die Geräte der Lenkeinrichtung abgeschaltet. Die Umformer und die Rudermaschinen hörten auf zu arbeiten. Der weitere Flug der Rakete erfolgte aufgrund der auf dem aktiven Teil der Flugbahn erreichten Geschwindigkeit.

Brach an Bord der Rakete ein Brand aus, stand zehn Sekunden nach dem Kommando FEUER keine Druckluft zur Verfügung oder hob sich innerhalb von 17 bis 20 Sekunden nach dem Kommando FEUER die Rakete nicht vom Starttisch ab, erfolgte durch das HSS die Havarieabschaltung.
1968 sah die Planung das Einlagern von vier Raketen 8K11 ohne Gefechtskopf pro Startanlage vor. Weiterhin wurden 9300 Liter Oxidator AK-20l, 3000 Liter Brennstoff T-1 und 270 Liter Startbrennstoff TG-02 bevorratet.

Startrampe

8У218 - самоходная пусковая установка Тюльпан ОТР 8К11 = 8U218 - selbstfahrender Werfer TULPE OTR 8K11

Die NVA verfügte 1965 über sieben **Startanlagen 8U218 auf Spezial-SFL ISU-152**(2), sechs Startanlagen in der sABr-2 und eine in der Ausbildungsabteilung 2. Im Ausrüstungsnachweis des RWD von 1969 / 1970 wurde der Ist-Bestand von sieben SA 8U218 aufgelistet.
Der *selbstfahrende Werfer 8U218 TULPE (Objekt 803)* wurde als mobile Startanlage für die OTR 8K11 von 1955 bis 1956 im Leningrader Kirow-Werk entwickelt, 56 Stück wurden von 1959 bis 1962 produziert.
Die Startanlage 8U218 war für den Transport einer aufgetankten OTR 8K11 mit Gefechtskopf zum Startplatz, für das Umstellen aus der Marsch- in die Gefechtslage sowie für das Richten und für den

Die Startanlage 8U218 auf Spezial-SFL ISU-152 mit Rakete 8K11 in Marschlage.

Am 8. Mai 1965, dem *20. Jahrestag der Befreiung vom Hitlerfaschismus*, fand in Berlin eine Ehrenparade statt, auf der zum ersten Mal die sechs Startanlagen 8U218 auf Spezial-SFL ISU-152 der NVA der Öffentlichkeit vorgestellt wurden. Die siebte Startanlage war als Reservefahrzeug ebenfalls in Berlin.

Start bestimmt. Mithilfe der in der Startanlage eingebauten Prüf- und Starteinrichtung wurde die Rakete überprüft. Wenn der Start nicht erfolgte, wurde die Rakete aus der Gefechts- in die Marschlage umgestellt und aus der Startstellung abtransportiert.

Der in der NVA eingesetzte schwere Panzer IS-2 bildete die Basis für den schweren Jagdpanzer ISU-152K, der wiederum in die Entwicklung der Startanlage 8U218 einfloss, die sich aus dem gepanzerten Basisfahrzeug und dem artilleristischen Aufbau zusammensetzte.
Wesentliche Bestandteile des Basisfahrzeugs waren die Wanne mit der Motoranlage, die Kraftübertragung, das Laufwerk, die Nachrichtengeräte, die Feuerlöschanlage und der EWZ-Satz. Zur Besatzung gehörten sieben Mann.

Die Wanne war in Kampf- und Triebwerksraum unterteilt. Sie bestand aus miteinander verschweißten Stahlplatten und nahm alle während der Fahrt auftretenden Belastungen auf. Der längs zur Fahrtrichtung angeordnete Motor A-803 besaß die gleichen Konstruktionsmerkmale wie der aus dem Panzerbau bekannte Motor W-2. Er diente dem Antrieb des Fahrzeugs und – bei Ausfall des Elektroaggregats – dem Antrieb der Generatoren und dem Heben des Auslegers. Das Fassungsvermögen der sechs inneren Kraftstoffbehälter lag zwischen 880 und 900 Liter Dieselkraftstoff. Weitere 600 bis 625 Liter wurden in den beiden äußeren Kraftstoffbehältern an der Rückwand des Fahrerraums transportiert. Die Motorschmieranlage nutzte das Ölfilter KIMAF ST3, das einen Drahtfiltereinsatz zur Grobreinigung und einen Pappfiltereinsatz zur Feinreinigung verwendete. Die Grobreinigung der Luft erfolgte durch ein Trägheitsgitter, die Feinreinigung durch das Streichen der Luft über ölgetränkte Dochte und zwei Drahteinsätze. Eine Vorwärmanlage diente dem Erwärmen des Motors und des Öls, zum Vorwärmen des Elektroaggregats und zur Unterstützung der Kampfraumheizung. Die Kraftübertragung wurde durch eine Mehrscheiben-Trockenkupplung, ein Wechselgetriebe mit acht Vorwärts- und zwei Rückwärtsgängen, zwei Planetenlenkgetriebe und zwei Seitenvorgelege realisiert. Das Stützrollen-Laufwerk des Basisfahrzeugs bestand aus den Gleisketten, den Antriebs- und Leiträdern mit Kettenspannvorrichtung und den 12 Lauf- und sechs Stützrollen. Zwölf Drehstäbe mit je einem Schwingarm federten das Basisfahrzeug ab. Anschläge mit Gummipuffer verhinderten ein zu weites Ausschlagen der Schwingarme beim Überwinden von Hindernissen. Die Temperatur im Kampfraum wurde durch eine Heizung auf die für das Funktionieren der Spezialapparaturen notwendigen Temperatur von mindestens 10 °C gehalten. Die Heizung war über einen Wärmetauscher an die Kühlanlage des Motors angeschlossen. Sie konnte erst bei einer Kühlmitteltemperatur von mindestens 75 °C zugeschaltet werden. Als Nachrichtengeräte fanden die Funkgeräte R-113 und R-108D sowie die Bordsprechanlage R-120 Verwendung. Zum Löschen eines Brandes im Fahrzeug kamen Handfeuerlöscher und die automatische Feuerlöschanlage ROSA-2 zum Einsatz. Jeweils vier Wärmegeber waren in Kampf- und Triebwerksraum verteilt. Da zur Feuerlöschanlage drei Feuerlöschflaschen gehörten, konnten bis zu drei Brände bekämpft werden.

Der artilleristische Aufbau setzte sich aus dem Ausleger, dem Starttisch, der Einrichtung zum Heben und Senken des Auslegers, der Einrichtung für die Vorstartwartung, der Hilfsausrüstung, der elektrischen Ausrüstung und der elektrischen Prüf- und Starteinrichtung zusammen.
Mit dem Ausleger wurde die Rakete während des Transports aufgenommen und befestigt. Er diente dem Umstellen der Rakete aus der horizontalen in die vertikale Lage und dem Herunternehmen der Rakete vom Starttisch, wenn die Rakete nicht gestartet wurde. Außerdem erlaubte er das Überprüfen der Rakete in vertikaler Lage bei der Startvorbereitung. Der Ausleger war mit der Wanne gelenkartig verbunden. Mit zwei Greifern, die mechanisch öffneten und schlossen, wurde die Rakete im Ausleger gehalten. Für Arbeiten an der Rakete befanden sich zwei abklappbare Wartungsplattformen am Ausleger. Mit einer Zurreinrichtung wurde der Ausleger in Marschlage an der Startanlagenwanne befestigt. Mit dem Starttisch der Startanlage konnte die Rakete in vertikale Lage gehoben, exakt in Schussrichtung gedreht und somit auf das Ziel gerichtet werden. Zudem war am Starttisch die Starthilfsausrüstung befestigt. Der Starttisch war gelenkartig mit der Wanne verbunden. Mit der Einrichtung zum Heben und Senken konnte der Ausleger mit Rakete hydraulisch gehoben und mit oder ohne Rakete in Marschlage gebracht werden. Die Einrichtung für die Vorstartwartung diente dem Befüllen der Rakete mit Druckluft, dem Überprüfen des Luftdruckes in den Druckluftflaschen der Rakete und dem Ablassen der Druckluft aus den Druckluftflaschen. Weiterhin wurde mit der Druckluft die Inbetriebnahme der Ampullenbatterien der Rakete gewährleistet und der Startbrennstoff aus der Rakete abgelassen, wenn die Rakete nicht gestartet wurde. Zur Einrichtung der Vorstartwartung gehörten unter anderem zwei Druckluftflaschen, ein elektrisches und ein pneumatisches Steuerpult sowie ein Steuerpult zum Auftanken des zur Startanlage gehörenden Behälters für den Startbrennstoff. Die Druckluftflaschen waren an der linken und rechten Außenwand des Fahrerraums angebracht. Mithilfe von zwei Reduzierventilen wurde die Druckluft auf 11 kp/cm² reduziert und in die Ampullenbatterien geleitet. Mit der auf 2 kp/cm² reduzierten Druckluft wurde der Startbrennstoff aus dem Transportbehälter des Sattelaufliegers in den Behälter der Startanlage gedrückt.

Zur Hilfsausrüstung gehörten die Starttischwinde, die zwei Heckstützen, die Spindelstützen des Starttisches sowie ein Winkelmesser und eine Ladepumpe. Mithilfe der Starttischwinde waren das Heben und Senken des Starttisches mit und ohne Ausleger möglich. Die Starttischwinde konnte mit einem Elektromotor oder von Hand betrieben werden. Die beiden Heckstützen entlasteten die Drehstäbe des hinteren Teils des Laufwerkes, wenn die Rakete vertikal aufgestellt wurde. Mithilfe der Spindelstützen des Starttisches wurde garantiert, dass der Ausleger maximal bis zu einem Winkel von 92° angehoben wurde. Durch ein Elektroaggregat, zwei Generatoren und vier Batterien wurde Gleichstrom mit einer Spannung von 27 bis 32 V bei einer maximalen Leistung von zehn kW erzeugt. Durch einen Umformer wurde die Gleichspannung in 36 V Wechselspannung mit einer Frequenz von 50 Hz bei einer Leistung von zwei kW umgeformt, die für die Speisung der Heizanlage der Rakete notwendig war.

Transporttechnik

8T137 - транспортный полуприцеп ОТР 8К11 =
8T137 - Transportauflieger OTR 8K11

Das **Raketentransportfahrzeug 8T137** bestand, laut *Ausrüstungsnachweis der selbständigen Artilleriebrigade 2* vom April 1962, aus einem **Einachs-Sattelauflieger 8T137** und einem **Sattelschlepper ZIS-121D**. In der Sowjetunion wurde von 1953 bis 1957 der auf dem mittleren Spezial-Kfz ZIS-151 basierende Sattelschlepper ZIS-121 in mehreren Versionen gefertigt. Mit dem Sattelschlepper ZIS-121D wurde ein einachsiger Sattelauflieger für den Transport von Fla-Raketen in den Fla-Raketensystemen S-25 BERKUT und SA-75 DWINA, von operativ-taktischen Raketen 8K11 oder vom Kran-Sattelauflieger des Kranes 8T22 eingesetzt. Da ab 1957 die ersten Sattelschlepper ZIL-157W auf Basis des mittleren Spezial-Kfz ZIL-157 in der Sowjetunion produziert wurden, erhielt die NVA ab 1963 schon die modernisierte Version, den **Sattelschlepper ZIL-157KW** als Zugmittel für den Einachs-Sattelauflieger 8T137.

Das Raketentransportfahrzeug 8T137 war für den Transport einer aufgetankten / nicht aufgetankten Rakete 8K11 oder von zwei nicht aufgetankten Trägern 8K11 auf Straßen oder festen Feldwegen bestimmt. Die Gesamtlänge des Raketentransportfahrzeuges 8T137 betrug 14.890 mm bei einer Gesamtmasse von 13.650 kg. Auf dem Einachs-Sattelauflieger 8T137 wurde die OTR 8K11 beim Betanken mit den Treibstoffkomponenten, in horizontaler Lage überprüft, der Gefechtskopf montiert und die Rakete, nach Ablassen der Treibstoffkomponenten, neutralisiert. Seine Ausmaße (LxBxH) betrugen 9776 x 2800 x 3900 mm. Die Masse des Sattelaufliegers erreichte 2400 kg, mit einer aufgetankten Rakete lag sie bei 7770 kg. Der Einachs-Sattelauflieger setzte sich aus dem Rahmen mit zwei Wartungsplattformen über den beiden Rädern, zwei abklappbaren Stützen, einer Handbremseinrichtung sowie einem Spriegelgestell mit Plane zusammen. Rechts am Rahmen befand sich der Transportbehälter 8G07 für Startbrennstoff. Zum Zubehör des Einachs-Sattelaufliegers gehörten das Transportgestell 8T04 und die Drehvorrichtung 8T05.

Im Armeemuseum der DDR in Dresden konnte bis 1990 ein Raketentransportfahrzeug 8T137 mit Rakete 8K11 besichtigt werden.

Die Planung von 1962 sah für den Transport der OTR 8K11 unter anderem 12 RTF 8T137 in der sABr-2 und 16 RTF 8T137 in der BATB-2 vor. Damit konnten alle sechs Startanlagen 8U218 der sABr-2 mit je vier Raketen versorgt werden.

Für jede Startanlage 8U218 wurde zum schnellen Verlegen auf der Straße ab Oktober 1962 ein **Schwerlastanhänger SL 60-II** mit **schwerem Radzugmittel KrAZ-214** geplant. Ab 1964 wurde für den Überlandtransport der **Tiefladeanhänger 40 t** eingesetzt. Die Abmessungen des TLA (LxBxH) betrugen 9450 x 3100 x 1600 mm bei einer Leermasse von 10.000 kg. Die Nutzmasse konnte bis 45.000 kg betragen. Mit dem TLA konnten maximal 20 km/h gefahren werden. Als Hersteller zeichnete der Waggonbau Gotha verantwortlich.

Isothermtechnik

8T328 - изотермическая стыковочная машина ОТР 8К11 = 8T328 - isotherme Transportmaschine OTR 8K11

Die **Isothermeinrichtung 8T328 auf Spezial-Kfz ZIL-157 (K)** war für den Transport eines vorbereiteten Spezialgefechtskopfs zum Auftank- und Montagepunkt bestimmt. Sie wurde zum Erwärmen des Gefechtskopfs bei einer Außentemperatur unter 5 °C und zum Kühlen bei einer Außentemperatur über 35 °C eingesetzt. Der verwendete Spezialkoffer war mit einer Wärmeverkleidung versehen, in seinem Inneren befanden sich die Heizanlage und die Vorrichtungen zum Befestigen des Gefechtskopfs. Die Ausmaße des Fahrzeuges (LxBxH) betrugen 6680 x 2315 x 3250 mm bei einer Gefechtsmasse von 7400 kg.
Für die Versorgung der sechs SA 8U218 war je eine Isothermeinrichtung 8T328 sowie ein Reservefahrzeug im Bestand der sABr-2 vorhanden.

Krantechnik

8T22 - прицепной автомобильный кран = 8T22 - Anhängekran

Zur Hebeausrüstung gehörte der **Kran 8T22 als Sattelauflieger für ZIL-157** mit Traverse 2Stsch4, jeder Startanlage 8U218 wurde für Umladearbeiten ein Kran zugeordnet.
Mithilfe der Traverse wurde die OTR 8K11 vom Raketentransportfahrzeug gehoben, das RTF verließ die Kranstellung, die Startanlage nahm die Position des RTF ein und die OTR wurde auf die Startanlage umgeladen. Der Kran 8T22 wurde weiterhin zum Be- und Entladen der Rakete 8K11, zum Umladen aufgetankter / nicht aufgetankter Raketen, zum Herausnehmen eines Gefechtskopfs aus dem Transportgestell und zum Ansetzen des Gefechtskopfs an den Träger eingesetzt.
Der Kran setzte sich aus dem Zugmittel ZIL-157W und dem einachsigen, zwillingsbereiften Sattelauflieger zusammen. Die Ausmaße des gesamten Kranes (LxBxH) betrugen in Marschlage 15.200 x 3465 x 3200 mm, in Arbeitslage erreichte der Kran eine Höhe von 8640 mm. Seine Gesamtmasse lag bei 13.300 kg, davon entfielen 7300 kg auf den Sattelauflieger und 400 kg auf die Traverse. Die Tragfähigkeit des Kranes konnte von 2,6 bis 12,5 t variieren. Die maximale Tragkraft des Lasthakens betrug 15 t. Der Kran verfügte über zwei Winden, die eine maximale Zugkraft von 1570 kp erreichten.
Als Stromquelle diente ein Drehstromgenerator, der durch den Motor des Zugmittels angetrieben wurde und auf dem Basisfahrzeug hinter dem Fahrerhaus aufgebaut war. Die vom Generator erzeugte Spannung von 380 V wurde durch den Drehzahlregler des Motors konstant gehalten. Mit dieser Spannung wurden die Asynchronmotoren der Last- und Auslegerwinde angetrieben.

Mit der Auslegerwinde wurde der Ausleger bewegt, sie befand sich über der Sattelkupplung. Die Lastwinde, die sich über der Achse

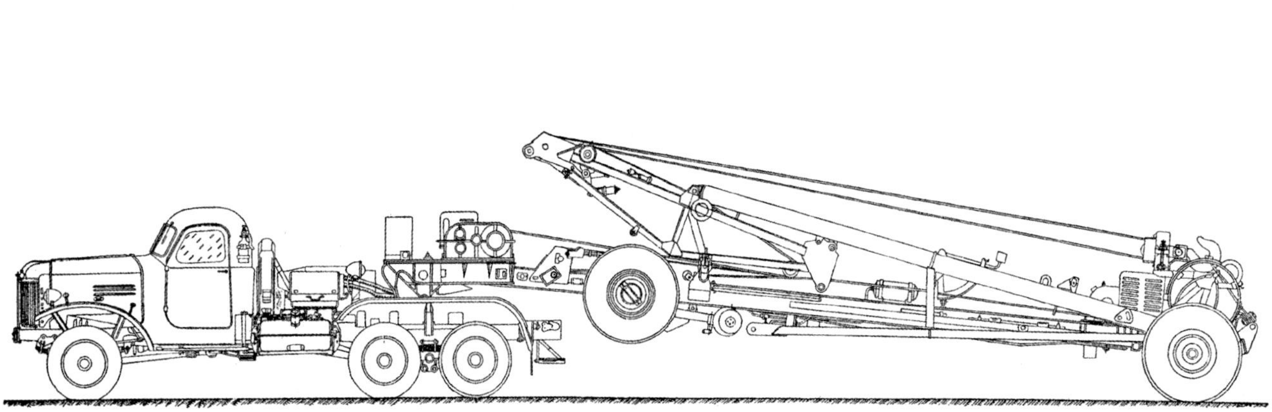

Kran 8T22 in Marschlage.

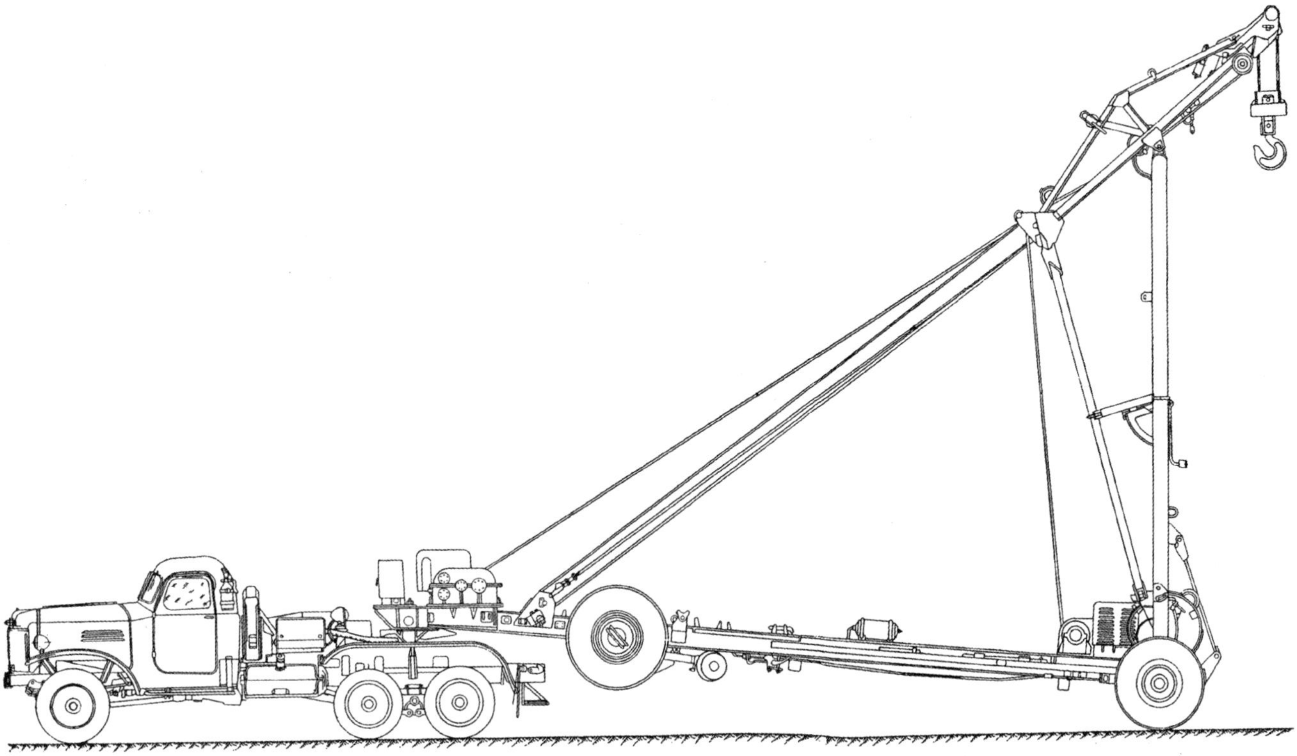

Kran 8T22 in Arbeitslage, die Zeichnungen stammen aus der DV-41/130 von 1968.

des Sattelaufliegers befand, wurde für die Kranarbeiten eingesetzt. Mitte 1971 befanden sich zwölf Kräne 8T22 im Bestand der NVA.

Laut STAN vom Dezember 1962 kam ein **Kran 3 t LAS-690 auf Spezial-Kfz ZIL-157** für leichte, schnell auszuführende Kranarbeiten in der sABr-2 zum Einsatz. Der im Lwower Buswerk LAZ (Lwower Buswerk (LAZ) = Львовский автобусный завод (ЛАЗ)) ab 1952 produzierte Autokran LAZ-690 baute auf dem 3 t Kran K-32 mit Basisfahrzeug ZIS-150 auf. Ab Ende der 1950er-Jahre fand das leichte Spezial-Kfz ZIL-164 Verwendung. Um die maximale Last von 3 t zu bewältigen, musste die Hinterachse des Basisfahrzeuges mithilfe von vier Stützen gesichert werden. Da der Autokran LAZ-690 nicht ins Verzeichnis der Bewaffnung und Ausrüstung aufgenommen wurde, ist davon auszugehen, dass dieser Kran die Raketentruppen der NVA nicht erreichte.

Transport- und Tanktechnik für Oxidator

8Г17 - автомобильный заправщик окислителя на базе ЗиЛ-157Г для ОТР 8К11 =
8G17 - Tankfahrzeug für Oxidationsmittel basierend auf ZIL-157G für OTR 8K11

Die **Tankanlage 8G17 auf Spezial-Kfz ZIL-157** wurde zur zeitweiligen Aufbewahrung und zum Transport von Oxidator sowie zum Auftanken der Rakete 8K11 eingesetzt. Die Ausrüstung sah elf Tankanlagen 8G17 vor, drei waren für das Betanken der sechs Raketen in der sABr-2 vorgesehen, acht stellten die Versorgung der sABr-2 mit Oxidator durch die BATB-2 sicher.

Als Basis wurde das Spezial-Kfz ZIL-157G mit Tankaufbau verwendet. Das Fassungsvermögen des Tankbehälters betrug 2158 l, von dem effektiv 1950 l genutzt wurden. Das Öffnen und das Schließen der Ventile erfolgte pneumatisch. Eine säurefeste, nicht selbst saugende Kreiselpumpe, die mit einer Förderleistung von 220 bis 250 l/min arbeitete, wurde vom Motor des Kfz über ein Zwischengetriebe bedient.
Die Ausmaße des Tankwagens (LxBxH) betrugen 7280 x 2275 x 2490 mm, die Bodenfreiheit lag bei 290 mm, die Gesamtmasse erreichte 9860 kg. Zwischen Fahrerhaus und Kraftstoffbehälter befand sich eine Zwischenkabine, die den Armaturenblock und den Schaltschrank aufnahm. In der Heckkabine des Aufbaus waren Werkzeug und Zubehör untergebracht.

Tankanlage 8G17 auf Spezial-Kfz ZIL-157.

Transport- und Tanktechnik für Brennstoff

8Г114 - автомобильный заправщик горючего для ОТР 8К11 =
8G114 - Brennstofftankwagen für OTR 8K11
8Г07 - заправочный бачок для машин 8Т137, 8У218 =
8G07 - Tankbehälter für Maschinen 8T137, 8U218

Vier **Tankanlagen 8G114 auf Spezial-Kfz ZIL-157** wurden für das Betanken der OTR 8K11 mit Brennstoff benötigt. Eine Tankanlage befand sich in der sABr-2, die restlichen drei waren in der BATB-2 eingebunden. Leider sind bis jetzt noch keine Dokumente und kein Bildmaterial zu besagtem Fahrzeug aufgetaucht.
Das Überprüfen des Brennstoffes wurde mithilfe des transportablen **chemischen Labors PL-4** vorgenommen.

Der **Auftankbehälter 8G07** kam zum Auftanken der Rakete 8K11 mit Startbrennstoff zum Einsatz. In der Auftankausrüstung waren für jede OTR 8K11 zwei Auftankbehälter 8G07 vorhanden, ein Behälter wurde auf der Startanlage 8U218 und der Zweite auf dem Sattelauflieger 8T137 mitgeführt.

Transport- und Tanktechnik für Druckluft

8Г33 - передвижная воздушная компрессорная станция =
8G33 - Mobile Luftkompressorstation
8Ш31 - фотоэлектронный автоматический индикатор влажности =
8Sch31 - foto-elektronische automatische Feuchtigkeitsanzeige

Zum Auffüllen des Kugelbehälters des pneumatischen Systems mit Druckluft und zum Überprüfen der Dichtheit der Triebwerkseinrichtung der OTR 8K11 wurde die **Kompressorstation 8G33 auf Spezial-Kfz ZIL-157** eingesetzt. Für das Betanken der OTR 8K11 in der sABr-2 wurden fünf Kompressorstationen 8G33 benötigt, zwei Kompressorstationen wurden zusätzlich in der BATB-2 eingesetzt. Die Kompressorstation 8G33 war für die Gewinnung von trockener und gereinigter Luft mit einem Druck von 230 bis 350 at bestimmt. Die Ausmaße (LxBxH) betrugen 6715 x 2350 x 3305 mm bei einer Gesamtmasse von 9400 kg.

Zum Bestimmen der Luftfeuchtigkeit der Druckluft, die von der Kompressorstation abgegeben wurde, kam der **Luftfeuchtigkeits-**

Kompressorstation 8G33 auf Spezial-Kfz ZIL-157.

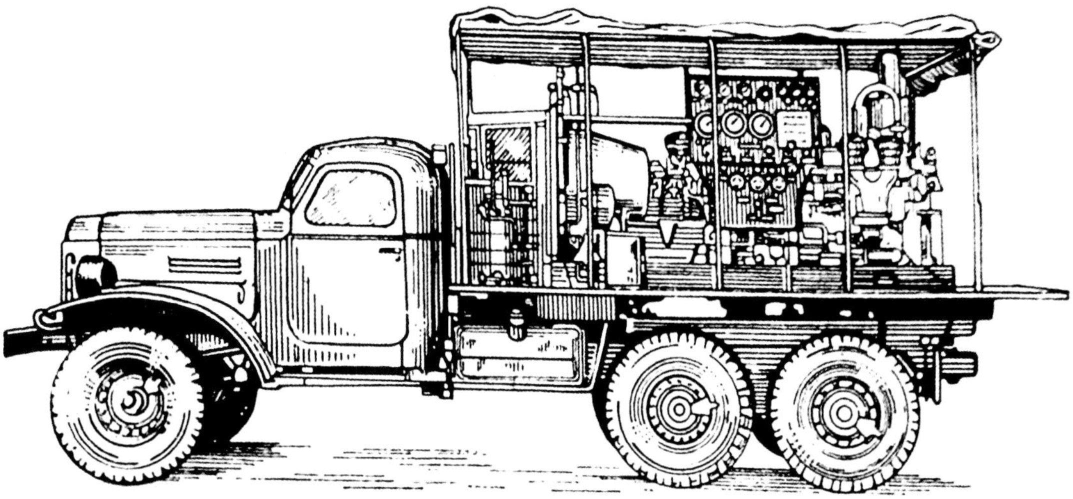

Neutralisationsanlage 8T311 auf Spezial-Kfz ZIL-157.

messer 8Sch31 zum Einsatz. Der Luftfeuchtigkeitsmesser arbeitete automatisch nach dem foto-elektronischem Prinzip. Das Arbeitsprinzip beruhte darauf, dass der Feuchtigkeitsüberschuss des übersättigten Wasserdampfes der Luft, der als Tau ausfiel, gemessen wurde. Das Gerät hatte eine Masse von 33 kg und wurde in einer Transportkiste befördert.

Wasch- und Neutralisationstechnik

8T311 - обмывочно-нейтрализационная машина =
8T311 - Wasch- und Neutralisationsmaschine

Je eine **Neutralisationsanlage 8T311 auf Spezial-Kfz ZIL-157KE** wurde für die Arbeit einer Startanlage 8U218 mit OTR 8K11 benötigt. Sie sicherte den Marsch der beladenen Startanlage, neutralisierte Oxidatorreste, diente dem Reinigen der Treibstoffbehälter nach Ablassen der Treibstoffkomponenten und konnte zur Brandbekämpfung eingesetzt werden.

Die Neutralisationsanlage 8T311 verfügte über eine Spezialausrüstung, die aus einem Wasserkessel, einem hydraulischen System sowie einer Vorrichtung zum Erwärmen von Wasser bestand. Der Kessel bewahrte das Wasser auf, transportierte und erwärmte es. Im Heckteil des Kessels waren eine Schaumkammer und ein Laugenbehälter eingebaut. In der Schaumkammer befand sich ein schaumbildender Stoff, der zum Eindämmen von Brandherden verwendet werden konnte. Für das Neutralisieren des Oxidators wurde im Laugenbehälter eine Laugenlösung zubereitet, die mithilfe des Hydrauliksystems für Abspül- und Reinigungsarbeiten eingesetzt wurde. Das Arbeitsvolumen des Wasserkessels betrug 1950 Liter, der Laugenbehälter umfasste 150 Liter, die Schaumkammer 100 Liter. Die zum Hydrauliksystem gehörende Pumpe hatte eine Arbeitsleistung von 1200 l/min. Für das Erwärmen von 1900 Liter Wasser von 0 °C auf 60 °C wurden 17 Liter Siedegrenzbenzin verbraucht. Die Ausmaße des Fahrzeuges (LxBxH) betrugen 6700 x 2300 x 2800 mm, das Gewicht des vollständig aufgetankten Fahrzeuges lag bei 9000 kg.
1986 wurden die letzten sechs Wasch- und Neutralisationsfahrzeuge 8T311 auf Spezial-Kfz ZIL-157 ausgesondert und zur Ersatzteilgewinnung verwendet.

Führungs- und Vermessungstechnik

Das Berechnen der Anfangseinstellungen für den Start einer operativ-taktischen Rakete 8K11 erfolgte in der *Gruppe zur Vorbereitung der Anfangsangaben der Abteilung* und in der *Gruppe zur Vorbereitung der Anfangsangaben der Batterie* manuell. Das Personal (Rechner) ermittelte, bevor weitere Schritte eingeleitet wurden, ob die Feueraufgabe überhaupt zu erfüllen war. Erdumdrehung, geografische Breite und Höhe der Startanlage und des Ziels, Luftdruck und -temperatur sowie Windrichtung und -geschwindigkeit im Start- und Zielgebiet mussten berücksichtigt werden. Aber auch technische Parameter wie Treibstofftemperatur und -verbrauch beeinflussten den Flug der OTR. Nur bei Übereinstimmung der Ergebnisse beider Gruppen durften diese für den Start der OTR genutzt werden. Bei unterschiedlichen Werten gab es eine festgelegte Vorgehensweise, um durch gegenseitige Kontrolle der Ausgangsdaten und erneuter Berechnung zu einem übereinstimmenden Ergebnis zu kommen. Als Transport- und Arbeitsmittel kam für jede Gruppe ein **Spezial-Kfz LO-1800A mit Kofferaufbau für Stabsomnibus** zum Einsatz. Die ursprüngliche Bezeichnung änderte sich im militärischen Sprachgebrauch einfach in **Stabs-KOM LO-1800A**. Bei dem Fahrzeug handelte es sich um ein Spezial-Kfz LO-1800A mit einem Koffer Typ I, der speziell für die Stabsarbeit in der sABr-2 ausgerüstet war.

Der Stabs-KOM schützte die *Gruppen zur Vorbereitung der Anfangsangaben* vor äußeren meteorologischen Einflüssen und ermöglichte die gedeckte Arbeit bei Nacht. Durch vorbereitete Anschlüsse erfolgte die Versorgung mit elektrischer Energie und die Nutzung vorn Draht-Nachrichtenmitteln. Die Rechner der *Gruppe der Vorbereitung der Anfangsangaben der Abteilung* errechneten die Anfangsangaben für den Start von bis zu drei OTR 8K11. Um die Arbeit zu erleichtern und Fehler zu reduzieren, sollte ab 1965 die **fahrbare Elektronenrechenmaschine WM-11 TRANSISTOR** auf Spezial-Kfz GAZ-63 mit Kofferaufbau KUNG-2M eingesetzt werden. Trotz Einsatz einer elektronischen Rechenmaschine mussten die Ergebnisse beider Gruppen zur Vorbereitung der Anfangsangaben (Abteilung und Batterie) weiterhin abgeglichen werden. Herzstück der fahrbaren Elektronenrechenmaschine WM-11 war ein Digitalrechner mit einer Rechengeschwindigkeit von rund 790 Operationen pro Sekunde. Es konnten 31 Binärzahlen mit Kommastellen dargestellt werden, die Speicherkapazität lag bei 1024 Zeichen. Die Dateneingabe erfolgte per Hand mithilfe einer Tastatur, die Datenausgabe mit einer optischen Anzeige. Der mittlere Fehler für die Einstellung des Integrators lag bei +/- 0,01 Sekunden, für den Richtungswinkel nicht mehr als +/- 10 Winkelsekunden. Nach der Dateneingabe benötigte die Rechnermaschine maximal eine Minute für die Lösung der Gefechtsaufgabe. Die drei-Mann-Bedienung (Leiter, Operateur, Fahrer) stellten die Arbeitsfähigkeit in rund einer Minute her. Die Energieversorgung stellte ein im Koffer mitgeführtes Benzin-Elektroaggregat AB-4 sicher.
In der *Präzisierung der Verteilerpläne für 1969/70* wurde der Bestand einer fahrbaren Elektronenrechenmaschine WM-11 TRANSISTOR im Bestand der 5. RBr aufgelistet, die sich in der 3. RA befand.

Die **automatische Vermessungseinrichtung GAZ-69T auf Spezial-Pkw GAZ-69** kam bereits ab 1959 in der NVA zum Einsatz. Ihre Aufgaben bestanden im Vermessen der Feuerstellungen der Artillerie innerhalb kürzester Zeit, im Überprüfen von Vermessungsergebnissen anderer Artillerie-Vermessungseinheiten, im Ergänzen von topografischen Karten, im Anfertigen von Wegskizzen sowie im Führen von Marschkolonnen ohne Orientierungspunkte. Die Navigationsgeräte ermöglichten das Führen der Vermessungseinrichtung auf dem vorgesehenen Kurs während des gesamten Weges. Vor Beginn der Vermessung mussten die Koordinaten des Ausgangspunktes und der Richtungswinkel der Längsachse der Vermessungseinrichtung in den Kurstisch eingegeben werden. Die Arbeitsgeschwindigkeit durfte 50 km/h nicht übersteigen. Für die Vermessungsarbeiten wurden ein Streckenübertrager, ein Kursanzeiger und ein Kurstisch eingesetzt. Mit ihrer Hilfe wurden die zurückgelegte Strecke und der Richtungswinkel permanent auf den Kurstisch übertragen, die Koordinaten ermittelt und der zurückgelegte Weg in die Karte eingezeichnet. Mit dem Einsatz in der sABr-2 erweiterte sich das Aufgabenspektrum des GAZ-69T um das Vermessen von Startstellungen für die OTR 8K11. Laut Stellenplan der sABr-2 vom Dezember 1962 war jeder Startanlage 8U218 eine

Automatische Vermessungseinrichtung GAZ-69T, das Bild stammt aus der DV-41/24 von 1960.

automatische Vermessungseinrichtung GAZ-69T, eingesetzt in der Vermessungsgruppe, zugeordnet.

Obwohl bereits 1962 in den speziellen Importplan aufgenommen, konnte die **automatische Vermessungseinrichtung GAZ-69TM** erst 1963 das Vorgängermodell ablösen und ergänzen. Als wichtigste Ausrüstungsmittel kamen der Kursanzeiger KM2, der Kurstisch KP1M und das Rundblickvisier WTR zum Einsatz. Mit der **automatischen Vermessungseinrichtung GAZ-69TMG** wurden von 1967 bis 1970 die Koordinaten der Startstellungen der Startanlagen 8U218 in der 3. RA / 5. RBr ermittelt. Zur Spezialausrüstung gehörten unter anderem der Kreiselkompass AG, der Richtkreis PAB-2a, das Rundblickvisier WTR und das Entfernungsmessgerät DSP-30.

Systemspezifische Werkstätten

Als systemspezifische Werkstätten für Instandsetzungsarbeiten im OTRs R-11 kamen zwei Werkstattkomplexe zum Einsatz. Die sABr-2 verfügte über zwei **Werkstätten RM-1 auf 3 Spezial-Kfz ZIL-157 (K)** und eine **Werkstatt RM-2 auf 7 Spezial-Kfz ZIL-157 (K)**. Auch die BATB-2 nutzte für systemspezifische Reparaturen eine Werkstatt RM-1.

Zwei Werkstätten RM-1, eingesetzt in den beiden Waffeninstandsetzungszügen der Abteilung als Bestandteil der *Bedienungseinheiten*, fanden für die Truppeninstandsetzung an der Raketentechnik Verwendung. Zur Ausrüstung der Werkstatt RM-1 gehörte die Elektrospezialwerkstatt N-1-L mit transportablem Elektroaggregat AB-4-T/230. Als zweites Fahrzeug wurde das Maschinenfahrzeug M-2-L mit transportablem Elektroaggregat AB-4-T/230 und dem fahrbaren Elektroaggregat ASB-300 als Anhängegerät eingesetzt. Beide Fahrzeuge nutzten das Spezial-Kfz ZIL-157 mit Kofferaufbau als Basis. Das Transportfahrzeug TA-1 fand als Zug- und Transportmittel für den Materialanhänger TP-1 und das Schweißaggregat ATP-306 Verwendung.

Die Werkstatt RM-2, eingesetzt im Waffeninstandsetzungszug der Brigade für Instandsetzungsarbeiten an der Raketentechnik, setzte sich aus der Elektrospezialwerkstatt N-1-L, dem Maschinenfahr-

Ein Materialanhänger TP-1, wie er laut dem Taktischen Zeichen in der 3. RBr eingesetzt wurde.

zeug M-2-L, dem Montagefahrzeug zur Instandsetzung von Waffen U-1 und dem Ersatzteil- und Materialfahrzeug KL-2B zusammen. Alle vier Fahrzeuge nutzten das Spezial-Kfz ZIL-157 mit Kofferaufbau als Basis. Das Montagefahrzeug mit Feldschmiede, transportablen Werkbänken, Farbmischer, Fettpresse, Zelt und Beleuchtungssatz TA-2 diente als Zugmittel für den Materialanhänger TP-1, ein Anhänger der Größenklasse 2-PN-2, kam als ZIL-157 Pritsche zum Einsatz. Die beiden Elektroaggregate ÄSD-10-WS/230 und AB-4-T/230 und das Schweißaggregat ASB-300-5 ergänzten die Ausrüstung.

Kontroll-, Prüf- und Wartungstechnik

8Н16 - машина наземных испытаний ОТР 8К11 =
8N16 - Bodenprüfmaschine OTR 8K11
8Г04 - пульт для проверки герметичности отсеков ОТР 8К11 =
8G04 - Pult zum Überprüfen der Dichtheit der Druckluftanlage der OTR 8K11
8Г05 - приспособление для заправки сжатым воздухом ОТР 8К11 =
8G05 - Vorrichtung zum Betanken mit Druckluft OTR 8K11
8Г06 - приспособление для регулировки редукционных клапанов ОТР 8К11 =
8G06 - Vorrichtung zum Einstellen der Reduzierventile der OTR 8K11

Zur autonomen Komplexüberprüfung der OTR 8K11, der Lenkeinrichtung und der Kreiselgeräte, des Havariesprengsystems, des Verstärker-Umformers, der Stromkreise, der Triebwerkseinrichtung, des Bord-Kabelnetzes und der Stromkreise der Triebwerkseinrichtung fanden die **Prüfeinrichtung 8N16 auf Spezial-Kfz ZIL-157 (K)** und das Elektroaggregat 8N01 Verwendung. Die Prüfeinrichtung 8N16, eingesetzt im Prüfzug der Brigade, verfügte über vier Arbeitsplätze, die Ausmaße des Fahrzeuges (LxBxH) betrugen 7060 x 2550 x 3210 mm bei einer Gefechtsmasse von 8300 kg. Wesentliche Bestandteile des Prüffahrzeugs 8N16 waren das **Pult 8G04** mit Schläuchen sowie die **Vorrichtungen 8G05** und **8G06**. Das Pult 8G04 war für die Verteilung der Druckluft, zur Kontrolle des Drucks in den Behältern und den Hauptleitungen der Rakete bestimmt. Es reduzierte weiterhin die Druckluft beim Überprüfen der Triebwerkseinrichtung auf Dichtheit und ließ sie aus den Behältern und den Hauptleitungen der Rakete ab. Die Ablass- und Auffüllvorrichtung diente dem Befestigen der Schläuche des Pults 8G04. Mithilfe der Vorrichtung 8G05 wurde der Kugelbehälter des pneumatischen Systems der OTR aufgefüllt. Die Vorrichtung 8G06 überprüfte die Einstellung des Reduzierventils. Die Prüfeinrichtung 8N16 fand als Zugfahrzeug für das Elektroaggregat 8N01 Verwendung.

Mit dem **Prüfstand PKPP** fand die Überprüfung von Messmitteln und Spezialpulten der Raketentechnik statt. Die mitgeführte Ausrüstung gestattete die Kontrolle und gegebenenfalls die Justierung von elektrischen Messmitteln, Manometern, Vakuummetern und Zeitmessern. Als Basis des Prüfstandes PKPP diente ein Spezial-Kfz ZIL-157 mit Kofferaufbau. Seine Ausmaße (LxBxH) betrugen 7580 x 2470 x 3300 mm bei einer Gefechtsmasse von 10.150 kg. Die empfindlichsten Messmittel befanden sich in gepolsterten Kästen, die auf stoßdämpfergelagerten Plattformen aufgebaut waren. Durch externe Spannungsquellen mit 220 V / 50 H erfolgte die Stromversorgung des Prüfstandes PKPP.

Elemente der Stromversorgung

8Н01 – бензоэлектрический агрегат =
8N01 – Benzin-Elektroaggregat
8Н03 - зарядный агрегат = 8N03 - Ladeaggregat
8Н042 - электропреобразовательный агрегат ОТР 8К11 =
8N042 - elektrisches Umformeraggregat OTR 8K11
8Н067 - машина для зарядки аккумуляторов ОТР 8К11 =
8N067 - Maschine zum Laden von Batterien OTR 8K11

Für die Energieversorgung in der sABr-2 wurden acht Elektroaggregate 8N01, drei Elektroaggregate GAD-16, drei fahrbare Ladeaggregate 8N03, sechs tragbare Umformeraggregate 8N042 und drei Akkuladestationen 8N067 auf Spezial-Kfz ZIL-157 (K) benötigt.

Sechs **Benzin-Elektroaggregate 8N01** sicherten mithilfe je eines tragbaren **Umformeraggregats 8N04** die spezifische Energieversorgung der Startanlagen 8U218 ab. Das Elektroaggregat erzeugte

Dreiphasen-Wechselstrom (Spannung von 400 und 230 V / 50 Hz) bei einer Leistung von 12,5 kW. Es nutzte einen Einachsanhänger vom Typ 1AP-1,5B mit Rädern des Lkw ZIS-151 für den Transport. Ein Reserverad war in einem Gestell vorn unter dem Anhänger befestigt. Das Aggregat wurde in Arbeitsstellung auf der vorderen Stütze und auf den beiden hinteren Hubspindeln aufgesetzt.

Das Elektroaggregat wurde durch eine Blechverkleidung vor Staub und Wasser geschützt. Die Blechverkleidung war vorn und an den Seiten mit Klappen versehen. Auf dem Dach befanden sich der Auspuffdämpfer und zwei Luken, die die Einfüllstutzen des Kühlers und des Kraftstoffbehälters verdeckten. Der Drehstromgenerator mit Selbsterregung wurde durch einen Viertakt-Vergaser-Motor angetrieben. Das Aggregat hatte die Ausmaße (LxBxH) 3390 x 1840 x 2120 mm bei einer Masse von 1900 kg. Die Bodenfreiheit betrug 370 mm.

Für je drei SA stand eine **Akkuladestation 8N067 auf Spezial-Kfz ZIL-157 (K)** mit angehängtem **Ladeaggregat 8N03** auf Einachsanhänger zur Verfügung. Die Akkuladestation 8N067 war für das Vorbereiten, für das Laden, für Reparaturen und für den Transport der Batterien der Startanlagen, das Elektroaggregat 8N03 für das Laden der Bordbatterie der Rakete 8K11, bestimmt.

Mittel der Sicherstellung

8Т339 - автомобиль принадлежностей ОТР 8К11 =
8T339 - Zubehör-Kfz OTR 8K11
8Г27 - подогреватель воздуха = 8G27 - Lufterhitzer
8Ю11 - палатка утепленная для технических позиций ОТР =
8Ju11 - isoliertes Zelt für technische Station OTR 8K11

Zu den allgemeinen Mitteln der Sicherstellung gehörten in der sABr-2 drei Einrichtungen SIP 8T339 auf Spezial-Kfz ZIL-157 (K), neun Luftvorwärmer 8G27 sowie vier Spezialzelte 8Ju11 (ein Zelt in der sABr-2, drei Zelte in der BATB-2).
Mit der **Einrichtung SIP 8T339 auf Spezial-Kfz ZIL-157** (EWZ-Fahrzeug) wurden die Ersatzteile, das Werkzeug, das Zubehör sowie die Prüfgeräte für die laufenden Instandsetzungen und für die Überprüfung der OTR 8K11 transportiert.

Der **Luftvorwärmer 8G27** wurde zum Erhitzen von Luft auf Temperaturen von 120 °C und deren Weiterleitung an aufzuwärmende Objekte eingesetzt. Der mit Siedegrenzbenzin betriebene Brenner verbrauchte etwa 16,5 l/h und verfügte über eine Bevorratung von 40 l Kraftstoff. Die bei der Verbrennung des Siedegrenzbenzins erzeugten heißen Abgase übertrugen die Temperatur mithilfe eines Wärmeaustauschers an die Luft, welche durch einen von einem Elektromotor angetriebenen Lüfter zu den aufzuwärmenden Objekten gelangte. Die Ausmaße des Luftvorwärmers (LxBxH) betru-

Benzin-Elektroaggregat 8N01.

gen 1765 x 750 x 950 mm bei einer Eigenmasse von 230 kg. Da der CO-Gehalt der erhitzten Luft beim Luftvorwärmer 8G27 unter 0,02 mg/l lag, konnte er auch zum Beheizen von Unterkunftsräumen benutzt werden. Sein Einsatz erfolgte hauptsächlich zum Trocknen von verpackten Raketen und deren Raketentransportbehälter, zum Beheizen des Spezialzeltes 8Ju11, zum Erwärmen der Rudermaschinen der Raketen 8K11 sowie zum Trocknen von Kabeln und anderer Ausrüstung. Ab 1968 wurde der Luftvorwärmer 8G27 auf einen Einachsanhänger aufgebaut.

Im **Spezialzelt 8Ju11** erfolgte die Überprüfung der Rakete in horizontaler Lage. Als Transportmittel wurden mittlere Lkw ZIL-157 Pritsche / Plane eingesetzt.

Fahrschul- und Trainingstechnik

Für die Ausbildung der Startanlagen-Fahrer befanden sich drei schwere Panzer IS-2 als Fahrschulpanzer in der selbständigen Artilleriebrigade 2.

Zwei **Trainingsgeräte PST-2** wurden im Mai 1963 fabrikneu für das OTRs R-11 importiert (jeweils eins für die sABr-2 und für die AusbA-2). Mit dem Trainingsgerät konnten die Handlungen beim Aufrichten, beim Einrichten sowie beim Absenken der Rakete trainiert werden. Dazu waren neben einer Raketenattrappe die wichtigsten Elemente des artilleristischen Aufbaus der Startanlage (die Hebe- und Senkeinrichtung sowie der Starttisch) am Trainingsgerät verbaut.

In der Ausbildungsabteilung 2 befand sich ab 1963 eine Übungstankanlage 8G17 auf Spezial-Kfz ZIL-157. Bei dieser Übungstankanlage handelte es sich um einen modifizierten, alten Oxidatortankwagen 8G17, der für die Ausbildung am Tankfahrzeug 8G17 und für das Training des Betankungsvorgangs genutzt wurde.

Meteorologische Sicherstellung

Die meteorologischen Daten mussten von zwei unabhängigen Stellen ermittelt, abgeglichen und bei Übereinstimmung zum Berechnen der Anfangsangaben für den Raketenstart freigegeben werden. Dazu wurden unter anderem die Angaben über den Längs- und den Seitenwind, über die ballistische Abweichung der Lufttemperatur in der Startstellung und auf Höhe des Brennschlusspunktes sowie

Trainingsgerät PST-2 für die Rakete 8K11.

Das Spezial-Kfz MAZ-502 als Zugmittel für die Funkmess-Wetterstation RMS1, dahinter der Auswertewagen auf Spezial-Kfz ZIL-157.

über den Luftdruck am Boden von einer meteorologischen Station gemessen und über Nachrichtenkanäle gemeldet.
Für die OTR 8K11 ermittelten vier **Artillerie-meteorologische Stationen PARMS** die notwendigen meteorologischen Daten, eingesetzt in den beiden Meteorologenzügen der Abteilungen. Zur Station PARMS gehörten eine Funkmess-Wetterstation RMS1 mit Funksonde RKS1 auf einem 7 t Spezialanhänger, ein Hilfswagen auf Spezial-Kfz MAZ-502 (K), ein Auswertewagen auf einem Spezial-Kfz ZIL-157 (K), ein Elektroaggregat ASD-20/WL und ein Umformer 218/S.

Die Richtfunk-Wetterstation RMS1 bestimmte für den Start der OTR 8K11 die erforderlichen meteorologischen Daten, indem sie eine Radiosonde RKS1 oder einen Winkelreflektor begleitete, die an einem Wetterballon in die Atmosphäre aufstiegen. Bei der Betriebsart RADIOSONDE ermittelte die Station die Flugzeit sowie die laufenden Koordinaten bis auf eine Entfernung von 150 km und registrierte die meteorologischen Angaben in verschlüsselter Form. Bei der Betriebsart WINKELREFLEKTOR ermittelte und registrierte die Station die Flugzeit und die laufenden Koordinaten bis auf eine Entfernung von 25 km. Die Ausmaße der Station (LxBxH) betrugen 6890 x 2542 x 3335 mm bei einem Gewicht von 7200 kg. Mit der Artillerie-meteorologischen Station PARMS musste für die OTR 8K11 der Wind in der Atmosphäre alle zwei bis drei Stunden sondiert werden.

Mithilfe der *Funksonde RKS1* wurden die Lufttemperatur, der Luftdruck sowie die Windgeschwindigkeit und -richtung in Messhöhen bis zu 35 km ermittelt. Sie wurde an einen mit Wasserstoff gefüllten Ballon befestigt und sondierte die Atmosphäre während des Aufstieges. Die Temperatur- und Luftdrucksignale wurden vom Sender der Sonde ausgestrahlt und von der meteorologischen Funkmess-Wetterstation RMS1 empfangen. Die Signale, ihre Winkelkoordinaten und ihre Schrägentfernung dienten dem Ermitteln der Windgeschwindigkeit und -richtung in den verschiedenen Höhen. Im *Auswertewagen* waren die Arbeitsplätze der Bedienung sowie die Geräte und Verbrauchsmaterialien für die meteorologischen und aerologischen Beobachtungen untergebracht. Er diente gleichzeitig

Ein besonderes Ausstellungsexponat des Armeemuseums der DDR in Dresden, die Startanlage 8U218 mit aufgerichteter Rakete 8K11.

als Zugmittel für das Elektroaggregat ASD-20/WL der Station und als Transportmittel für die Meteorologen.

Der Auswertewagen hatte einen geschlossenen, beheizbaren Kofferraum, der auf dem Fahrgestell des Spezial-Kfz ZIL-157 montiert war. Zur Ausrüstung des Wagens gehörten ein Funkgerät sowie Draht-Nachrichtenmittel. An der Vorderseite des Koffers war der Windmast befestigt, an dem die Geberblöcke für Windrichtung und -geschwindigkeit des Windmessgerätes M-47 befestigt waren. Der *Hilfswagen* auf Spezial-Kfz MAZ-502 mit Spezialkoffer war zum Unterbringen und zum Transport der Hilfsgeräte sowie der Verbrauchsmaterialien bestimmt. In ihm wurden die Chemikalien zur Wasserstoffgewinnung transportiert. Seine Ausrüstung ermöglichte es, Wasserstoff zu gewinnen und unter feldmäßigen Bedingungen mithilfe eines Wasserstoffgenerators und eines Gasbehälters aufzubewahren sowie die Ballons mit Wasserstoff zu füllen. Der Hilfswagen wurde außerdem als Zugmittel für die Funkmess-Wetterstation RMS1 und den Umformer 218/S verwendet.

Verbleib

Mit Einführung der Operativ-taktischen Rakete 8K14 ab 1965 wurden sukzessiv alle OTR 8K11 mit den dazugehörigen Startanlagen 8U218 langfristig abgestellt. Im Mai 1968 wurden drei Startanlagen für die Aufstellung der 3. RA / 5. RBr aus der langfristigen Aufbewahrung herausgelöst und wieder in Dienst gestellt. Im Sommer 1971 wurden die letzten vier OTR 8K11 in Kapustin Jar verschossen. Mit dem Befehl 76/71 des MfNV wurde das Operativ-taktische Raketensystem R-11 ausgesondert.

Im Januar 1972 erhielt das Armeemuseum der DDR in Dresden eine Startanlage 8U218 und ein Raketentransportfahrzeug 8T137 für den Außenbereich.

In der Chronik des Panzerdienstes wurde im Jahr 1975 Folgendes vermerkt: »*6 Basisfahrzeuge für ISU-152K nach Aussonderung durch RWD im ZGLO verschrottet.*« Die Verschrottung erfolgte im Zentralen Gerätelager Ostritz. Leider wurde die Startanlage 8U218 des Armeemuseums in der Wendezeit an eine private Sammlung in die USA abgegeben.

Operativ-taktische Rakete 8K14

Die im Text verwendeten Technikbezeichnungen stammen aus dem STAN der 3. Raketenbrigade vom Oktober 1971 und vom Oktober 1981.

Die *Verwaltung Artillerietechnik und Bewaffnung* meldete im Mai 1965:

Am 05. und 06.04.1965 wurde aus dem Import nachstehend aufgeführte Technik übernommen:

1. *Startaggregat 2P19 Nr. 63 BO 833 mit individuellem EWZ-Satz — 1 Stück*
2. *Technische Dokumentation — 1 Satz*

Die Technik wurde fabrikneu geliefert und entspricht der Kategorie I. - Transport-Nr. 100/8167

Mit Einführung der operativ-taktischen Rakete 8K14 begann bereits 1965 die sukzessive Ablösung der OTR 8K11.
In der NVA wurden für das Raketensystem mit OTR 8K14 die Bezeichnungen **operativ-taktisches Raketensystem R-17** (Startanlage 2P19) beziehungsweise **operativ-taktisches Raketensystem 9K72 ELBRUS** (Startanlage / Startrampe 9P117M/M1) verwendet.

Für die OTR 8K14 wurde als Kampfeinheit die selbständige Artilleriebrigade 2 (sABr-2), für die technische Sicherstellung die Bewegliche artillerietechnische Basis 2 (BATB-2) und die Transportbatterie 2 (TBttr-2) genutzt. Die Ausbildung des Personalbestandes erfolgte in der Ausbildungsabteilung 2 (AusbA-2).
Der STAN für die sABr-2 vom September 1964 sah ab 1965 die Ausrüstung der ersten Abteilung mit der OTR 8K14, die zweite Abteilung mit der OTR 8K11, vor. Für den Planungszeitraum 1966 bis 1970 wurde die Ausrüstung beider Abteilungen der sABr-2 mit der OTR 8K14 festgelegt. Bereits 1965 übernahm die sABr-2 die erste Startanlage 2P19. Im Frühjahr 1967 begann die Umrüstung der zweiten Abteilung der sABr-2 auf die neue OTR 8K14. Im selben Jahr, im Oktober 1967, erfolgte die Umbenennung der selbständigen Artilleriebrigade 2 in 5. Raketenbrigade. Die ausgesonderten OTR 8K11 wurden mit dem gesamten Technikpark als Mob-Technik im Munitionslager-2 abgestellt. Der Prozess der Umrüstung der 5. RBr auf die OTR 8K14 zog sich bis Mitte 1968 hin.

Einhergehend mit der Umstrukturierung der 5. RBr begann die Aufstellung der 3. RBr. Die 3. RBr, vorläufig als kadrierte Mob-Einheit geplant, sollte in der ersten Raketenabteilung mit der OTR 8K14 (drei SA 2P19) und in der zweiten Raketenabteilung mit der OTR 8K11 (drei SA 8U218) ausgerüstet werden.
In dem im November 1967 verfassten *Auskunftsbericht zum Plan der Verteilung und Umsetzung der Bewaffnung und Ausrüstung der Nationalen Volksarmee für das Jahr 1968* wurde zur Ausstattung der Landstreitkräfte mit Raketentechnik Folgendes bemerkt: *»Durch Zuführung von drei Startrampen vom Typ 2P20 (operativ-taktische Raketen) werden durch Umsetzung drei Startrampen des Raketensystems 8K14 frei. Diese sind als materielle Basis für die künftige Raketenbrigade 3 vorgesehen.«* Im Sommer 1967 erfolgte die Aufnahme der *Startanlage 2P20 auf Spezial-Kfz ZIL-135 für operativ-taktische Rakete System 8K14* in das VdBA. Mit dem Begriff **Startanlage 2P20** *(2П20 - самоходная пусковая установка OTP 8K14 (колесная) = 2P20 - Selbstfahrlafette OTR 8K14 (auf Rädern))* wurde die auf der Basis des schweren Spezial-Kfz ZIL-135 entwickelte Startanlage für die OTR 8K14 bezeichnet.

Der im Jahr 1968 verfasste *Auskunftsbericht zum Perspektivplan der Verteilung und Umsetzung von Hauptarten der Bewaffnung und Ausrüstung für die Jahre 1969 bis 1970* bemerkte im Punkt Raketentechnik und Artilleriebewaffnung: *»Die Nationale Volksarmee ist mit operativ-taktischen Raketensystemen* (ein OTRs R-11 - Anm. des Autors) *zum Soll 2 voll ausgestattet. Mit der Zuführung von vier Startrampen 9P117 (operativ-taktische Raketen) erfolgt die Umrüstung einer Raketenabteilung der 5. Raketenbrigade. Die dadurch freiwerdenden Startrampen 2P19 sind für die neu zu bildende Raketeneinheit* (3. RBr - Anm. des Autors) *vorgesehen.«* Als Basis für die 3. RBr wurde in der 5. RBr ab Mai 1968 eine dritte Raketenabteilung, ausgerüstet mit der OTR 8K11, aufgestellt.
Parallel zur Umbenennung der 5. RBr wurde die Bewegliche artillerietechnische Basis 2 in die Bewegliche raketentechnische Basis 5 (BRTB-5) umbenannt. Mithilfe der Raketen-Ausbildungsabteilung 2 (RAusbA-2 - vormals Ausbildungsabteilung 2) erfolgte die Ausbildung des Personalbestandes.

Im Frühjahr 1969 begann die Umrüstung der ersten RA / 5. RBr mit der neuen Startrampe 9P117M. Das Operativ-taktische Raketensystem, ausgerüstet mit der OTR 8K14 und der SR 9P117M, wurde in der NVA als Operativ-Taktisches Raketensystem 9K72 ELBRUS bezeichnet. Im Sommer 1971 erfolgte die Umrüstung der dritten RA / 5. RBr (Basis der 3. RBr) von der OTR 8K11 auf die OTR 8K14 mit der Startanlage 2P19. 1974 war die 5. RBr komplett mit sechs Startrampen 9P117M und der OTR 8K14 ausgerüstet.

1975 wurde die kadrierte 3. RBr in eine Einheit der ständigen Gefechtsbereitschaft umgewandelt, komplett mit der Technik der OTR 8K14 (sechs Startanlagen 2P19) ausgerüstet und dem Militärbezirk III unterstellt. Ab 1979 erfolgte die schrittweise Außerdienststellung der SA 2P19, die 1982 vollständig durch die Startrampe 9P117M ersetzt war. In der Chronik der 3. Raketenbrigade 1981 / 1982 war dazu vermerkt: »*Bis zum 31.01.1982 erfolgte die Zuführung von 8 Startrampen 9P117M1. Zwei Startrampen wurden in den Bestand der 1. RA eingegliedert und sechs Startrampen übernahmen die Feuerzüge der 2. RA. Die Startrampen 2P19, mit denen die 2. RA bislang ausgerüstet war, wurden zur Aussonderung vorbereitet und am 25.11.1982 an eine Dienststelle der NVA übergeben.*«

Operativ-taktische Rakete

8К14 - оперативно-тактическая ракета Р-17 =
8K14 - Operativ-taktische Rakete R-17
8Ф14 - головная часть 269А для ОТР 8К14 =
8F14 - Sprengkopf 269A für OTR 8K14
8Ф44 - фугасная головная часть для ОТР 8К14 =
8F44 - hochexplosiver Sprengkopf für OTR 8K14

Die **operativ-taktische Rakete R-17** war eine autonom gelenkte Rakete großer Reichweite mit auswechselbaren Gefechtsköpfen.
Um die Bekämpfung feindlicher Ziele in offensiven und defensiven Operationen einer Armee zu ermöglichen, war es notwendig, die Reichweite der operativ-taktischen Rakete auf 300 km zu erhöhen.
Um dieser Forderung zu genügen, wurde im Auftrag der *Hauptverwaltung für Raketen und Artillerie des Verteidigungsministeriums der UdSSR (GRAU)* die operativ-taktische Rakete R-17 für die Landstreitkräfte entwickelt. Infolgedessen verabschiedete der Ministerrat der UdSSR im November 1956 eine Resolution, die eine Reihe von Maßnahmen zur Verbesserung der Kampfeigenschaften der OTR R-11M vorsah. Es war unter anderem geplant, elektrische Schaltkreise und einzelne Elemente der Ausrüstung des Raketenkontrollsystems zu duplizieren und Baugruppen ohne Röhrentechnik zu verwenden. Alle anderen Elemente wie die Einrichtungen für die Vorstartwartung, die Hilfsausrüstung sowie die elektrische Prüf- und Starteinrichtung wurden unverändert von der OTR R-11M (8K11) übernommen. Schnell wurde klar, dass ein neues Flüssigkeits-Triebwerk entwickelt werden musste, um die geforderte Entfernung von 300 km zu erreichen. Das neue Triebwerk wies eine Reihe signifikanter Unterschiede auf. Der Aufbau konnte vereinfacht, das Gewicht um etwa 25 kg reduziert und der Schub von 8,3 t (R-11M) auf 13,3 t erhöht werden.
Nach umfangreichen Tests wurde im März 1962, nach nur knapp vier Jahren Entwicklungszeit, die OTR R-17 in die Ausrüstung der Sowjetarmee aufgenommen.

Die Flugbahn der operativ-taktischen Rakete 8K14 bestand aus dem aktiven und dem passiven Teil, wobei sie sich nur auf dem aktiven Teil selbst lenkte. Auf dem Starttisch der Startanlage wurde die OTR in vertikaler Stellung auf das Ziel gerichtet, an der

Operativ-taktische Rakete R-17	
GRAU-Index Träger	8K14
GRAU-Index Gefechtskopf (nuklear)	8F14
Bezeichnung in der NVA	8K14
Beginn der Einführung in die NVA	1965
NATO-Bezeichnung	SS-1c SCUD B
Einsatzebene	Raketenbrigade
Maximale Schussentfernung (km)	300
Minimale Schussentfernung (km)	50
Maximale Flughöhe (km)	86
Minimale Flughöhe (km)	31
Länge Rakete (mm)	11.164
Durchmesser mit Flügeln (mm)	880
Durchmesser ohne Flügel (mm)	1800
Art des Triebwerks	Flüssigkeitstriebwerk
Startbrennstoff	TG-02
Brennstoff	TM-185
Oxidator	AK-27I
Masse Rakete betankt (kg)	5862
Masse Rakete unbetankt (kg)	2076
Masse Gefechtskopf ohne Gefechtsladung (kg)	265
Masse Gefechtskopf mit Gefechtsladung (kg)	989
TNT-Äquivalent (kt)	10
Startanlage / Startrampe	2P19 / 9P117M und 9P117M1

Der Aufbau und die Funktionalität der OTR 8K14 ähnelten denen der OTR 8K11. Hier werden lediglich die wesentlichen Veränderungen der OTR 8K14 aufgeführt.

Lenkeinrichtung entsprechend der Schussentfernung die Zeit des Brennschlusses eingestellt. Die Masse an Treibstoff und Druckluft betrug 3786 kg, wobei 2919 kg Oxidator, 822 kg Brennstoff, 30 kg Startbrennstoff und 15 kg Druckluft aufgenommen wurden. Bei einer Schussentfernung von 50 km erreichte die Flugbahn am Brennschlusspunkt nach 45,5 Sekunden eine Höhe von 31 km. Bei einer Schussentfernung von 300 km erreichte die Flugbahn am Brennschlusspunkt nach 62 Sekunden eine Höhe von 86 km. Sollte die Schussentfernung größer als 280 km sein, war zu überprüfen, ob sie mit der gegebenen Temperatur der Treibstoffkomponenten beim Betanken und beim Start erreicht werden konnte.

Die OTR 8K14 setzte sich aus einem *Gefechtskopf* und dem *Träger für Gefechtskopf 8K14* zusammen. Im Schriftverkehr und Sprachgebrauch innerhalb der NVA wurde allerdings die komplette Rakete als Operativ-taktische Rakete 8K14 bezeichnet.
Je nach Art und Aufgabe konnte die Rakete mit einem Spezialgefechtskopf 8F14 oder einem Splitter-Spreng-Gefechtskopf 8F44 ausgerüstet sein.

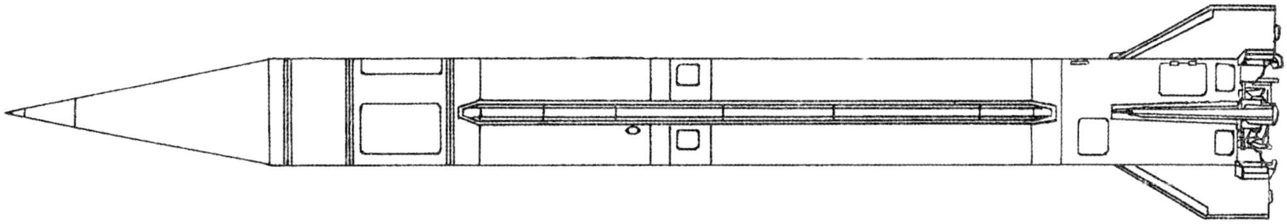

Grafik der operativ-taktischen Rakete 8K14.

Der Spezialgefechtskopf 8F14 war zum Bekämpfen von Flächenzielen mit einer Spezialladung bestimmt. Er bestand aus dem Körper, der Spezialausrüstung und der elektrischen Heizanlage. Seine Länge erreichte 2870 mm, der größte Querschnitt 884 mm. Mithilfe der elektrischen Heizanlage wurde der Körper des Gefechtskopfs bei Außentemperaturen von -40 °C bis 15° C auf 20 °C gehalten. Beim Einsatz des Spezialgefechtskopfs 8F14 durfte die Höhe des Ziels über dem Meeresspiegel für eine Luftdetonation nicht über 2000 m, für eine Erddetonation nicht über 4500 m liegen. In der *Anleitung A326/1/027 Effektivitätskennziffern für den Einsatz von Raketenkernwaffen (operativ-taktische Raketen)* von 1989 wurde für die Bekämpfung unterschiedlicher Ziele der Einsatz von Kernsprengköpfen mit Ladungsstärken von 10, 20, 200, 300 und 500 kt zugrunde gelegt.

Der Splitter-Spreng-Gefechtskopf 8F44, sein Einsatz war unbegrenzt möglich, bestand hauptsächlich aus dem Körper, der mit Sprengstoff laborisiert war, und der Spitze. Die Gesamtlänge des Gefechtskopfs betrug 2650 mm, der größte Durchmesser 884 mm und seine Masse 987 kg. Der Gefechtskopf war mit zwei Zündeinrichtungen ausgerüstet, die beim Auftreffen auf ein Ziel zündeten oder das Havariesprengsystem auslösten.

Die Gerätezelle des Trägers 8K14 war das tragende Element, das zur Unterbringung der Elemente der Lenkeinrichtung, des Havariesprengsystems und der Stromquellen bestimmt war. Im Mittelteil der Gerätezelle befanden sich der Brennstoff- und der Oxidatorbehälter als tragende Elemente zusammen mit allen notwendigen Ventilen, Leitungen, Armaturen und Pyropatronen. Das Heck der Rakete war zum Aufstellen auf den Starttisch und zur Stabilisierung während des Fluges bestimmt. In ihm waren das Triebwerk mit seinen Armaturen, sechs Druckluftflaschen, die Rudermaschinen und die Kabel der Lenkeinrichtung untergebracht. Außerdem wurde von ihm das Triebwerk verkleidet. Am Körper des Heckteils waren vier Stabilisatoren befestigt. Die Rudereinrichtung der Rakete verfügte über vier Rudermaschinen und vier Gasstrahlruder, die entsprechend den gegebenen Kommandos gedreht wurden.

Alle Einrichtungen der Triebwerkseinrichtung waren an der Brennkammer befestigt. Wichtige Bestandteile waren das Turbinen-Pumpenaggregat (TPA), ein Gasgenerator sowie verschiedene Anlass-, Sperr-, Ablass-, Spül- und Rückschlagventile für Oxidator und Brennstoff. Das Triebwerk arbeitete mit Treibstoff, der aus zwei nicht selbstzündenden Komponenten bestand, dem Oxidator AK-27I und dem Brennstoff TM-185. Zum Anlassen des Triebwerks verwendete man Starttreibstoff TG-02, der sich in Verbindung mit dem Oxidator selbständig entzündete. Wesentlich für die Entzündung von Brennstoff und Oxidator war, dass sie unter einem hohen Druck und einer hohen Temperatur zusammengeführt werden mussten. Die benötigte Anfangstemperatur wurde durch das Zünden des Startbrennstoffs TG-02 erzeugt, der bereits bei Umgebungstemperatur mit dem Oxidator reagierte (hypergol). In der OTR 8K14 wurden beide Treibstoffkomponenten mithilfe eines Turbinen-Pumpenaggregats zur Brennkammer befördert, indem sie aus den Treibstoffbehältern gesaugt wurden (bei der OTR 8K11 wurden Oxidator und Brennstoff unter hohem Druck in die Brennkammer gepresst). So konnten wesentliche Elemente der Triebwerkseinrichtung, wie die beiden Tankbehälter und Treibstoffleitungen, aus leichterem Material gefertigt werden. Die Drehzahl des Turbinen-Pumpaggregates betrug ungefähr 22.800/min, der dabei erzeugte Druck des Oxidators am Pumpenausgang lag bei 108 kp/cm², der Druck des Brennstoffs am Pumpenausgang bei 120 kp/cm². Dadurch konnte der Triebwerksschub auf 13,3 t erhöht und Reichweiten bis 300 km erreicht werden. Der Gasgenerator erzeugte die Gase, die für die Arbeit des TPA erforderlich waren. Dabei betrug der Treibstoffverbrauch 2,17 kg/s. Mithilfe der pneumo-hydraulischen Anlage (PHA) wurden die Triebwerkseinrichtung und die Ansprecheinrichtung der Ampullenbatterien bedient. Der Startdruck in den Druckluftflaschen von 200 kp/cm² wurde von den Reduzierventilen auf die entsprechenden Betriebsdrücke gemindert.

Die elektrische Prüf- und Starteinrichtung für die Startstellung befand sich in der Startanlage 2P19.

Die Stromquellen bestanden aus der primären Ampullenbatterie als chemische Gleichstromquelle und den sekundären Wechselstromquellen. Bei der Ampullenbatterie wurde der Elektrolyt mit einem Druck von 10 kp/cm² zu den Elektroden, die sich in den

Ampullen befanden, gedrückt, wodurch die Einsatzbereitschaft der Stromquelle mit 27 V nach sieben Sekunden hergestellt wurde. Bei einem Entladestrom von 110 A und einer Spannung am Ende der Entladung von mindestens 24,3 V, war die mit Elektrolyten aufgefüllte Stromquelle bei Belastung 100 Sekunden lang einsatzbereit. Damit die Batterie normal arbeiten konnte, durfte die Außentemperatur nicht unter -15 °C liegen. Dazu war im Batteriegehäuse eine elektrische Heizung mit Wärmeregulator vorhanden. Die Heizung wurde automatisch eingeschaltet, wenn die Temperatur niedriger als -15 °C war. Ein Umformer mit Frequenzregler diente als Wechselstromquelle zum Umformen der 27 V Gleichspannung in Dreiphasen-Wechselspannung von 40 V und den Frequenzen 500 und 1000 Hz. Ein Zeitlaufwerk verband die elektrischen Stromkreise der Lenkeinrichtung nach einem vorgegebenen Zeitprogramm.

Die Gefechtsladung wurde bei abnormalem Flug durch das Havariesprengsystem zerstört. Als abnormaler Flug der Rakete galt: - die Rakete verlor ihre Stabilität, - die Flugrichtung wich von der programmierten ab, - die Programmeinrichtung arbeitete fehlerhaft, - das Kommando zum Brennschluss kam zu früh oder zu spät, - das Kommando zum Brennschluss wurde bis zur 67. Sekunde nicht erteilt.

Mithilfe eines Höhenrelaisblocks (Barorelais) wurde beim Aufstieg der Rakete verhindert, dass die Inbetriebnahme des Havariesprengsystems erfolgte, bevor die Höhe von 5000 m erreicht war.

Die Rakete wurde auf dem Starttisch mit dem *Stabilisator 1* genau in Richtung Ziel gedreht. Sie stieg nach dem Start zuerst senkrecht hoch und neigte sich danach über den Stabilisator 1 automatisch in Richtung Ziel, entsprechend dem Flugprogramm, das von der Programmiereinrichtung gegeben wurde. Während des Fluges steuerte die Lenkeinrichtung die Rakete nach Richtung und Entfernung. Wurde die Fluggeschwindigkeit erreicht, die für die Schussentfernung erforderlich war, wurde die Treibstoffzufuhr gestoppt. Der Brennschluss wurde durch gleichzeitiges Übertragen elektrischer Impulse an mehrere Pyropatronen erreicht. Über ein Ablassventil wurde der Brennstoff aus dem Mantel der Brennkammer abgelassen und mit Druckluft ausgespült. Das Triebwerk hörte auf zu arbeiten und die Rakete flog frei weiter.

Zur Ausrüstung der 5. RBr zählten sechs gefechtsbereite Raketen 8K14. In der BRTB-5 wurden weitere zehn Raketen bevorratet. Die Planung sah einen Kampfsatz von drei Raketen pro Startanlage vor. Der Ist-Bestand an operativ-taktischen Raketen wurde vom RWD für das Jahr 1969 mit 25 Stück beziffert. Im selben Jahr begann die Einführung der Startrampe 9P117M sowie die Zuführung weiterer vier Raketen 8K14.

Laut *Meldung über die Sicherstellung der NVA mit Raketen und Munition sowie deren Lagerung* vom 01.01.1990 verfügte die NVA über 20 Startrampen 9P117M / M1 im Soll 1, von denen zwölf in der 3. RBr und acht in der 5. RBr eingesetzt wurden. Die Höhe des Kampfsatzes für eine Startrampe betrug fünf Träger 8K14. Der Grad der Sicherstellung betrug 100 Prozent, insgesamt 100 Raketen. 40 Raketen waren als zentrale Reserve, 40 Raketen als operative Vorräte und 20 Raketen als Truppenvorräte eingelagert.

Start einer operativ-taktischen Rakete 8K14.

Der Prototyp der Startanlage 2P20 auf Basis des schweren Lkw MAZ-537B in Marschlage.

Startrampe

2П19 - самоходная пусковая установка ОТР 8К14 (гусеничная) = 2P19 - Selbstfahrlafette OTR 8K14 (Ketten)
2П20 - самоходная пусковая установка ОТР 8К14 (колесная) = 2P20 - Selbstfahrlafette OTR 8K14 (auf Räder)
9П117М - самоходная пусковая установка ОТР 9К72 = 9P117M - selbstfahrender Werfer OTR 9K72

Zum ersten Mal in der sowjetischen Raketenentwicklung wurden gleichzeitig zwei Startanlagen (Kette- und Radfahrgestell) für eine Rakete entwickelt. Die Grundkonstruktion war bei beiden Startanlagen gleich und bestand aus einem Ausleger, einem hydraulischen Hebesystem, einem Starttisch, einer Einrichtung für die Vorstartwartung sowie einer Prüf- und Starteinrichtung. Für die Startanlage 2P19 fand das modifizierte Fahrgestell mit Kette des schweren Jagdpanzers ISU-152K Verwendung. Die Entwicklung und Produktion der Startanlage 2P20 erfolgte auf dem Radfahrgestell des schweren Lkw MAZ-537B. Da die Radversion eine Reihe von Vorteilen gegenüber der Kettenversion aufwies (höhere Geschwindigkeit, größere Reichweite, Straßennutzung ohne Fremdhilfe), wurde sie favorisiert. Die NVA nahm 1967 die **Startanlage 2P20** in das Verzeichnis der Bewaffnung und Ausrüstung auf. Während der Tests zeigte sich allerdings, dass der MAZ-537B der Last des artilleristischen Aufbaus nicht gewachsen war. Um die OTR 8K14 zeitnah einsetzen zu können, kam zunächst die Startanlage 2P19 zum Einsatz. Erst mit dem Basisfahrzeug MAZ-543 konnte 1967 die Startrampe unter der Bezeichnung 9P117 in den Dienst der sowjetischen Raketentruppen gestellt werden. In der NVA wurde ab 1981 der Begriff **Startrampe** verwendet.
Die NVA verfügte 1967 über sieben Startanlagen 2P19, sechs SA in der 5. RBr und eine in der Raketen-Ausbildungsabteilung 2. Im Ausrüstungsnachweis des RWD von 1969 / 1970 wurde der Ist-Bestand von sieben Startanlagen 2P19 aufgelistet.

Die **Startanlage 2P19**(2) war für den Transport einer aufgetankten Rakete 8K14 mit Gefechtskopf zum Startplatz, das Umstellen der Rakete aus der Marsch- in die Gefechtslage, das Richten der Rakete und den Start bestimmt. Mithilfe der sich in der Startanlage befindenden Prüf- und Starteinrichtung wurde die OTR vor dem Start überprüft. Wenn der Start nicht erfolgte, wurde die Rakete aus der Gefechts- in die Marschlage umgelegt und aus der Startstellung abtransportiert. Der Aufbau und die Konstruktion der Startanlage 2P19 stellten eine Modernisierung der Startanlage 8U218 dar. Die beiden auffälligsten äußeren Unterschiede waren der fast ein Meter längere Ausleger für Transport und Aufrichten der Rakete 8K14 und die zwei, jeweils rechts und links an den Seitenplatten der Wanne befestigten Druckluftflaschen für die Vorstartwartung. Die Startanlage 2P19 setzte sich aus dem gepanzerten, 7050 mm langem Basisfahrzeug Typ ISU-152K und dem artilleristischen Aufbau zusammen, für die Bedienung wurden acht Mann benötigt. Die Ausmaße der SA in Marsch- / Gefechtslage (LxBxH) betrugen 12.600 x 3240 x 3300 mm / 12.600 x 3240 x 13.000 mm bei einer Gefechtsmasse von 42.500 kg. Mit / ohne Rakete lag die maximale Fahrgeschwindigkeit bei 25 / 42 km/h. Der Fahrbereich auf der Straße betrug bei Nutzung der gesamten Kraftstoffvorräte 500 km.

Wesentliche Neuerungen zur SA 8U218 waren in der Motorschmier- und in der Luftzufuhranlage zu finden. Die Motorschmieranlage der SA 2P19 verwendete das Ölfilter MAF mit zwei Spalt-Filtereinsätzen und einem Überdruckventil, das stark verschmutztes oder sehr zähflüssiges Öl ohne Reinigung in den Motor überströmen ließ. Die Luftzufuhranlage nutzte für die Reinigung einen Luftfilter mit zwei Reinigungsstufen. In der ersten Stufe erfolgte die Grobreinigung durch 77 Zylone. Die Luft wurde durch den im Motor erzeugten Unterdruck mit hoher Geschwindigkeit in die Zylone gesaugt, wo sie in Drehbewegung versetzt wurde. Durch die Flieh-

kraft wurden die groben Staubteilchen gegen die Wände der Zylone geschleudert, verloren an Geschwindigkeit und fielen in den Staubbunker, wo sie anschließend mithilfe der Ejektoren der Kühlanlage abgesaugt und ausgeschieden wurden. Die zweite Stufe nutzte zur Feinreinigung drei Filtereinsätze.
Die wichtigsten Bestandteile des artilleristischen Aufbaus waren der Ausleger, der Starttisch, die Einrichtung zum Heben und Senken des Auslegers, die Einrichtung für die Vorstartwartung, die elektrische Ausrüstung, die Prüf- und Starteinrichtung, die Nachrichtengeräte, die Hilfsausrüstung und der EWZ-Satz. Da der artilleristische Aufbau dem der **Startanlage 8U218**[1] entsprach, werden nur die wesentlichen Unterschiede aufgeführt.

Zur Einrichtung für die Vorstartwartung gehörten unter anderem vier Druckluftflaschen, ein elektrisches und ein pneumatisches Steuerpult sowie ein Steuerpult zum Auftanken der beiden zur Startanlage gehörenden Behälter für Startbrennstoff. Die Druckluftflaschen waren an der linken und rechten Außenwand des Fahrerraums paarweise angebracht. In jeder Druckluftflasche befanden sich 50 Liter Druckluft mit einem Arbeitsdruck von 240 bis 350 kp/cm². Jedes Paar Druckluftflaschen war untereinander mit Rohrleitungen verbunden. Mithilfe von zwei Reduzierventilen wurde die Druckluft auf 11 kp/cm² reduziert und in die Ampullenbatterien geleitet. Die Einrichtung für die Vorstartwartung diente dem Befüllen der Rakete mit Druckluft, dem Überprüfen des Luftdrucks in den Druckluftflaschen der Rakete, dem Auftanken mit Startbrennstoff, der Inbetriebnahme der Ampullenbatterien und dem Ablassen des Startbrennstoffs. Außerdem wurden die Automatik der Einrichtung für Vorstartwartung und das elektro-pneumatische Ventil der Rakete überprüft. Die Behälter für Startbrennstoff der Startanlage wurden aus den Behältern des Sattelaufliegers des Raketentransportfahrzeuges 2T3 befüllt.

Mit der Hilfsausrüstung wurden unter anderem Arbeiten beim Verladen der Rakete auf die SA, beim Beziehen der Startstellung und beim Umstellen der Rakete in die vertikale Lage durchgeführt. Zur Hilfsausrüstung gehörten eine elektrische Starttischwinde, zwei Heckstützen, die Spindelstützen des Starttisches, Winkelbegrenzer und eine Ladepumpe. Mit zwei Winkelmessern, die im Fahrerraum untergebracht waren, wurden die Längs- und Querneigung der Rampe in der Startstellung bestimmt.

Die elektrische Ausrüstung der Rampe setzte sich aus den Stromquellen und -verbrauchern, einem Umformer, den Hilfsgeräten sowie den Kontroll- und Messgeräten zusammen. Die Startanlage verfügte über ein Elektroaggregat als Hauptstromquelle mit einer Leistung von 7,5 kW und einer Gleichspannung von 27 bis 32 V. Mit diesem Aggregat wurden die Bedienelemente der Startanlage, die Heizanlage der Rakete sowie die Elektromotoren für das Heben und Senken des Auslegers und für das Bedienen der Starttisch-

Die Startanlage 2P19, zu erkennen an den zwei Druckluftflaschen an der Wannenseite als Bestandteile der Einrichtung für Vorstartwartung.

Auf den Paraden der NVA durfte die Startanlage 2P19 nicht fehlen.

winde gespeist. Durch einen vom Rampenmotor über ein Nebengetriebe gespeister Generator für Gleichstrom mit einer Leistung von zehn kW und einer Spannung von 27 bis 29 V wurden die Verbraucher der Rampe mit elektrischer Energie versorgt. Dieser Generator konnte auch als Antriebsmotor für den Elektromotor der Hochdruckpumpe der Einrichtung zum Heben und Senken des Auslegers arbeiten. Ein Umformer wandelte den Gleichstrom von 27 bis 29 V in 36 V Wechselstrom mit einer Frequenz von 50 Hz um. Damit wurde im Bedarfsfall die Heizanlage der Rakete betrieben.

Die elektrische Prüf- und Starteinrichtung der Rampe war zum Überprüfen der Bordgeräte der Lenkeinrichtung, wenn sich die Rakete auf der Startanlage 2P19 befand, sowie für die Vorstartüberprüfung und den Start der Rakete bestimmt. So wurden unter anderem die Batteriespannung im Gefechtskopf gemessen, die Batterien des Gefechtskopfs nachgeladen, diverse Steuerpulte sowie das Havariesprengsystem überprüft. Der Wärmebezug 2Sch2 schützte den Gefechtskopf der Rakete 8K14 vor meteorologischen Einflüssen und besonders vor direkter Sonnenstrahlung. Der Wärmebezug war in seiner Form dem Gefechtskopf angepasst. Mithilfe des Richtgerätesatzes 8Sch18 wurde die Rakete auf dem Starttisch gerichtet. Als Nachrichtengeräte fanden die Funkgeräte R-113 und R-108D sowie die Bordsprechanlage R-120 Verwendung. Die automatische Feuerlöschanlage TAU2, ausgestattet mit drei Flaschen Feuerlöschmittel, ergänzte die Ausrüstung der Startanlage.

Die **Startrampe 9P117M** erfüllte die gleichen Aufgaben wie die Startanlage 2P19.

Neben dem Basisfahrzeug MAZ-543 verfügte die Startrampe über den Ausleger mit Auslegerstütze, den Starttisch, den Kampfraum mit zwei Kabinen, die elektrische und hydraulische Anlage, die Nachrichtengeräte und die Einrichtungen der Vorstartwartung.
Hinten rechts und links am Heck der Startrampe befanden sich zwei elektrisch betriebene Heckstützen, die zum Herstellen der Feuerbereitschaft ausgefahren wurden. Sie glichen außerdem Querneigungen der Startrampe aus. Bei Ausfall ihres jeweiligen Elektroantriebs konnten sie mit Handbetrieb gehoben oder gesenkt werden.

Im Mittelteil des Basisfahrzeuges, zwischen der zweiten und dritten Achse, befand sich der Kampfraum, der sich in zwei Kabinen aufteilte. Er enthielt die Ausrüstung, die für die Bedienung der Startrampe bei der Arbeit mit der Rakete erforderlich war. Das Innere des Kampfraumes war durch Zwischenwände und hervorstehende Teile in den linken und rechten Abschnitt gegliedert. Im Kampfraum befanden sich die Sitze für die Bedienung.
Die rechte Kabine enthielt unter anderem den Richtgerätesatz 8Sch18, der für das Vermessen der Startstellung und für die Richtungsbestimmung erforderlich war. Die wesentlichsten Geräte waren der mechanische Kreiselkompass, der Theodolit und der Richtaufsatz für die Startrampe. Der Kreisel konnte unabhängig vom Fahrzeug mit seinem Batteriesatz als auch angeschlossen an die Energieversorgung der Startrampe betrieben werden. Außerdem war von dieser Kabine der Zugang zum Dieselaggregat möglich.

In der linken Kabine waren verschiedene Bedienpulte (2W26, 2W12M, 4A11-Ä256-1) für das Überprüfen, das Programmieren

Die Startrampe 9P117M in Marschlage, beladen mit der operativ-taktischen Rakete 8K14.

Startrampe 9P117M. Markantes Merkmal der Version M waren die drei runden Öffnungen im Kampfraum (zwischen der zweiten und dritten Achse).

Die Startrampe 9P117M hob die operativ-taktische Rakete 8K14 mithilfe der hydraulischen Anlage in die Startposition.

und das Starten der Rakete verbaut. Die Brenndauer des Triebwerks wurde über Skalenräder am Pult 2W12M eingegeben, die Angaben kontrolliert sowie das Kommando zum Auftanken gegeben. Der Startbrennstoff wurde mit Druckluft innerhalb von 60 bis 70 s in die Rakete gedrückt. Das Einstellen des Zünders von atomaren Gefechtsköpfen erfolgte am Pult 4A11-Ä256-1. Aus der linken Kabine konnte der Start der Rakete vorgenommen werden, wenn er nicht aus sicherer Entfernung mithilfe eines tragbaren Startpultes erfolgte. In der linken Kabine befand sich zusätzlich ein abgeteilter Raum, der die Akkumulatoren der Startrampe aufnahm.

Die elektrische Anlage betätigte die Heckstützen, die Starttischanschläge, die Auslegergreifer, die Starttisch-Dreheinrichtung und die Starttischstützen. Die elektrischen Arbeiten wurden vom Hauptpult und vom Starttischpult aus gesteuert, wobei bei Ausfall der Stromversorgung alle elektronischen Antriebe von Hand betätigt werden konnten. Mit der elektrischen Anlage wurde weiterhin die elektrische Prüf- und Startausrüstung der Lenkeinrichtung versorgt. Sie gewährleistete außerdem die Beleuchtung, die Heizung, die Belüftung, die Signalgebung und die Nachrichtenverbindung. Als Energiequellen dienten das Dieselaggregat APD-8-P/28-2, ein Generator sowie die Akkumulatoren der Startrampe und des Basisfahrzeuges. Das Dieselaggregat erreichte eine Nennleistung von sieben kW, bei einer Drehzahl von 1500 U/min erzeugte es 28 V Gleichstrom. Der Generator übernahm die Stromversorgung bei Ausfall des Dieselaggregates. Er wurde vom Fahrzeugmotor aus angetrieben und erzeugte bei einer Drehzahl von 3600 U/min 28 V Gleichstrom.

Mithilfe der elektrischen Prüf- und Startausrüstung wurde die Rakete vor und bei dem Start kontrolliert und überprüft. Wesentliche Elemente der Überprüfung waren die Lenkeinrichtung, das Havariesprengsystem und die Einrichtung für die Vorstartwartung sowie die Kontrolle des tragbaren Pultes für den Start der Rakete und die Messung der Spannung der Akkumulatoren im Gefechtskopf.

Das Zurren und Entzurren sowie das Heben und Senken des Auslegers und des Starttisches erfolgte hydraulisch. Die hydraulische Anlage wurde vom Hydraulikpult links am Heck aus bedient. Auf der Startrampe befanden sich zwei Hydraulikpumpen, die Hauptpumpe im Kampfraum und eine Reservepumpe am Fahrzeugrahmen vor dem Kampfraum. Die Hauptpumpe wurde vom Dieselaggregat und die Reservepumpe vom Nebenantrieb des Kfz angetrieben. Als Druckstromerzeuger wurden zwei nicht regelbare Reihenkolbenpumpen mit einer Förderleistung von je 18 l/min bei einem Nenndruck von 300 kp/cm² eingebaut.

Die Startrampe 9P117M1 in Marschlage, beladen mit der operativ-taktischen Rakete 8K14.

Die Startrampe 9P117M1, links daneben der Vermessungswagen GAZ-66T.

Die Einrichtung für Vorstartwartung war für die Vorbereitung der Druckluftanlage und der Treibstoffanlage für den Start der Rakete vorgesehen. Für das Bereitstellen der Druckluft verfügte die Startrampe über eine Batterie aus vier Druckluftflaschen, die bis zu einem Druck von 350 kp/cm² befüllt werden konnten und über ein Fassungsvermögen von 70 l je Flasche verfügten. Befüllt wurden die Druckluftflaschen der Startrampe durch die zum OTRs gehörenden Kompressorstationen. Für den Startbrennstoff standen zwei Behälter mit einer Füllmenge von je 42 l (35 l wurden aufgetankt) zur Verfügung. Dadurch war der Start von zwei OTR 8K14 kurz hintereinander gewährleistet.

Der zur Startrampe gehörende EWZ-Satz diente der Wartung sowie für kleinere Instandsetzungen während der Nutzung durch die Bedienung. Untergebracht war der EWZ-Satz außen in Kisten, im Kampfraum sowie in dem im rechten hinteren Kotflügel eingebauten EWZ-Kasten. Wesentliche Elemente waren der Winkelmesser zum Messen der Quer- und der Längsneigung der Startrampe und der Wärmebezug zum Aufrechterhalten der Temperatur im Gefechtskopf und zum Schutz vor Witterungseinflüssen und Sonnenstrahlen.

Als Nachrichtengeräte fanden das Funkgerät R-123 sowie die Bordsprechanlage R-124 Verwendung.

Die Ausmaße der Startrampe (LxBxH) betrugen in Marschlage 13.360 x 3020 x 3330 mm bei einer Masse ohne / mit betankter Rakete, Bedienung und Kraftstoff von 30.600 / 37.400 kg. In Gefechtslage erreichte die Startrampe eine Höhe von 13.670 mm. Der Fahrbereich auf befestigter Straße betrug 650 km, auf unbefestigten Wegen 500 km. Die Höchstgeschwindigkeit mit Raketen auf befestigten Straßen durfte 60 km/h, auf unbefestigten Wegen 50 km/h nicht übersteigen.

Die Startrampe 9P117M1 mit Verzerrungsanstrich 1989.

Die zwölf ab 1980 zugeführten **Startrampen 9P117M1** unterschieden sich durch ein verkleinertes Hydraulikpult links am Heck. Im Kampfraum zwischen der zweiten und dritten Achse war lediglich ein Fenster eingebaut.

Das **Spezial-Kfz MAZ-543** kam als Spezial-Kraftfahrzeug der Größenklasse VIII ab 1969 zur NVA. Dieses vierachsige, allradgetriebene Fahrzeug hoher Geländegängigkeit wurde als Trägerfahrzeug für operativ-taktische Raketen, für Flügelraketen und für Fla-Raketen eingesetzt. Das Fahrzeug war mit zwei zweitürigen Fahrerhäusern mit je zwei Sitzplätzen ausgestattet. Die Fahrerhäuser lagen links und rechts neben dem Motor.

Die Fahrerkabinen ließen sich dank einer Filterventilationsanlage hermetisieren. Als Antrieb fand der aus dem Panzerbau stammende drehmomentenstarke V-12-Dieselmotor mit Flüssigkeitskühlung und Direkteinspritzung D12A-525A Verwendung. Mit einem Hubraum von 38,8 l erbrachte der Motor eine Leistung von 388 kW (525 PS). Ein Zwischengetriebe und ein hydraulischer Strömungswandler übertrugen das Drehmoment auf das als Dreigang-Umlaufgetriebe ausgelegte Wechselgetriebe. Dieses setzte das zentrale Verteilergetriebe in Gang, das den Energiefluss auf die jeweils beiden vorderen und hinteren Achsen aufteilte. Das Verteilergetriebe verfügte über einen zusätzlichen, pneumatisch sperrbaren Momentenausgleich. Die folgenden Zwischenachsantriebe waren mit den Achsantrieben der zweiten und dritten Achse verblockt, wo-

Die Startrampe 9P117M1 ohne Rakete.

Zwei der ab 1980 der 5. RBr zugeführten Startrampen 9P117M mit jeweils zwei Fenstern im Kampfraum.

bei Gelenkwellen die Antriebe der ersten und vierten Achse mit den Zwischenachsantrieben verbanden. Im Gegensatz zu den nicht sperrbaren Vorderachsen besaßen die dritte und vierte Achse selbstsperrende Antriebe. Zur weiteren Erhöhung der anliegenden Drehmomente erhielt jedes Rad ein Umlaufgetriebe. Auf diese Weise ließen sich Drehmomente am Rad und damit Zugkraftüberschüsse erzielen, die den Transport schwerster Lasten ermöglichten.

Dank der außerordentlich breiten Bereifung, den verfügbaren Sperren und der Reifendruck-Regelanlage ließen sich auch sumpfige oder sandige Geländeabschnitte überwinden. Mühelos wurden Gräben mit einer Breite von 2500 mm und Wasserhindernisse mit einer Tiefe von 1100 mm passieren. Von den vier angetriebenen Achsen ließen sich die ersten beiden lenken. Die Ausmaße des Basisfahrzeuges MAZ-543 (LxBxH) betrugen 11.490 x 3050 x 2670 mm bei einer Nutzmasse von 22.200 kg. Mit seinen beiden je 350 Liter Diesel fassenden Kraftstoffbehältern erreichte der MAZ-543 einen Fahrbereich von etwa 560 km.

Transporttechnik

2Т3У - грунтовая тележка для ОТР 8К14 (ЗиЛ-157КВ) =
2T3U - Transportwagen für OTR 8K14 (ZIL-157KW)

Die **Raketentransporteinrichtung 2T3U** (RTE), sie bestand aus dem Sattelauflieger 2T3U, der Sattelzugmaschine ZIL-157KW, dem Transportgestell 2Sch3 und dem Wärmebezug 2Sch2, wurde für den Transport, für das Überprüfen und das Betanken der OTR 8K14 eingesetzt.

Die Transportgeschwindigkeit / Reichweite konnte auf Straßen mit 40 km/h bis zu 1500 km, auf Feldwegen mit 20 km/h bis zu 500 km betragen. Beim Transport einer aufgetankten Rakete 8K14 mit Gefechtskopf konnte der Gefechtskopf geheizt werden. Durch die Konstruktion der RTE konnte die Rakete horizontal überprüft, mit Brennstoff und Oxidator betankt und der Gefechtskopf an den Träger montiert werden.

Der schwere Lkw MAZ-543 wurde als Basis der Startrampe 9P117M/M1 eingesetzt.

Die Raketentransporteinrichtung 2T3U setzte sich aus dem Sattelauflieger 2T3U, der Sattelzugmaschine ZIL-157KW und dem Transportgestell 2Sch3 zusammen, hinter dem Fahrerhaus befand sich der Transportbehälter für das separate Elektroaggregat.

Die Raketentransporteinrichtung 2T3U mit der operativ-taktischen Rakete 8K14.

Die Sattelzugmaschine ZIL-157KW verfügte über eine Seilwinde und eine Aufsattel-Vorrichtung. Der Sattelauflieger war mit einer elektrischen Heizanlage zum Heizen des Spezialgefechtskopfs ausgestattet. Zwei abklappbare Stützen gaben dem Vorderteil des Sattelaufliegers nach dem Abkuppeln von der Sattelzugmaschine einen festen Stand. Weiterhin ermöglichten sie das Rollen des Sattelaufliegers von Hand auf ebener Fläche mit festem Grund. In Marschlage waren die abklappbaren Stützen am Rahmen des Sattelaufliegers befestigt. Teleskop-Stoßdämpfer und Drehstabfederung verringerten größere Schwingungen des Sattelaufliegers beim Fahren auf unebenen Straßen. Rechts und links am Rahmen befanden sich jeweils ein Behälter für Startbrennstoff. Mithilfe von Druckluft wurde der Startbrennstoff aus den Behältern herausgedrückt. Das Fassungsvermögen jedes Behälters betrug 47 Liter. Um die Arbeiten an der Rakete zu erleichtern, verfügte der Sattelauflieger über zwei klappbare Tische und zwei Leitern.

Die elektrische Anlage der RTE bestand aus zwei getrennten Stromkreisen, dem Stromkreis, an dem der Wärmebezug des Gefechtskopfs angeschlossen wurde und dem Beleuchtungsstromkreis. Zum Beheizen des Gefechtskopfs befand sich hinter dem Fahrerhaus der Sattelzugmaschine ein Transportbehälter, in dem ein separates Elektroaggregat untergebracht war. Das Elektroaggregat erzeugte Wechselstrom von 218 bis 230 V bei einer Frequenz von 50 Hz. Es

wurde von einem Benzinmotor angetrieben, der ohne nachzutanken mindestens vier Stunden lief. Ein separater Transportbehälter, der am Rahmen des Sattelaufliegers befestigt war, nahm den Wärmebezug 2Sch2 auf. Zum EWZ gehörten zwei Wärmebezüge, eine Plane sowie acht Spriegel, die das Transportgut vor Niederschlägen und Sonneneinstrahlung schützten.
Die Ausmaße der Raketentransporteinrichtung mit Transportgestell und Plane (LxBxH) betrugen 15.290 x 2700 x 3900 mm bei einer Masse mit aufgetankter Rakete von 15.450 kg. Die Länge des Sattelaufliegers mit Plane betrug 11.600 mm bei einem Leergewicht von 3260 kg.

Mit Einführung der Startrampe 9P117M wurde die modernisierte Version, nun als **Raketentransportfahrzeug 2T3M** (RTF) bezeichnet, in die NVA eingeführt. Wesentliches Unterscheidungsmerkmal war die veränderte elektrische Anlage, an die der Wärmebezug des Gefechtskopfs der Rakete angeschlossen wurde. Es kam ein neues Heizpult POG-5 zum Einsatz und anstelle des separaten Elektroaggregates wurde ein Gleichstromgenerator eingesetzt. Bei der letzten in der NVA genutzten Version, dem RTF 2T3M1, wurde die Sattelzugmaschine ZIL-131W verwendet.

Zur Versorgung der OTR 8K14 befanden sich 1986 im MB-III 36 RTF aller Versionen, die sich auf die 3. RBr mit zwölf und die BRTB-3 mit 24 aufteilten. Zusätzlich konnten über die Transportabteilungen 2 und 12 weitere neun und sechs Fahrzeuge eingesetzt werden.

1964 wurden für den Transport der Startanlagen 2P19 drei **Schwerlastanhänger SL-60-II**(1) mit je einem schweren Lkw KrAZ-214 als Zugmittel geplant, mit Änderung des STAN im Oktober 1965 kamen sechs **Tiefladeanhänger 40 t** zum Einsatz, auch sie wurden durch je einen schweren Lkw KrAZ-214 gezogen.

Anfang der 1970er-Jahre wurden für den Straßentransport der sieben Startanlagen 2P19 sieben **Sattelzugmaschinen MAZ-537G** mit **Schwerlast-Sattelauflieger TschMZAP-5247** eingesetzt.

Der schwere Lkw mit hoher Geländegängigkeit MAZ-535 wurde speziell für die Sowjetarmee ab 1954 im Minsker Automobilwerk (MAZ) entwickelt und ab 1959 produziert. Obwohl die Serienproduktion ab 1963 im Kurganer Radschlepperwerk erfolgte, trugen die Fahrzeuge weiterhin die Bezeichnung MAZ. Ursprünglich war der Lkw zum Ziehen von Artilleriewaffen und Anhängern mit einem Gesamtgewicht von 10 t auf Straßen und im Gelände konzipiert. Das originelle Chassis des Lkw, die Fahrerkabine befand sich vor dem Motor- und Getrieberaum, erregte zu dieser Zeit großes Aufsehen. Als Antrieb kam eine Modifikation des aus dem Panzerbau bekannten Motors W-34, der Zwölfzylinder-Viertakt-Dieselmotor D-12A, zum Einsatz.

Das Raketentransportfahrzeug 2T3M, rechts hinter dem Fahrerhaus der modifizierte Transportbehälter für das neue Elektroaggregat.

Die OTR 8K14 wurde vom Raketentransportfahrzeug 2T3M mithilfe des Autokranes 9T31M und der dazugehörigen Traverse gehoben.

Transportmittel für die Startanlage 2P19, die Sattelzugmaschine MAZ-537G mit dem Sattelauflieger TschMZAP-5247.

Parallel zum MAZ-535 entwickelte das Minsker Automobilwerk ab 1959 die Sattelzugmaschine MAZ-537G zum Ziehen aller Arten von schweren militärischen Sattelaufliegern, einschließlich eines Ladeguts von bis zu 65 t. Der den neuen Anforderungen angepasste, leistungsgesteigerte Motor D12A-525, das verbesserte Brems- und Kühlsystem und die überarbeitete Federung zeichneten die Sattelzugmaschine aus.
Gleichzeitig mit der Außerdienststellung der SA 2P19 erfolgte die Abgabe der MAZ-537G. In der Chronik der 3. Raketenbrigade vom 01.12.1981 bis 30.11.1982 war dazu vermerkt: *Die Transportmittel für die Startanlagen 2P19 (MAZ-537) wurden zur Abgabe vorbereitet und an den VEB Maschinenbauhandel COTTBUS (4 Geräte) abgegeben. Jeweils einen MAZ-537 übernahmen die 4. MSD, die 11. MSD und die Offiziershochschule der Landstreitkräfte.*

1982 wurde für die Erwirtschaftung von Devisen die Möglichkeit der Bereitstellung spezieller Ausrüstung für den NSW-Export (NSW - Nichtsozialistisches Wirtschaftssystem) geprüft. Unter anderem bot die NVA 15 *Sattelzugmaschinen MAZ-537G mit Auflieger für den Panzertransport (60 t)* für einen Gesamtwert von 4,5 Millionen Mark an.

Isothermtechnik

9Ф21 - машина-хранилище ГЧ для ОТР 8К14 =
9F21 - eine Lagermaschine KT für OTR 8K14
9Т41 - изотермический кузов машин 9Ф21 =
9T41 - isothermer Wagenkasten für Fahrzeug 9F21
9Ф223 - машина-хранилище ГЧ = 9F223 - Lagermaschine KT

Die **Isothermeinrichtung 9F21** wurde zum Transport und zum zeitweiligen Lagern von Gefechtsköpfen (Kopfteilen) verwendet.

Die Isothermeinrichtung 9F21 wurde ab 1965 eingesetzt, sie nutzte das Spezial-Kfz ZIL-157KE-1 mit dem Koffer 9T41 als Basis. Eine Heizungs- und Lüftungsanlage diente dem Beheizen des Kofferaufbaus mit warmer Luft und dem Druckbelüften. Im Koffer waren zwei elektrische Heizgeräte mit einer Gesamtleistung von 3 kW eingebaut. Sie wurden mit einer Wechselspannung von 220 / 380 V betrieben. Der Lüfter arbeitete ebenfalls mit Wechselspannung 220 / 380 V und saugte die Luft aus dem Kofferaufbau. Für die Versorgung der Verbraucher mit Wechselspannung musste eine externe Stromquelle genutzt werden.

Das Isothermfahrzeug 9F21 auf Spezial-Kfz ZIL-157KE mit Koffer 9T41. Das Bild stammt aus dem K 050/3/016 - Bewaffnung in der Bedarfsträgerschaft des Raketen- und Waffentechnischen Dienstes von 1983.

Die Montage des Gefechtskopfs auf der Startanlage 2P19. Auf dem ausziehbaren Tisch des Isothermfahrzeugs befand sich der Spezialgefechtskopf im Transportbehälter.

Zur Spezialausrüstung des Kofferaufbaus gehörte ein herausziehbarer Tisch, der auf Laufschienen, die am Kofferboden angeschraubt waren, aus- oder eingefahren werden konnte. Auf dem ausziehbaren Tisch wurde der Gefechtskopfwagen mit Transportbehälter ohne oder mit Gefechtskopf transportiert. Auf einem Wandbrett an der Stirnwand des Kofferaufbaus waren ein Hydrograf und ein Thermograf mit Riemen befestigt. Der Hydrograf zeichnete die relative Luftfeuchtigkeit, der Thermograf die Lufttemperatur auf. Beide Geräte liefen bei einmaligem Aufzug des Uhrwerks mindestens 180 Stunden. An der linken Seitenwand des Kofferaufbaus befanden sich zwei Steuerpulte. Mit dem Kontrollpult wurde die Spannung der Bordbatterien des Gefechtskopfes gemessen, der Funkgeber eingeschaltet und der einwandfreie Zustand der ersten Sicherheitsstufe überprüft. Mit dem zweiten Pult wurden die Akkumulatoren geladen und der Entladen-Lade-Zyklus durchgeführt. Zur Verbesserung der Geländegängigkeit wurde die Doppelhinterachse mit zwei zusätzlichen Stoßdämpfern ausgerüstet. Die Ausmaße der Isothermeinrichtung 9F21 (LxBxH) betrugen 7845 x 2365 x 3240 mm bei einer Gefechtsmasse von 7700 kg. Die zulässige Höchstgeschwindigkeit auf der Straße / im Gelände durfte 65 / 25 km/h nicht überschreiten. Mit den 300 Liter Kraftstoff konnten auf Straße / Feldweg rund 650 / 490 km gefahren werden.

Für das OTRs R-17 waren 18 Isothermeinrichtungen 9F21 geplant. Jeweils sechs Einrichtungen sollten in der sABr-2, in der BATB-2 und in der TBttr-2 (jeweils sechs Stück) eingesetzt werden. Da der Kampfsatz pro Startrampe 2P19 mit drei Raketen (Träger und Gefechtskopf) veranschlagt und sechs Startrampen vorhanden waren, war für jeden Spezialgefechtskopf eine Isothermeinrichtung 9F21 vorhanden. 1967 konnte die NVA 15 Einrichtungen einsetzen, bis 1971 stieg der Bestand auf 26 an. Ab 1983 wurde die Isothermeinrichtung 9F21 in Isothermfahrzeug 9F21 umbenannt.

Mit der Zuführung der SR 9P117M wurde erstmals das universelle **Isothermfahrzeug 9F223** auf Spezial-Kfz ZIL-131 (K) genutzt. Da nicht sofort alle Isothermfahrzeuge 9F223 vorhanden waren, wurden zeitweilig die Isothermeinrichtungen 2U662MU oder 9F21 eingesetzt.

Für das Isothermfahrzeug 9F223 wurde das Fahrgestell des Spezial-Kfz ZIL-131 verwendet. Am Fahrgestell wurde die hintere Stoßstange entfernt, der linke Kraftstoffbehälter zwischen Fahrerhaus und Koffer entfernt und dafür eine Standfläche angebaut, der Reservekanister für Öl wurde unter dieser Standfläche befestigt. Die Ausmaße des Fahrzeuges (LxBxH) betrugen 7660 x 2490 x 3282 mm bei einer Masse unbeladen von 8385 kg. Im beladenen Zustand wies das Fahrzeug eine Masse von 9885 kg auf. Es besaß einen staub- und spritzwassergeschützten Kofferaufbau, dessen Beheizen durch zwei Kraftstoff-Heizgeräte oder durch zwei Elektroheizkörper sichergestellt wurde. Die beiden Kraftstoff-Heizgeräte befanden sich hinten links und rechts unter dem Kofferaufbau in jeweils einem hermetisch abgeschlossenen Gehäuse. Bei einem Kraftstoffvorrat von 20 Litern für beide Heizgeräte konnte der Koffer rund 16 Stunden lang ununterbrochen beheizt werden.

Die beiden Elektroheizkörper waren für das Beheizen des Koffers im Stand bei Nutzung einer Fremdstromquelle mit einer Spannung von 380 V vorgesehen. Im Koffer befand sich eine ausfahrbare Ver-

Das Isothermfahrzeug 9F223 auf Spezial-Kfz ZIL-131 (K). Gut zu erkennen sind die beiden Heizgeräte in Behältern am Heck unter dem Koffer.

Der Gefechtskopf wurde vom Isothermfahrzeug 9F223 mithilfe des Autokranes 9T31M zur Gefechtskopfmontage an die Startrampe 9P117M übergeben.

ladebühne, die zwischen zwei Schienen untergebracht und auf diesen bewegt werden konnte. Die Tragfähigkeit der Verladebühne betrug 2000 kg, die Länge des ausziehbaren Teils 2810 mm. Wenn die Verladebühne ausgefahren war, wurde sie durch zwei Stützen gesichert. Auf ihr konnte ein Wagen für Ver- und Entladearbeiten mit den zu transportierenden Behältern bewegt werden. Die Tragfähigkeit des Wagens lag bei 2000 kg, die Länge der Ladefläche 2810 mm. Für die Kontrolle der Lufttemperatur waren im Koffer ein Flüssigkeits-Thermometer und ein Gasfern-Thermometer eingebaut. Das Gasfern-Thermometer ermöglichte die Kontrolle der

Eine Kolonne mit Isothermfahrzeugen 9F223.

Lufttemperatur im Koffer, ohne dass der Koffer geöffnet werden musste. Die Veränderung der Temperatur und der Luftfeuchtigkeit im Koffer wurden durch einen meteorologischen Thermografen und einen Hygrografen nachgewiesen. Die Bestimmung der relativen Luftfeuchtigkeit sowie das Justieren und die Kontrolle der Arbeitsweise des Hygrografen wurden durch einen Aspirationspsychometer sichergestellt. Ein Sonnenschutzdach war für den Schutz des Koffers vor direkter Sonneneinstrahlung vorgesehen und wurde bei Rasten aufgesetzt.

Der Einsatz des Isothermfahrzeuges 9F223 erfolgte in den Technischen Batterien der 3. und 5. Raketenbrigade (jeweils sechs Stück) sowie in den Raketentransportbatterien der BRTB-3 und BRTB-5 (jeweils zwei Stück), die auch die taktischen Raketen in den Raketenabteilungen der MSD / PD bedienten. 54 Isothermfahrzeuge 9F223 sollten laut STAN in den Transportabteilungen 2 und 12 (jeweils 27 Stück) eingesetzt werden, die hauptsächlich die Einheiten der *Gruppe der Sowjetischen Streitkräfte in Deutschland* versorgten.

1990 wurden in der *Meldung über die Ausstattung der NVA mit Kampftechnik, Bewaffnung und Ausrüstung* (Stand 01.01.1990), die für den Bestand der Vereinten Streitkräfte bereitgestellt werden, 70 Isothermfahrzeuge 9F223 aufgelistet.

Krantechnik

9T31 - автомобильный кран = 9T31 - Autokran

Zur Hebeausrüstung für die OTR 8K14 gehörte der **Kran 8T22**(1) mit Sattelzugmaschine ZIL-157KW und Traverse 2Stsch4. Für die OTR 8K14 wurden 1964 / 1965 sechs / acht Kräne 8T22 eingesetzt. Ab dem Planungszeitraum 1971 bis 1975 wurden für Kranarbeiten in den beiden RBr und den beiden BRTB **Autodrehkräne 9T31** und deren Nachfolgemodelle sowie Autodrehkräne 125 (ADK-125) verwendet.

Anfang der 1960er-Jahre wurden im Auftrag des Verteidigungsministeriums der UdSSR verschiedene Prototypen von Kranfahrzeugen für die militärische Nutzung entworfen und gebaut. Der Autodrehkran 9T31 auf dem Fahrgestell des mittleren Lkw URAL-375 bestand die Werktests 1963 und die militärischen Abnahmetests im April 1965. Die Serienproduktion begann 1968, 1971 erhielt die NVA die ersten Autodrehkräne 9T31M für Be- und Entlade- sowie Montagearbeiten an Raketentechnik. Sie lösten die bis dahin eingesetzten Kräne 8T22 sowie die Autokräne K61 und 8T211 ab.

Die **Autodrehkräne 9T31M** und **9T31M1** hatten eine maximale Tragfähigkeit von 7 t. Als Lastaufnahmemittel wurden verschiedene Traversen entsprechend den Lasten verwendet. Die Abmessung des Autodrehkrans 9T31M in Marschlage (LxBxH) betrug 8200 x 2700 x 3800 mm bei einem maximalen Gewicht von 13.380 kg. Zum Erhöhen der Standfestigkeit des Kranes und zum Entlasten der mittleren und der hinteren Achse des Basisfahrzeuges wurde eine Entlastungseinrichtung eingebaut. Das Ein- und Ausfahren der Auslegerteile erfolgte mit dem hydraulischen Antrieb. Das Hubwerk, das Auslegereinziehwerk und das Drehwerk des Kranes wurden vom Fahrmotor des Basisfahrzeuges angetrieben. Der Kran 9T31M1 unterschied sich von seinen Vorgängern durch einen zusätzlichen *Satz zum Befestigen und zum Transport der Lastaufnahmemittel*, der aus einem Hebegerät, einer Traverse und dem Zubehör bestand. Das Hebegerät diente dem Befestigen und Abnehmen der Lastaufnahmemittel am Kran. Die Tragfähigkeit des Hebegeräts betrug 0,3 t.

Der allradgetriebene **Autodrehkran-125** war in allen Teilstreitkräften der NVA und in den Grenztruppen der DDR seit 1972 in Nutzung. Der Einsatzzweck des Kranes war der Umschlag von materiellen Gütern sowie die Hilfeleistung bei Bau- und Montagearbeiten. Seit 1984 war der Kran zusätzlich mit einem Elektromotor ausgerüstet, sodass die für den Kranbetrieb notwendige Hydraulikpumpe

Der Autodrehkran in Marschlage - Übergabe einer Rakete 8K14 an die Startrampe.

wahlweise über den Diesel- oder Elektromotor angetrieben werden konnte. Die Hublast konnte bei der letzten Ausführung, dem ADK-125/3, von 12,5 t auf 13 t erhöht werden. Die Ausmaße der letzten Baureihe (LxBxH) betrug 8700 x 2500 x 3440 mm. Die Anhängelast konnte im Gelände als auch auf der Straße bis 8000 kg betragen.

Gebaut wurde der ADK in seinen verschiedenen Versionen von 1971 bis 1974 beim Schwermaschinenbau Magdeburg. Danach erfolgte die Endmontage beim VEB Maschinenbau »Karl Marx« in Babelsberg. Nicht zuletzt aufgrund der Verwendung ungarischer RABA-Achsen erreichte der ADK ein Gesamtgewicht von 19.300 kg.

Transport- und Tanktechnik für Oxidator

9Г30М - заправщик окислителя ОТРК 9К72 (ЗиЛ-131) = 9G30M - Oxidatortankwagen OTRK 9K72 (ZIL-131)

АКЦ 4-255Б - Автомобильная кислотная цистерна вместимостью 4,0 м³ на шасси автомобиля КрАЗ-255Б = AKZ 4-255B - Kraftfahrzeug mit Säurezisterne Fassungsvermögen 4,0 m³ auf Fahrgestell KrAZ-255B

Die **Auftank- und Transportanlage für Oxidator 8G17M**[1] auf Spezial-Kfz ZIL-157 wurde zum zeitweiligen Aufbewahren und zum Transport von Oxidator sowie zum Auftanken der Rakete 8K14 eingesetzt. 1967 wurden für die OTR 8K14 Oxidator vom Typ AK-27I MELANGE, jeweils 22.200 l in der 5. RBr und der BRTB-5, aufbewahrt. Der Oxidator AK-27I MELANGE hatte eine Dichte von 1,6 kg/l, mit 22.200 l konnten zwölf Raketen betankt werden.

Die **Auftank- und Transportanlage für Oxidator 9G30M** auf Spezial-Kfz ZIL-131 löste ab 1979 die Auftank- und Transportanlage 8G17M1 sukzessiv ab. Wesentliche Unterschiede zwischen beiden Anlagen gab es nicht. Mit der Anlage 9G30M wurde dem wissenschaftlich-technischen Fortschritt bei der Gestaltung des Spezialaufbaues Rechnung getragen. Dabei konnten die wesentlichen technischen Leistungsparameter verbessert werden. Das Behältervolumen betrug 2,17 m³, wovon 1,9 m³ genutzt werden konnten. Mit der fahrzeugeigenen Pumpe wurde eine Förderleistung von 340 l/min erreicht.

Die **Transportanlage für Oxidator AKZ 4-255B** wurde zum Transport und für die zeitweilige Lagerung (bis drei Monate) von Oxidator eingesetzt. Die technische Ausrüstung der Anlage gewährleistete unter anderem das Befüllen und Entleeren des Transportbehälters mit eigener Pumpe sowie das Abpumpen der Restbestände aus den Armaturen und Schläuchen. Die tanktechnische Ausrüstung der Transportanlage wurde auf dem Fahrgestell des Spezial-Kfz KrAZ-255B1 montiert. Dazu wurde das Fahrgestell des Basisfahrzeuges verändert. Die zulässige Füllmenge des Behälters betrug 4250 Liter. Die zulässige Nutzmasse der zu transportierenden Flüssigkeit konnte bis 6800 kg betragen.

Die Ausmaße des Fahrzeuges (LxBxH) der Version KrAZ-255B betrugen 8645 x 2750 x 2933 mm bei einer Gesamtmasse von 19.700 kg. Die bordeigene Kreiselpumpe erreichte eine Fördermenge von 27 m³/h. Es wurden 10 bis 15 Min. zum Befüllen oder Entleeren des Behälters benötigt. Mit der Handpumpe konnten 30 bis 45 l/min gefördert werden. In der zentralen Raketentreibstoffbasis-2 befanden sich 54 Transportanlagen für Oxidator AKZ 4-255B mit jeweils einem Tankanhänger für Oxidator TAM 3,5, die die Versorgung der beiden MB, der Fla-Raketen-Einheiten der LSK/LV und des Küstenraketenregimentes 18 sicherstellten.

Die **Transportanlage für Oxidator TAM 3,5** (Transportanlage MELANGE) wurde in Kombination mit der Transportanlage für Oxidator AKZ 4-255B eingesetzt. Somit konnte das zu transportierende Volumen an Oxidator beträchtlich erhöht werden. Als Basis diente ein Anhänger HL 60.45.

Die Auftank- und Transportanlage für Oxidator 9G30M wurde 1990 an die Sowjetunion unentgeltlich abgegeben. Das Bild dokumentiert die Momente der Übergabe durch sowjetische Soldaten.

Transportanlage für Oxidator AKZ 4-255B.

Bei Arbeiten mit Brennstoff oder Oxidator musste grundsätzlich spezielle Schutzbekleidung getragen werden, so wie hier bei der Bedienung der Transportanlage für Oxidator TAM 3,5.

Links die Auftank- und Transportanlage für Brennstoff 9G29M, in der Mitte das Raketentransportfahrzeug 2T3M mit einem Träger 8K14 und rechts die Auftank- und Transportanlage für Oxidator 8G17M.

Transport- und Tanktechnik für Brennstoff

2Г1 - автомобильный заправщик горючего ОТРК 9К72 (ЗиЛ-157Е) = 2G1 - Brennstofffahrzeug OTRK 9K72 (ZIL-157E)
9Г29М - заправщик горючего ОТРК 9К72 (ЗиЛ-131) = 9G29M - Brennstofftankfahrzeug OTRK 9K72 (ZIL-131)
АЦГ 5-375 - Автоцистерна горючего вместимостью 5,0 м³ на шасси автомобиля Урал-375 = AZG 5-375 - Tankwagen für Brennstoff mit einem Fassungsvermögen von 5,0 m³ auf Fahrgestell URAL 5-375

Die **Auftank- und Transportanlage für Brennstoff 2G1U** wurde für den Transport der Brennstoffe T1, T185 und SAMIN, für das kurzfristige Lagern sowie für das Betanken der OTR 8K14 eingesetzt. Weiterhin konnte das Fahrzeug als Pumpstation verwendet werden. Dabei wurden die beiden Brennstoffe T1 und T185 mit der Antriebspumpe, SAMIN mit einer Handpumpe ohne Nutzung des Tankwagenbehälters umgepumpt. Die Auftank- und Transportanlage gliederte sich in das Spezial-Fahrgestell ZIL-157E und den Tankaufbau.

Der Tankaufbau war in drei Sektionen aufgeteilt. Im vorderen Bereich befand sich ein Schrank mit dem Behälter (210 l) für den Brennstoff SAMIN. Im mittleren Bereich war der Behälter (2300 l) für einen der beiden Brennstoffe T1 oder T185, gefolgt von dem hinteren Bereich mit dem dazugehörigen Schrank für die Armatur und das Schaltpult. Mit der Armatur des hinteren Schrankes wurden unter anderem der mittlere Behälter oder die Rakete aufgetankt, der Brennstoff aus der Rakete in das Tankfahrzeug umgepumpt oder der Brennstoff ohne Pumpe aus dem Tankwagen abgelassen. Rechts und links am Tankaufsatz befand sich je ein Kasten,

Auftank- und Transportanlage für Brennstoff 2G1U, die Zeichnung stammt aus der DV-41/105 - 1964.

der die Teile des EWZ, hauptsächlich Schläuche, Anschlussstücke sowie Muffen und Ventile, beherbergte. Umgepumpt wurden die Brennstoffe T1 und T185 mit einer Antriebspumpe, einer einstufigen Saugwirbelpumpe, mit einer Leistung von bis zu 300 l/min, die über ein Nebengetriebe vom Motor des Spezial-Kfz angetrieben wurde. Die Arbeiten, hauptsächlich das Schalten der Ventile und das Herausdrücken des Brennstoffes SAMIN aus dem vorderen Behälter, wurden mit Druckluft gesteuert, die vom Kompressor des Kfz über zwei Druckluftbehälter (2 x 25 l) der pneumatischen Anlage zum Luftverteiler des Steuerpults und weiter zu den Arbeitsbaugruppen strömte. Die Ausmaße des Tankwagens (LxBxH) betrugen 6685 x 2315 x 2745 mm bei einer Leer-/ Gefechtsmasse von 6705/ 8730 kg. Im aufgetankten Zustand durften die Marschgeschwindigkeiten auf Straßen/ befestigten Wegen von 40 / 20 km/h nicht überschritten werden.

Die **Auftank- und Transportanlage für Brennstoff 9G29M** kam ab 1971 in den Raketeneinheiten und beweglichen raketentechnischen Basen der Landstreitkräfte zum Transport von Brennstoff und zum Betanken der OTR zum Einsatz. Die gesamte tanktechnische Anlage war auf dem Fahrgestell des Spezial-Kfz ZIL-131 befestigt. Hauptbestandteile waren der Behälter für Brennstoff T185 mit einem Behältervolumen von 2500 l, der Behälter für SAMIN mit einem Behältervolumen von 230 l, die selbstsaugende Seitenkanalpumpe SWN-80W sowie die Handpumpe SKF-4. Die Pumpe SWN-80W erzeugte beim Betanken einen Förderstrom von 280 l/min, beim Umpumpen von 150 l/min. Zum Betätigen der Kraftstoffventile bei den Arbeitsoperationen wurde eine Druckluftanlage genutzt. Die Ausmaße des Fahrzeuges (LxBxH) betrugen 6900 x 2500 x 2865 mm bei einer Gesamtmasse von 9725 kg.

Die **Transportanlage für Brennstoff AZG 5-375** diente in der Zentralen Raketentreibstoffbasis und in den beweglichen raketentechnischen Basen dem Transport und dem zeitweiligen Lagern (bis drei Monate) von HEPTYL, SAMIN, T185 und Flugtreibstoff T1. Der rostfreie Behälter hatte ein Nutzvolumen von 5000 l bei einer zulässigen Nutzmasse von 4000 kg. Zum Transport des Behälters musste der Rahmen des Basisfahrzeuges URAL-375D um 350 mm verlängert werden. Eine Kreiselpumpe mit 2700 U/min förderte 27 m^3/h. Sie erreichte die hohe Drehzahl durch ein zusätzliches Übersetzungsgetriebe, das am Verteilergetriebe angeflanscht wurde.

Die Ausmaße der Transportanlage (LxBxH) betrugen 7700 x 2500 x 2710 mm. Die Gesamtmasse des Fahrzeuges erreichte maximal 13.240 kg. Die Einführung erfolgte ab 1971. Die Planung bis 1980 sah die Einführung von 77 Anlagen vor.
Ab 1988 begann die Zuführung der Transportanlage für **Brennstoff AZG 5-4320** mit insgesamt 14 Fahrzeugen. Diese Transportanlagen nutzten den URAL-4320 als Basisfahrzeug. Auch diese Anlage hatte ein Fassungsvermögen von 5 m^3. Die durch die Einführung frei gewordenen Transportanlagen AZG 5-375 wurden zur Ersatzteilgewinnung oder zur Verschrottung ausgesondert.

Die Auftank- und Transportanlage für Brennstoff 9G29M auf Spezial-Kfz ZIL-131.

Transportanlage für Brennstoff AZG 5-375 auf Basis des mittleren Lkw URAL-375 und Transportanlage für Brennstoff AZG 5-4320 auf Basis des mittleren Lkw URAL-4320 (rechtes Bild).

Transport- und Tanktechnik für Druckluft

УКС 400В-157 - Унифицированная компрессорная станция = UKS 400W-157 Universal-Kompressorstation

Bis 1971 wurden zum Befüllen der Druckluftbehälter der Rakete 8K14 und anderer Druckluftbehälter mit trockener Luft fünf **Kompressorstationen 8G33U**(1) auf Spezial-Kfz ZIL-157 (K), zwei in der 5. RBr und drei in der BRTB-5, eingesetzt. Zum Bestimmen der Luftfeuchtigkeit der Druckluft, die von der Kompressorstation abgegeben wurde, kam der **Luftfeuchtigkeitsmesser 8Sch31**(1) zum Einsatz.

Ab 1972 begann der Zulauf der **Kompressorstation UKS400W** auf Spezial-Kfz ZIL-157. Ihr Einsatz erfolgte in den RBr und in den BRTB. Ihre Aufgabe war das Füllen der Druckluftflaschen von Tankwagen, den OTR und anderen Druckluftbehältern mit trockener Luft. Die Verdichteranlage bestand aus dem Kompressor mit Motor JaMZ-236, Zwischen- und Endkühlstufe, Wasser-Ölabscheider sowie verschiedenen Messgeräten, Filtern und EWZ. Die Abgabeleistung lag bei 140 m³/h, der dabei erzeugte Druck konnte zwischen 150, 230, 350 und 400 kg/cm² variieren. Die Abmessungen der Kompressorstation UKS400W (LxBxH) lagen bei 6700 x 2300 x 2400 mm mit einer Gesamtmasse von 8950 kg. Der eingesetzte Verdichter hatte fünf Druckstufen zur Erzeugung des maximalen Druckes. Mit zwei abwechselnd arbeitenden Absorbern wurde die Luft getrocknet.

Die **Kompressorstation UKS400W-131**, Basisfahrzeug war der Lkw ZIL-131, verfügte über die gleichen taktisch-technischen Parameter wie ihre Vorgängerstation UKS400W. Ihr Einsatz erfolgte ab 1977. Die Abmessungen (LxBxH) betrugen 6900 x 2392 x 2475 mm bei einer Gesamtmasse von 10.250 kg.

Die Kompressorstation UKS400W auf Basis des Spezial-Kfz ZIL-157 (links neben dem Fahrzeug steht der Luftfeuchtigkeitsmesser 8Sch31 auf seiner Transportkiste) und die Kompressorstation UKS400W-131 auf Basis des Lkw ZIL-131.

Die Wasch- und Neutralisationsanlage 8T311M.

Wasch- und Neutralisationstechnik

8T311 - обмывочно-нейтрализационная машина =
8T311 - Wasch- und Neutralisationsmaschine

Die **Wasch- und Neutralisationsanlage 8T311**(1) stellte für kurze Zeit das Betanken der OTR 8K14 sicher. Ab 1972 wurde stetig die Wasch- und Neutralisationsanlage 8T311M auf Spezial-Kfz ZIL-131 eingesetzt.
Die **Wasch- und Neutralisationsanlage 8T311M** wies die gleichen taktisch-technischen Daten und die gleichen Verwendungseigenschaften wie das Vorgängermodell auf. Neu war das Basisfahrzeug, der Lkw ZIL-131. Die Abmessungen (LxBxH) betrugen 6900 x 2500 x 2680 mm bei einer Masse unbeladen / beladen von 7630 / 10.150 kg.

Führungs- und Vermessungstechnik

9C436 - пункт управления (ПУ-1) полка ОТРК 9К72 =
9S436 - Kontrollpunkt (PU-1) Regiment OTRK 9K72

Beim Flug der OTR 8K14 wirkten die gleichen Störfaktoren, die auch den Flug der OTR 8K11 beeinflussten. Da die OTR 8K14 weiter und demzufolge auch höher als ihr Vorgänger flog, mussten jedoch weit mehr Daten berücksichtigt werden, bevor der Start erfolgen konnte. Die Ermittlung der Anfangsangaben für den Start wurden durch zwei unabhängige Einheiten, der *Gruppe zur Vorbereitung der Anfangsangaben* (in der Stabsbatterie der Abteilung) und der *Rechnergruppe* (Führungszug der Batterie) eruiert und gegenseitig abgeglichen. Bei Übereinstimmung wurden die Anfangsangaben verwendet, bei unterschiedlichen Resultaten musste der Fehler gefunden werden. Für den Transport beider Einheiten kam ab 1964 jeweils ein **Stabs-KOM LO-1800A**(1) zum Einsatz.

Die *Gruppe zur Vorbereitung der Anfangsangaben* in der Stabsbatterie musste die Anfangsangaben für drei OTR 8K14 berechnen. Um ihre Arbeit zu erleichtern, sollte ab 1967 die **Elektronische Rechenstation WM-1B**(1) auf Spezial-Kfz GAZ-63 (K) zugeführt werden. Die Rechnergruppe im Führungszug der Batterie nutzte weiterhin einen Stabs-KOM LO-1800A.
Aus Insiderkreisen war zu erfahren: *„... dass es in der 5. RBr schon 1969, als ich dort mein Truppenpraktikum absolvierte, zwei elektronische Rechenmaschinen, in jeder Abteilung eine, gab und das mit der Umrüstung der 3. RA auf das OTRs R-17 im Jahr 1971 auch für diese Abteilung eine dritte elektronische Rechenmaschine zugeführt wurde. Die Rechner in den Startbatterien mussten die Angaben „von Hand" ermitteln (mithilfe von Sprossenrad-Rechenmaschinen des Typs Felix (sowjetisches Modell) oder Triumphator (DDR-Produktion) und ab Ende der 1970er-Jahre auch unter Verwendung von elektronischen Taschenrechnern). Die von ihnen ermittelten Angaben wurden mit denen der elektronischen Rechenmaschine WM-11B kontrolliert und nur bei Übereinstimmung beider Ergebnisse durften diese zur Einstellung der Startangaben genutzt werden. Bei Nichtübereinstimmung gab es ein vorgeschriebenes Prozedere, um durch gegenseitige Kontrolle der Ausgangsdaten und erneuter Berechnung, doch noch zu einem Ergebnis zu kommen."*
Ab 1976 kam der **Führungspunkt PU-1**, in der NVA wurde der Begriff **Führungsstelle 9S436 auf Spezial-Kfz ZIL-157 (K)** verwendet, in den beiden *Gruppen zur Vorbereitung der Anfangsangaben* (in den Stabsbatterien der zwei Raketenabteilungen) zum Einsatz. Die Führungsstelle diente dem Errechnen der Einstellungen für den Start von drei OTR 8K14 sowie der Führung der Einheiten einer Raketenabteilung. Wesentliche Bestandteile des Führungspunktes waren die elektronische Rechenmaschine (ERM) 9W51B im Komplex mit einem Elektroaggregat AB-4, ein Oszillograf und ein Fernschrei-

ber. Nachtsichtgeräte, Telefonapparate, die Vermittlung P-196, die Bordsprechanlage, eine Zustandsanzeige der Einheiten sowie Hilfsausrüstung und EWZ komplettierten die Ausrüstung. Das gesamte Equipment wurde in einem Koffer KUNG-1M untergebracht. Der Führungspunkt konnte auf befestigten Wegen und Straßen bis maximal 65 km/h fahren. Die Ausmaße (LxBxH) betrugen 7170 x 2450 x 3208 mm bei einer Gefechtsmasse von ca. 8000 kg. Das Elektroaggregat versorgte die ERM mit Wechselspannung 220 V, 425 Hz, bei einer Nennleistung von 4 kW. Unter stationären Bedingungen konnte Dreiphasen-Wechselspannung durch einen Umformer in die erforderliche Betriebsspannung transformiert werden. Konstruktiv besaß die ERM 29 Arten von Modulbausteinen, die in gedruckten Schaltungen ausgeführt waren. Die mittlere Rechengeschwindigkeit lag bei etwa 150 Operationen pro Sekunde, die maximale Speicherkapazität bei 2048 Zeichen. Für die Berechnung der Anfangsangaben wurden unter anderem die Werte der Spezialwettermeldung, die Koordinaten und die Lufttemperatur der Startrampen auf Höhe der Startstellung sowie die Angaben zur OTR 8K14 laut Begleitdokumente in die ERM eingegeben. Die Ergebnisse der Berechnungen lieferten die Werte für den Kreiselintegrator (der die Entfernung zum Ziel steuerte), den Richtungswinkel zum Ziel sowie die Einstellungen für das Auslösen des Havariesprengsystems. Sie wurden an einer Leuchttafel angezeigt und auf dem Schreibband des Fernschreibers ausgedruckt. Um Rechenfehler auszuschließen, die durch einen einmaligen zufälligen Fehler der Rechenmaschine auftreten konnten, wurde die Gefechtsaufgabe zweimal nacheinander gerechnet, die Lösungsergebnisse verglichen und nur dann angezeigt, wenn sie übereinstimmten. Anderenfalls ging die Rechenmaschine selbständig zur dritten Berechnung über und es wurde das Ergebnis von zwei übereinstimmenden Lösungen angezeigt. Wenn nach der dritten Berechnung keine Übereinstimmung von zwei Lösungsergebnissen erreicht wurde, schaltete sich die Rechenmaschine automatisch ab, da in ihr ein Defekt vorlag. Zum sofortigen Suchen und Beseitigen der Fehler verfügte die ERM über ein System von Anzeigen und Kontrollen. Die Speicher der ERM unterteilten sich in den Langzeit- und in den operativen Speicher. Im Langzeitspeicher (Festplatte) befanden sich die Arbeitsprogramme der Rechenmaschine und alle zur Lösung von Aufgaben erforderlichen Koeffizienten. Im operativen Speicher (RAM oder Arbeitsspeicher) wurden die Eingangsgrößen sowie die Zwischen- und die Endergebnisse der Rechenoperationen temporär gespeichert.

Die ab 1983 zugeführte **Führungsstelle 9S436-1 (Führungspunkt PU-1M)** nutzte als Basis das Spezial-Kfz ZIL-131 mit Koffer KUNG-1M. Sie verfügte wie ihr Vorgänger über die elektronische Rechenmaschine 9W51B. Die Ausmaße (LxBxH) betrugen 7170 x 2450 x 3208 mm bei einer Gefechtsmasse von ca. 8000 kg.
In beiden RBr waren jeweils vier Führungsstellen 9S436-1 im Einsatz. Mit der Außerdienststellung der operativ-taktischen Raketen ab 1990 wurden auch die acht Führungsstellen PU-1M in den Bestandsmeldungen der NVA gestrichen.
Die Rechnergruppen in den Führungszügen der Raketenstartbatterien nutzten weiterhin den Stabs-KOM, jetzt auf dem Spezial-Kfz LO-2002A.

Zur Unterstützung der rechnerischen Arbeiten in den verschiedenen Rechnergruppen der 5. RBr wurden Anfang 1973, in der 3. RBr ab 1975, jeweils vier **Feuerleitstellen R1** mit **Signal-Kommando-System R1** (Stab RBr), vier **Feuerleitstellen R21** mit **Signal-Kommando-System R2** (2 pro Raketenabteilung) sowie zwölf **Feuerleitstellen B1** mit **Signal-Kommando-System B** (2 pro Raketenstartbatterie) aus DDR-Produktion eingeführt.
Die Feuerleitstellen (FLS), ausgerüstet mit Spezialrechenmaschinen, gewährleisteten eine erhebliche Zeitverkürzung des Infor-

Der Führungspunkt PU-1 auf dem Spezial-Kfz ZIL-157, über dem Fahrerhaus an der vorderen Kofferseite befand sich in einem Spezialgehäuse die Lüftungsanlage für den Kofferaufbau, die Führungsstelle 9S436-1 mit Tarnanstrich (rechtes Bild).

mationsflusses, sichergestellt durch entsprechende Signal-Kommando-Systeme (SKS), zwischen allen Kommandoebenen der Raketentruppen innerhalb eines MB von 80 bis 90 %. Es entstand so eine Informationsstruktur innerhalb der Raketentruppen, die es zum Beispiel dem Chef RA des MB direkt ermöglichte, Informationen über die Einsatzbereitschaft einzelner Startrampen sofort abzufragen, ständig über den Munitionsverbrauch sämtlicher Startrampen informiert zu sein oder meteorologische Daten an alle Raketenabteilungen zu versenden. Der manuelle Arbeitsaufwand für die Kodierung, die Speicherung und die Darstellung der Informationen konnte entweder beseitigt oder wesentlich reduziert werden. Das Entstehen subjektiver Fehler bei der Aufbereitung und Übertragung der Informationen wurde erheblich gemindert. Die Stabilität und Informationsdichte in den Führungssystemen konnte durch den Einsatz der FLS und die Verwendung der strukturmäßigen Nachrichtentechnik erhöht werden. Es war möglich, die automatisierte Informationsübertragung über mehrere Kommandoebenen, bei Gewährleistung des Vorrangs der vorgesetzten Kommandoebene, sicherzustellen. Aufgrund der verwendeten Nachrichtentechnik konnte eine hohe Kodesicherheit der übertragenen Informationen von 12 bis 24 Stunden erreicht werden. Als Basisfahrzeuge fanden die Spezial-Kfz LO-1800A (K) sowie deren Nachfolger und das Spezial-Kfz URAL-375 (K) Verwendung. Für die Ausbildung der erforderlichen Spezialisten kamen stationäre FLS zum Einsatz. Die automatische Übertragung, Aufzeichnung und Darstellung der Informationen erfolgte über die den FLS angepassten Signal-Kommando-Systeme.

Die Entwicklung des Signal-Kommando-Systems begann bereits 1970, es kam ab Mitte 1973 in die Stäbe der Raketentruppen der MB und Divisionen, in die BRTB und Transportabteilungen sowie für Ausbildungszwecke an der MAK und an der OHS der LaSK zum Einsatz. Mit dem SKS wurde eine stabile, gedeckte und automatische Übertragung, Aufzeichnung und Darstellung von Befehlen, Kommandos und Meldungen ermöglicht. Die Übertragungszeiten von Informationen wurden wesentlich verkürzt, die Informationen automatisch aufgezeichnet und optisch durch Symbole oder Zahlen dargestellt. Informationen vom Stab des MB konnten bis zu den einzelnen Raketenstartbatterien direkt übertragen und gleichzeitig in den übersprungenen Kommandoebenen empfangen werden. Die automatische Eingabe der Informationen konnte von vorbereiteten Lochstreifen aus erfolgen, verfälschte Informationen wurden mit einer hohen Wahrscheinlichkeit erkannt und als solche gekennzeichnet. Durch die Verschlüsselung wurden die Abhörmöglichkeiten und die Auswertung auf der Übertragungsstrecke nahezu ausgeschlossen und subjektive Fehler bei mündlicher Übermittlung verhindert. Die Übertragung der Informationen erfolgte drahtgebunden oder drahtlos mit den strukturmäßigen Nachrichtenmitteln. Die Übertragungsrate für einen Fernschreib- oder Fernsprechkanal lag zwischen 50 und 600 bit/s. Es standen maximal fünf Übertragungskanäle zur Verfügung, der Kodierschlüsselwechsel dauerte

Automatische Vermessungseinrichtung GAZ-69TMG.

Der Vermessungswagen GAZ-66T in Marschlage.

nicht länger als 2 Min. Das SKS wurde vom VEB Elektroapparatewerk Berlin-Treptow entwickelt und gebaut, es war entsprechend der Führungsebene unterschiedlich ausgerüstet. Als Transportmittel fanden Spezial-Kfz vom Typ LO-1800A (K) und deren Nachfolger Verwendung. Zur Ausrüstung gehörte ein Elektroaggregat mit 3 kW, für die Arbeit in der Bewegung kam eine Batterie mit 360 Ah zum Einsatz.

Für die topografische Sicherstellung des Einsatzes der OTR 8K14 kamen die **automatischen Vermessungseinrichtungen GAZ-69TM**[1] und **GAZ-69TMG**[1] zum Einsatz. Mit der automatischen **Vermessungseinrichtung GAZ-69TMG2** wurde ab 1972 die in den Fahrzeugen verwendete Navigationsausrüstung, der modernere Kursanzeiger 1G13M, der Kurstisch KP3 und das Rundblickvisier WO eingesetzt. Die Ausmaße der verschiedenen Ausführungen (LxBxH) unterschieden sich nicht wesentlich, beim Basisfahrzeug GAZ-69Ä betrugen sie 3850 x 1850 x 2030 mm, mit einem durchschnittlichen Gewicht von 2555 kg.

Der **Vermessungswagen GAZ-66T** auf Spezial-Kfz GAZ-66 (K) kam ab 1976 zum automatischen Vermessen von Elementen der Gefechtsordnung einer Raketenbrigade, zum Führen von Marschkolonnen bei Nacht und im Gelände mit wenig Geländepunkten sowie zum Aufklären von Marschstraßen zum Einsatz. Der Vermessungswagen bestand aus dem Spezial-Kfz GAZ-66-05 und dem Koffer K-66. Wesentliche Elemente der Navigationsausrüstung waren ein Kurstisch, ein Rundblickvisier, der Zusatz-Streckenübertrager und ein Kursanzeiger. Der Zusatz-Streckenübertrager griff die vom Vermessungswagen zurückgelegte Strecke mithilfe eines Rades ab und übertrug diese über eine biegsame Welle zum Kurstisch. Das Rad musste durch einen mechanischen Hubmechanismus gehoben und gesenkt werden. Die Stromversorgung des Vermessungswagens stellte der fahrzeugeigene Generator sicher. Die Ausmaße des Fahrzeuges (LxBxH) betrugen 6030 x 2400 x 3215 mm bei einem Gewicht von 5970 kg.

Systemspezifische Werkstätten

An systemspezifischen Werkstätten kamen eine **Werkstatt RM-1**[1] auf drei Spezial-Kfz ZIL-157 (K) in der 5. RBr und in der BRTB-5 sowie eine **Werkstatt RM-2**[1] auf sieben Spezial-Kfz ZIL-157 (K) in der 5. RBr zum Einsatz.

Kontroll-, Prüf- und Wartungstechnik

2B11 - машина технического обслуживания (машина горизонтальных испытаний) в РК 9К72 Эльбрус =

2W11 - Wartungsfahrzeug (horizontale Prüfmaschine) im RK 9K72 ELBRUS

9B41M - машина автономных испытаний ОТР 8К14 ГЧ 8Ф44 =

9W41M - autonomes Testfahrzeug OTR 8K14 KT 8F44

Ein **Prüfstand PKPP**(1) auf Spezial-Kfz ZIL-157, abgelöst vom **Prüfstand PKPP-1** auf Spezial-Kfz ZIL-131, diente dem Überprüfen der für die Raketentechnik notwendigen Messmittel und Spezialpulte. Im Planungszeitraum 1976 - 1980 erfolgte die Herauslösung der Prüfstände PKPP und PKPP-1 aus den Raketenbrigaden und ihre Umsetzung in die Struktur der BRTB.

Die **Prüfeinrichtung 2W11** diente der autonomen und Komplexüberprüfung der Bordgeräte, der Lenkeinrichtung und des Havariesprengsystems der Rakete 8K14. Dabei wurde vor allem die Überprüfung der richtigen Funktion des Havariesprengsystems und des Höhenrelais vorgenommen und das HSS auf den Start vorbereitet. Als Basis fand das Spezial-Kfz ZIL-157 mit Koffer Verwendung. Die Ausmaße des Fahrzeuges (LxBxH) betrugen 6960 x 2427 x 3195 mm bei einer Gefechtsmasse von 8500 kg. Für die Energieversorgung war ein Stromaggregat 8N01 vorgesehen.
Mit Einführung der SR 9P117M kam das **Kontroll- und Prüffahrzeug 2W11M** in die Ausrüstung der Prüfzüge der Technischen Batterien der beiden RBr und der beiden BRTB. Als Basisfahrzeug kam das Spezial-Kfz Lkw ZIL-131 mit Kofferaufbau zum Einsatz. Die Ausmaße des Fahrzeuges (LxBxH) betrugen 7355 x 2380 x 3120 mm bei einer Gefechtsmasse von 10.950 kg. Die Energieversorgung stellte ein Elektroaggregat GAD-16 sicher.

Die **Prüfeinrichtung 9W41** auf Spezial-Kfz ZIL-157 mit Kofferaufbau diente der Kontrolle der Bordgeräte des Lenksystems der Rakete 8K14, die Ausmaße des Fahrzeuges (LxBxH) betrugen 7155 x 2550 x 3318 mm bei einer Gefechtsmasse von 8500 kg. Die dafür notwendige Technik wurde in einem Koffer KUNG-1 stoßsicher verbaut. Ein Schaukelstand diente dem Bestimmen der Geschwindigkeit des Auswanderns der Kreisel im Schwingungszustand. Außerdem wurde er zum Überprüfen der Kreisel verwendet. Die Prüfeinrichtung ermöglichte weiterhin eine autonome Kontrolle der Rudermaschinen, des Zeitlaufwerkes und des Höhenrelais. Für die Energieversorgung war ein Stromaggregat 8N01 vorgesehen.

Mit Einführung der SR 9P117M löste das **Kontroll- und Prüffahrzeug 9W41M** die Prüfeinrichtung 9W41 ab. Es gehörte zur Ausrüstung der *Prüfzüge* der Technischen Batterien in den beiden RBr und in den beiden beweglichen raketentechnischen Basen. Als Basisfahrzeug fand das Spezial-Kfz ZIL-131 mit Koffer KUNG-1M Verwendung. Die Ausmaße des Fahrzeuges (LxBxH) betrugen 7100 x 2550 x 3318 mm bei einer Gefechtsmasse von 8500 kg. Für die Energieversorgung kamen entweder ein Elektroaggregat GAD-16 oder ÄSB-12 sowie ein Motorgenerator zum Einsatz.
Das Elektroaggregat **ÄSB-12-WS/400-M1** diente dem Erzeugen von Drehstrom mit einer Spannung von 400 V / 50 Hz. Der Motor und der Generator waren mit einer Flanschverbindung starr miteinander verbunden und bildeten eine Einheit, die über Stoßdämpfer am Rahmen befestigt war. Das Elektroaggregat war auf einem Anhänger IAPZ-738 mit einer Tragfähigkeit von 1800 Mp aufgebaut. Am Rahmen des Anhängers waren außen zwei Kabeltrommeln mit je 25 m Kabel und eine Kiste für EWZ aufgesetzt. Vorn unter dem Anhänger war am Querträger des Rahmens das Ersatzrad befestigt, das mit einer Handwinde herabgelassen und hochgehoben werden

Der Prüfstand PKPP-1 auf Basis des Lkw ZIL-131 mit Kofferaufbau.

Das Prüffahrzeug 2W11M, das Foto stammt aus dem K 050/3/016 von 1983.

Das Kontroll- und Prüffahrzeug 9W41M auf Basis des Spezial-Kfz ZIL-131, das Foto stammt aus dem K 050/3/016 von 1983, das Elektroaggregat ÄSB-12-WS/400-M1 in Marschlage (unteres Bild).

konnte. Am Rahmen des Aggregates waren die Starterbatterie, die dem Anlassen des Motors und dem Beleuchten des Elektroaggregats diente, sowie der Anlassvorwärmer für den Motor angebracht. Mit dem 30 PS Benzinmotor wurde eine Leistung von 12 kW und eine Stromstärke von 21,7 A erbracht. Die Abmessungen des Aggregates (LxBxH) betrugen 3947 x 2070 x 2300 mm bei einer Masse (voll aufgetankt) von 1780 kg.

Elemente der Stromversorgung

Für die Energieversorgung im OTRs R-17 wurden **Stromversorgungsaggregate 8N01**[1] sowie **Diesel-Elektroaggregate GAD-16** eingesetzt. Mithilfe von **Umformeraggregaten 8N042** wurde die Energieversorgung der sechs SA 2P19 sichergestellt.
Für die Energieversorgung des OTRs 9K72 ELBRUS wurden **Elektroaggregate GAD-20** und Elektroaggregate **ÄSB-12-WS/400-M1**[1] benötigt.

Mittel der Sicherstellung

2Щ1 - машина ракетного ЗИП ОТРК 9К72 =
2Stsch1 - Fahrzeug für Raketen-EWZ OTRs 9K72

Der **Luftvorwärmer 8G27U**[1] und das **Spezialzelt 8Ju11U**[1] wurden, ähnlich wie bei der Rakete 8K11, zum Überprüfen der Rakete 8K14 in horizontaler Lage eingesetzt.

Die **EWZ-Einrichtung 2Stsch1** sicherte als Ersatzteilfahrzeug mit Hilfseinrichtungen die horizontale Überprüfung der Rakete 8K14 in Zusammenarbeit mit den Prüfeinrichtungen 2W11 und 9W41 ab. Sie transportierte diverse Zubehörsätze, Werkzeuge und Kleinteile. Mithilfe einer im Koffer KUNG-1 aufgebauten Werkbank konnten zusätzlich kleinere Reparaturen ausgeführt werden. Ein Elektroofen beheizte den Koffer im Stand, an der Vorderwand des Koffers befand sich für die Belüftung ein Ventilator. Die Ausmaße der EWZ-Einrichtung 2Stsch1 auf Basis des Lkw ZIL-157 mit Koffer KUNG-1 betrugen 6930 x 2406 x 3208 mm bei einer Gefechtsmasse von 8300 kg.

Mit Einführung der SR 9P117M wurde das **EWZ-Fahrzeug 2Stsch1** eingesetzt. Als Basis fand das Spezial-Kfz ZIL-131 mit Koffer KUNG-1M Verwendung, die Abmessungen betrugen (LxBxH) 7100 x 2550 x 3318 mm bei einer Gefechtsmasse von 8500 kg.

Attrappenkomplex

Um den Gegner über die eigene Gefechtsordnung und -handlung irrezuführen, entwickelte das Pionierlager-2 in Storkow den **Attrappenkomplex 72**, der eine Startrampe 9P117M mit OTR 8K14 darstellte. Als Basisfahrzeug diente das schwere Spezial-Kfz TATRA-813.

Das EWZ-Fahrzeug 2Stsch1, das Foto stammt aus dem K 050/3/016 von 1983.

Der Attrappenkomplex 72 in Marschlage. Ein besonderes Merkmal war, dass sich die Rakete von der Marsch- in die Gefechtslage aufrichten und wieder absenken ließ.

Der Attrappenkomplex wurde durch die Bundeswehr ausführlich untersucht. Dabei wurde auch die Funktion des Auslegers überprüft.

Fahrschul- und Trainingstechnik

2T21M - учебная пусковая установка ОТР 8К14 =
2T21M - Trainings-Startrampe OTR 8K14

Für die Fahrerausbildung der Startanlagen 2P19 wurden schwere Panzer IS-2 als **Fahrschulpanzer** eingesetzt.
Eine **Übungsstartanlage 2T21M** wurde ab 1971 in der RAusbA-2 für das Training zum Vorbereiten der Rakete 8K14 auf den Start verwendet. Die Übungsstartanlage war auf einem Spezial-Kfz ZIL-157 KG mit den Ausmaßen (LxBxH) von 7940 x 2660 x 3330 mm bei einer Gesamtmasse von 8110 kg aufgebaut. Zur Ausrüstung gehörten unter anderem verschiedene Verbindungskabel, das Richtgerät 8Sch18 und Pultapparaturen. Mithilfe eines Generators mit Antrieb vom Basisfahrzeug wurde die Energieversorgung der Übungsstartanlage 2T21M sichergestellt. Nach langjähriger Truppennutzung, zuletzt in der RAA-15, musste 1976 die Übungsstartanlage 2T21M aufgrund des mangelhaften technischen Zustandes und fehlender Ersatzteile verschrottet werden.
Die **Übungstankanlage 8G17** auf Spezial-Kfz ZIL-157 und die **Tanktrainingsrakete 8K14GWM** ergänzten das Ausbildungsequipment.

Meteorologische Sicherstellung

1Б18 - метеорологическая радиолокационная станция МАРС-1 Шквал-1 =
1B18 – Meteorologische Radarstation MARS-1 Bö-1

Mit Einführung der OTR 8K14 befanden sich vier **Artillerie-meteorologische Stationen PARMS**[1] in der Ausrüstung der sABr-2.

Die Funkmess-Wetterwarte RMS1 in Gefechtslage, die Meteorologen befestigten eine Funksonde RKS1 an einem mit Wasserstoff befüllten Ballon.

Ab 1967 wurden die vier meteorologischen Stationen in der, direkt dem Stab der Raketenbrigade unterstellten, Meteorologenbatterie zusammengefasst. Für die OTR 8K14 musste alle 4 bis 6 h die Atmosphäre sondiert werden. Wenn sich die Wetterverhältnisse grundlegend veränderten, war eine neue Sondierung durchzuführen. Bei mittelmäßig durchschnittenem Gelände und 25 km Entfernung zwischen der Wetterstation und der Startstellung war die Wettermeldung acht Stunden gültig. Für alle weiteren 25 km verringerte sich die Gültigkeitsdauer um jeweils eine Stunde. Nach den Ergebnissen der Temperatur- und Windsondierung der Atmosphäre mussten die Veränderungen der Flugbahn nach der Entfernung und nach der Seite, hervorgerufen durch Temperatur- und Luftdruckunterschiede sowie Windrichtung und -geschwindigkeit, berechnet werden.

Für die meteorologische Sicherstellung der OTR 8K14 diente ab 1974 die **Artillerie-meteorologische Funkmess-Station ARMS** (3 Stück in der RBr). Die Station ARMS stellte eine Modernisierung der Artillerie-meteorologischen Station PARMS bei gleichen taktisch / technischen Daten dar. Zum Bestand der Station ARMS gehörten die Funkmess-Wetterstation RMS1 sowie ein Auswerte- und ein Hilfsfahrzeug.

Das Auswertefahrzeug und das Hilfsfahrzeug, beide auf Basis des Spezial-Kfz URAL-375D mit Koffer K375, sowie die Diesel-Elektrostation ASD-20/WL/230 stellten die Funktionalität der Station sicher. Beide URAL-375D dienten gleichzeitig als Zugmittel. Durch den Einsatz modernerer Technik konnte das Auswerteverfahren und die Datenübertragung verbessert werden. Die Zeit vom Start der Sonde bis zur Lieferung der ersten meteorologischen Daten lag bei etwa 75 Min. Die Station konnte ca. 60 h ohne Ausfall arbeiten.
Ab 1981 konnte schrittweise auf die **Artillerie-meteorologische Funkmess-Station MARS-1** (SchKWAL-1 - Bö-1, GRAU-Index 1B18) zugegriffen werden. Mithilfe einer Ballonsonde erfolgte das Messen der Lufttemperatur, der Windrichtung und der Windgeschwindigkeit an der Erdoberfläche und in der Atmosphäre bis zu Höhen von 15 bis 20 km. Die Station MARS-1 vereinigte in sich die meteorologische Funkmess-Station und das Auswertefahrzeug, durch den Einsatz moderner Mikroelektronik konnte erheblich Platz gespart, die Erarbeitung der meteorologischen Daten beschleunigt und die Fehlerquote deutlich reduziert werden. Die Artillerie-meteorologische Funkmess-Station MARS-1 war ein Gerätekomplex, der aus dem Auswertefahrzeug 1B18-1, dem Aggregatefahrzeug 1B18-2 und dem Hilfsfahrzeug 1B18-3 bestand. Das Auswertefahrzeug 1B18-1 transportierte im Kofferaufbau unter anderem die Funkmess-Station, das Rechengerät ARGON-15A, das Funkgerät sowie elektronische und meteorologische Messgeräte. Im Kofferaufbau wurde vor dem Start die Radiosonde, die die Komplexson-

Auswerte- und Hilfsfahrzeug (unteres Bild) der Artillerie-meteorologischen Funkmess-Station ARMS.

Das Auswertefahrzeug 1B18-1 auf URAL-375D (K) in Marschlage - das Aggregatefahrzeug 1B18-2 nutzte ein Spezial-Kfz GAZ-66 Pritsche/ Plane als Basis.

dierung der Atmosphäre durchführte, überprüft und gegebenenfalls justiert oder repariert. Mit den ermittelten Daten wurde die Einheitswettermeldung erarbeitet und an den vorgesetzten Gefechtsstand weitergeleitet. Die Fahrzeuge 1B18-2 und 1B18-3 bildeten den Technischen Punkt, sie nutzten das Spezial-Kfz GAZ-66 mit Pritsche/Plane als Basis. Dem technischen Punkt konnte neben dem Hilfsfahrzeug 1B18-3 ein Wasserstoff-Transportfahrzeug auf URAL-375D (K) (der URAL war nicht Bestandteil der Station) zugeordnet werden. Nachdem die Geräte des Fahrzeuges 1B18-1 und die Radiosonde vorbereitet waren, musste die Antenne auf die Radiosonde ausgerichtet und die Sonde gestartet werden. Im Laufe der Sondierung der Atmosphäre wurden auf dem Sichtgerät des Funkmessgerätes die laufenden Flugdaten und die in der Standardhöhe errechneten Werte dargestellt. Die mitgeführte Wasserstoffmenge (ohne Wasserstoff-Transportfahrzeug) ermöglichte 15 Starts mit der Sonde RKS1 oder 30 Starts mit der Radiosonde 1B25.

Das Aggregatefahrzeug 1B18-2 und das Hilfsfahrzeug 1B18-3 transportierten die Ausrüstung, die für den reibungslosen Arbeitsablauf des Mess- und Auswertefahrzeuges notwendig war. Auf dem Aggregatefahrzeug 1B18-2, es stellte die Stromversorgung aller Geräte des Komplexes sicher, befanden sich unter anderem zwei Elektroaggregate und der für deren Betrieb notwendige Treibstoff. Gleichzeitig transportierte es auf der Ladefläche den EWZ-Satz des Auswertefahrzeuges 1B18-1, Kleinhilfsgeräte und die Ausrüstung und Geräte des Ballonfüllpunktes. Das Hilfsfahrzeug 1B18-3 beförderte bis zu zehn gefüllte Wasserstoffflaschen, den meteorologischen Gerätesatz PMK sowie andere Geräte, die für die Erfüllung der Gefechtsaufgabe notwendig waren. Es kam beim Befüllen der Radiosondenballone und beim Ermitteln der meteorologischen Bedingungen an der Erdoberfläche zum Einsatz. Zur Besatzung gehörten acht Personen, die 20 Min. nach dem Start der Radiosonde die ersten Wetterdaten lieferten.

Verbleib

In der Stellungnahme von 1987 zum ersten *Entwurf des Hauptstabes über die Entwicklung der NVA im Zeitraum 1991 / 1995* wurde unter Punkt 11 bemerkt:

Entsprechend dem technischen Zustand der Startrampen operativ-taktischer und taktischer Bestimmung sowie den Normen der technischen Einsatzbereitschaft der dafür vorhandenen Träger, Raketen und Gefechtsköpfe sind für den Zeitraum 1991 bis 2000 folgende Umrüstungen auf den entsprechenden Nachfolgetyp bzw. die Außerdienststellung zu planen:
operativ-taktisches System 8K14: 1992, 1995 und 1998
Aussonderung im Umfang von je einer Abteilung bei gleichzeitiger Herabsetzung der Bevorratung mit Trägern für die im Bestand verbleibenden Abteilungen

Im Auskunftsbericht zum Planvorschlag 1991 bis 1995 des RWD hieß es 1988:
(1) Bevorratung der 3. und 5. RBr mit Trägern 8K14.
Wegen Produktionseinstellung erfolgte 1986 die letzte Zuführung von 9 Trägern. Durch den jährlichen Verschuss (1991 bis 1995 insgesamt 12 Stück), durch den notwendigen Umbau zu Lehrtrainings- bzw. Tankraketen im Interesse der Sicherstellung der Gefechtsausbildung sowie infolge der Überschreitung der Grenznutzungsfrist verringert sich die Bevorratung an OTR 8K14 im Zeitraum 1991 bis 1995 von 5,1 auf 3,6 Träger je Startrampe. Der zentrale Vorrat beträgt 1995 noch 0,6 Raketen je Startrampe.

Mit dem *BEFEHL Nr. 42 /90 des Ministers für Nationale Verteidigung vom 23.03.1990 über die Umstrukturierung der Raketentruppen der Nationalen Volksarmee vom 23.03.1990 wurden die 3. und 5. RBr operativ-taktischer Bestimmung zu RBr taktischer Bestimmung umstrukturiert. ... Die Startrampen, Prüf- und Führungstechnik, Raketentransportfahrzeuge und Träger des Komplexes 9K72 sind bis 30.04.1990 an die Westgruppe der Streitkräfte protokollarisch zu übergeben.*
Die Konsequenzen dieses Befehls zeigten sich unter anderem auf der Militärparade im Oktober 1989, als die Startrampe 9P117M nicht mehr gezeigt wurde.

In der 1. Durchführungsanordnung des Stellvertreters des Ministers und Chefs Technik und Bewaffnung vom 27.03.1990 zum Befehl 42 /90 des Ministers für Nationale Verteidigung über die Umstrukturierung der Raketentruppen der Nationalen Volksarmee wurde unter anderem das Prozedere der Übergabe der Technik des OTRs 8K72 ELBRUS festgelegt:

Die Startrampen 9P117M
- *Nr. 902215 (5. RBr.) ist für das Militärhistorische Museum Dresden vorzubereiten;*
- *Nr. 374101, 416022 (3. RBr.) ist der Spezialteil zu demontieren und als Lehrfahrzeug der Volksmarine bzw. der Luftverteidigung bis zum 30.07.1990 zu übergeben;*
- *Nr. 810261, 902809, 379111 (3. RBr.) ist der Spezialteil zu demontieren und das Basiskraftfahrzeug zur Ersatzteilgewinnung der Luftverteidigung (2 Stück) bzw. der Volksmarine bis zum 30.07.1990 zu übergeben.*

und weiter

Die Übergabe der Auftank- und Transportanlagen gemäß Anlage hat erst nach Abschluss der Transporte der Raketentreibstoffkomponenten zu erfolgen:
a) an das KRR-18 (Volksmarine) 5 Stück AKC 4-255 BM und 5 Stück 9G29M

Transportanlagen für Oxidator AKZ 4-255B und diverses EWZ standen für die Übergabe an die Westgruppe der Sowjetischen Streitkräftearmee bereit.

b) an die Westgruppe der Sowjetischen Streitkräfte die übrigen Anlagen.

Der Chef des Militärbezirkes V meldete im Juni 1990 die Übergabe des Operativ-taktischen Raketensystems 9K72 ELBRUS der 5. RBr an eine Raketenbrigade der Westgruppe.

Insgesamt übernahm die Westgruppe die Startrampen, Tankfahrzeuge, Transportmittel, EWZ und Ausbildungsmittel sowie die 100 Träger 8K14 unentgeltlich aus den Beständen der NVA.

Operativ-taktische Rakete 9M714

Die im Text verwendeten Technikbezeichnungen stammen aus dem Stellenplan / Ausrüstungsnachweis der 5. Raketenbrigade vom Juni 1986.

Im Juli 1985 wurde in der 5. Raketenbrigade die dritte Raketenabteilung, ausgerüstet mit dem **Operativ-taktischen Raketensystem 9K714 OKA**, gebildet.

Das Operativ-taktische Raketensystem 9K714 OKA wurde im Konstruktionsbüro für Maschinenbau Kolomna zur Ablösung des OTRs 9K72 ELBRUS entwickelt. Die ersten Starts der OTR 9M714 erfolgten 1976, 1983 wurde das OTRs 9K714 OKA in die Ausrüstung der Sowjetarmee übernommen.
Zwischen dem OTRs 9K72 ELBRUS (OTR 8K14 und Startrampe 9P117) und dem OTRs 9K714 OKA (OTR 9M714 und Startrampe 9P71) lagen etwa 20 Jahre technischer Entwicklung, was zu einer Vielzahl von innovativen technischen Verbesserungen an der Rakete als auch im System selbst führte. Für die Bedienung der Startrampe 9P117 wurden sechs, für die Startrampe 9P71 drei, Armeeangehörige benötigt. Die Einsatzreichweite der neuen Operativ-taktischen Rakete 9M714 wurde auf 500 km gesteigert. Durch den Einsatz eines Feststofftriebwerks konnte auf die für ein Flüssigkeitstriebwerk notwendige Tank- und Neutralisationstechnik verzichtet werden. Da die Rakete nur noch knapp 7500 mm lang war und ca. 4500 kg wog, das Vorgängermodell wies eine Länge von 11.100 mm und eine Masse von fast 6000 kg auf, konnte sie in einem zur Startrampe gehörenden geschlossenen Laderaum transportiert und so vor meteorologischen Einflüssen geschützt werden. Die OTR 9M714 wurde im Laderaum in horizontaler Lage auf das Ziel gerichtet. Sie brauchte nur noch auf den Startwinkel von 80° gehoben und konnte sofort gestartet werden. Der Einsatz eines Kassettengefechtskopfes ermöglichte die Bekämpfung von bis zu 10 ha großen Flächenzielen. Durch das Absprengen des Gefechtskopfs vom Träger während des Fluges wurde die Bekämpfungsmöglichkeit durch Raketenabwehrsysteme erheblich verringert. Der Einsatz eines Raketentransport-Ladefahrzeugs gewährleistete, dass ständig eine zweite Rakete mitgeführt und mithilfe des fahrzeugeigenen Kranes zeitnah an die Startrampe übergeben werden konnte. Startrampe und Raketentransport-Ladefahrzeug nutzten das gleiche Fahrgestell, das auf der Basis des schweren Lkw BAZ-6944 entwickelt wurde. Der Fahrbereich von Startrampe und Raketentransport-Ladefahrzeug mit einer Tankfüllung lag bei ca. 600 km, Wasserhindernisse konnten schwimmend überwunden werden.

1987 schlossen die UdSSR und die USA den INF-Vertrag, der die Zerstörung und das Produktionsverbot von Raketen mit Reichweiten zwischen 500 und 5500 km beinhaltete.

Im Dezember 1989 entschied die Regierung der DDR, das OTRs 9K714 OKA zu vernichten, obwohl sie nicht an den INF-Vertrag gebunden war und die in der NVA eingesetzten Raketen maximal 400 km flogen. Wichtige Aspekte dieser Entscheidung waren die veränderten politischen Verhältnisse in Europa und die Tatsache, dass die Versorgung mit Ersatzteilen und Gefechtsköpfen durch die UdSSR nicht mehr erfolgen konnte. Bereits im Januar 1989 wurden alle relevanten Dienstvorschriften zum OTRs 9K714 OKA mit sofortiger Wirkung außer Kraft gesetzt. Im Februar 1990 begann medienwirksam die Zerstörung der Startrampen und der Raketentransport-Ladefahrzeuge im Standort der 5. RBr.
Ein Kuriosum der Militärgeschichte war die Tatsache, dass die Nachrichtendienste der NATO bis zu den politischen Veränderungen in der DDR 1989 / 1990 nichts vom Einsatz dieses Raketensystems in der NVA wussten.

Operativ-taktische Rakete

9M714 - оперативно-тактическая баллистическая ракета =
9M714 - operativ-taktische ballistische Rakete
9M714Б - ОТР 9M714 со специальной ГЧ 9Н63 =
9M714B - OTR 9M714 mit Spezial-Kopfteil 9N63
9M714К - ОТР 9M714 с кассетной ГЧ 9Н74К =
9M714K - OTR 9M714 mit Kassetten-Kopfteil 9N74K

Die **Operativ-taktischen Raketen 9M714B** und **9M714K** waren Feststofflenkraketen, die zur Bekämpfung wichtiger Einzel-, Gruppen- und Flächenziele in der operativ-taktischen Tiefe der gegnerischen Verteidigung eingesetzt wurden.
Die **OTR 9M714B mit Spezialgefechtskopf 9N63** setzte sich aus dem Träger 9M714, der Übergangszelle 9B513 und dem Spezialgefechtskopf 9N63 mit Spezialladung AA75, die miteinander elektrisch und mechanisch gekoppelt waren, zusammen.

Die **OTR 9M714K mit Kassettengefechtskopf 9N74K** (Splitterwirkung) war zur Bekämpfung von offen untergebracht lebenden Kräften und ungepanzerter Technik des Gegners bestimmt. Sie setzte sich aus dem Träger 9M714 und dem Kassettengefechtskopf 9N74K zusammen.

Der Start der OTR erfolgte von der Startrampe 9P71 und konnte sowohl aus dem Kampfraum als auch vom Fernstartpult erfolgen. Die elektrische Kopplung der Bordapparatur des Raketenlenksystems mit der Prüf- und Starteinrichtung der Startrampe wurde über einen

Operativ-taktische Rakete	9M714B	9M714K
GRAU-Index Träger	9M714	
GRAU-Index Gefechtskopf	9N63	9N74K
Art des Gefechtskopfs	nuklear	Kassette
Bezeichnung in der NVA	9M714B	9M714K
Beginn der Einführung in die NVA	1985	
NATO-Bezeichnung	SS-23 SPIDER	
Einsatzebene	Raketenbrigade	
Maximale Schussentfernung (km)	400	
Minimale Schussentfernung (km)	50	
Maximale Flughöhe (km)	120	
Länge Rakete (mm)	7516	7315
Durchmesser mit Flügeln (mm)	974	
Art des Triebwerks	Feststofftriebwerk	
Startmasse (kg)	4360	4400
Masse Gefechtskopf (kg)	375	715
TNT-Äquivalent (kt)	10 - 50	
Startrampe	9P71	

Abreißstecker realisiert, die Vorstartkontrolle erfolgte im automatischen Gesamtvorstartzyklus. Für die Regelarbeiten an der OTR kam die Kontroll- und Wartungsstation 9W96 zum Einsatz.

Der **Träger 9M714** hatte die Aufgabe, den Gefechtskopf an den vorgegebenen Punkt der Flugbahn zu transportieren. Seine Masse betrug 3905 kg, die Länge 4560 mm und sein Durchmesser 974 mm. Der Träger war für beide Raketen gleich und bestand aus einem Feststofftriebwerk, dem autonomen Trägheitslenksystem, einem Bremstriebwerk, einer Schubreduzierungseinrichtung und den Steuerorganen. Diese Komponenten waren in einer Gerätezelle, im Feststofftriebwerk und in einer Heckzelle verbaut.
An der Stirnseite des Trägers befanden sich Verbindungsstellen, bestehend aus Sprengbolzen, die die mechanische Verbindung zum Gefechtskopf oder zur Übergangszelle herstellten oder trennten. Um Schwankungen des Gefechtskopfs beim Abtrennen vom Träger zu verringern, wurde der Druck im Inneren der Rakete während des Fluges an den Druck der umgebenden Atmosphäre angeglichen. Dazu befanden sich auf der Außenfläche des Trägers zwei Ventile, die infolge der aerodynamischen Erwärmung auf dem aktiven Flugbahnabschnitt ansprachen. Durch die Erwärmung der Ventile schmolz das Lotmaterial und gab die Öffnung im Gehäuse der Gerätezelle frei.

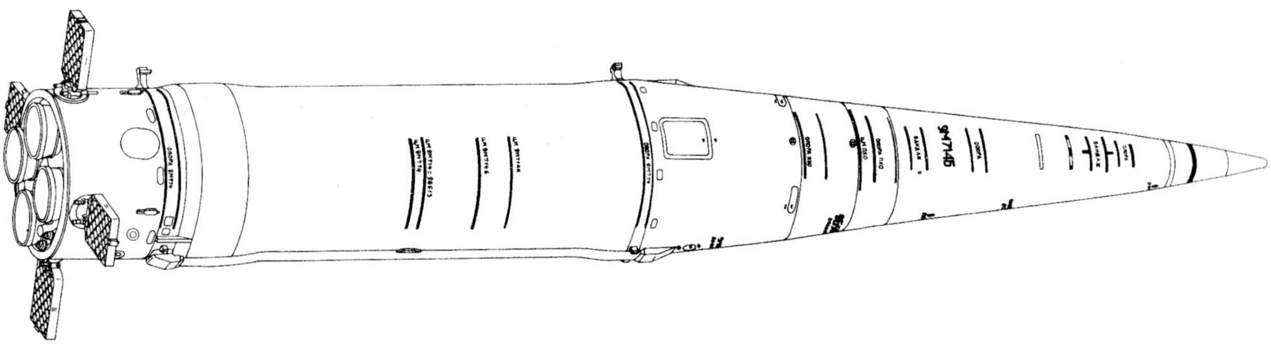

Die OTR 9M714B, hier in Fluglage (Zeichnung aus der A 050/1/153 von 1987).

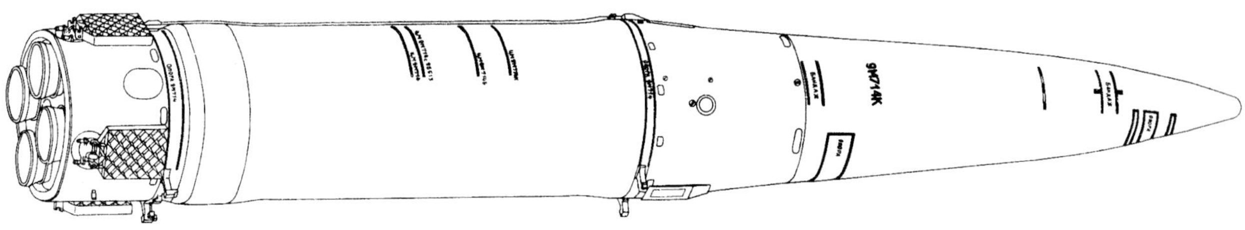

Die OTR 9M714K, hier in Transportlage (Zeichnung aus der A 050/1/153 von 1987).

Eine gefechtsbereite Rakete 9M714K wurde mithilfe eines Autodrehkran W-50 LA/A-1/ADK-80 vom Raketentransportfahrzeug 9T240 gehoben.

Am Heck des Zellengehäuses befanden sich vier zusammenklappbare aerodynamische Ruder, zwei Ventile zum Verschließen der Druckminderungs- und Gasaustrittsöffnungen des Turbogenerators und die Düsen des Bremstriebwerks.

Die Gerätezelle nahm hauptsächlich die elektronischen Teile des Lenksystems in sich auf. Wesentliche Bestandteile waren ein Analog- und ein Digitalrechner, der Automatikblock sowie das Kommandokreiselgerät und der Steuerblock des Turbogenerators.

Das Feststofftriebwerk erzeugte den erforderlichen Schub zum Erreichen der Startgeschwindigkeit und die notwendigen Steuerkräfte mithilfe geschnittener Schwenkdüsen. Die Formgebung der Treibladung gewährleistete die Arbeit des Triebwerks in zwei Leistungsstufen. Als Heck diente der Düsenblock, an dem u.a. die mechanischen Elemente des Lenksystems, die Schubreduzierungseinrichtung des Triebwerks, der Abgangsgeber und das Bremstriebwerk angebracht waren. Der Düsenblock bestand aus einem Boden und vier geschnittenen Schwenkdüsen. Die Schubreduzierungseinrichtung des Triebwerks gewährleistete ein abruptes Vermindern des Triebwerkschubs im Moment des Trennens von Rakete und Gefechtskopf infolge des Öffnens von Löchern im zylindrischen Mantel des Düsenblockes. Das Bremstriebwerk hatte die Aufgabe, den Träger 9M714 im Trennmoment der Rakete abzubremsen. Dazu wurde ein Gegenschub erzeugt, der beim Ausströmen der Verbrennungsgase der Bremstriebwerksladung aus den schräg geschnittenen Düsen entstand, die im Winkel von 45° zur Raketenachse angeordnet waren. Die im Heckblock untergebrachten Geräte des Lenksystems waren ein Turbo- und ein Gasgenerator, die Hydraulikeinrichtung, die Rudermaschinen und der Abgangsgeber.

Die Heckzelle gewährleistete den Schutz des Heckblocks sowie die Unterbringung und Befestigung der Elemente des Heckblockes und der zusammenklappbaren aerodynamischen Ruder (ADR) mit den Öffnungs- und Arretierungsvorrichtungen. Die ADR waren die gelenkförmig mit der Rakete verbundenen Steuerorgane der Rakete. Sie wurden in zwei Stellungen arretiert, in der Transportlage (an das Heckzellengehäuse geklappt) und in der Arbeitslage (im rechten Winkel zur Achse des Heckzellengehäuses geöffnet). Zum Öffnen der aerodynamischen Ruder beim Start diente die Öffnungsvorrichtung, die einen Kardanantrieb mit Hebel und Stößel darstellte. Sie gewährleistete, dass nach Abheben der Rakete von

Unmittelbar vor dem Start wurde die OTR 9M714 auf den Startwinkel von 80° angehoben und der Feststoff-Gasgenerator für die Energieerzeugung gezündet.

der Startschiene die ADR in die Arbeitslage klappten und gesichert wurden. Der Antrieb der Steuerorgane (vier geschnittene Schwenkdüsen und vier ADR) erfolgte elektro-hydraulisch. Auf Kommando des Lenksystems wurden die Steuerorgane durch die Rudermaschinen in Bewegung gesetzt.

Das Lenksystem war ein autonomes Trägheitssystem, das im Zusammenwirken mit der Prüf- und Starteinrichtung die Startvorbereitung der Rakete sowie ihre Lenkung während des Fluges gewährleistete. Es bewerkstelligte das programmierte Schwenken im Längsneigungswinkel und das Nach-Richten der Rakete. Es gab das Kommando zum Einschalten des Gefechtskopfs, gewährleistete die Ausgabe des Hauptkommandos, worauf das Abtrennen des Gefechtskopfs vom Träger, das Reduzieren des Triebwerkschubs und das Einschalten des Bremstriebwerks erfolgte.

Das Stromversorgungssystem der Rakete hatte die Versorgung der Geräte des Lenksystems und das Ansprechen der Pyromittel während des Fluges zu gewährleisten. Als Primärstromquelle wurde ein Feststoff-Gasgenerator genutzt, der durch eine Pyropatrone auf Kommando der Prüf- und Starteinrichtung während des Hebens der Startschiene beim Start der Rakete in Betrieb gesetzt wurde. Die im Gasgenerator entstehenden Pulvergase, deren Druck von einem mechanischen Ventil stabilisiert wurde, gelangten in den Eingang des Turbogenerators, der als Aggregat mit zwei Wellen für die Turbinen T1 und T2 ausgelegt war. Die Gaszufuhr zu den Turbinen erfolgte aufeinander, vom Ausgang der Turbine 1 gelangte das Gas zum Eingang der Turbine 2. Auf der Welle der Turbine 1 befand sich ein Synchron-Generator des Gleichstromkanals und die Pumpe der Hydraulikeinrichtung. Die Turbine 2 trieb den Synchron-Generator des Wechselstromkanals an. Die Generatoren erzeugten 27 V Gleichspannung und 41 V Wechselspannung mit 1000 Hz. Vor Inbetriebnahme der Bordstromquelle wurde bei der Vorstartkontrolle der Rakete die Stromversorgung von der Bodenapparatur der Startrampe realisiert.

Das Lenken der Rakete erfolgte während des Fluges durch das Abgleichen der realen Flugbahn im aktiven Abschnitt mit den Programmen des Längsneigungswinkels und der Schwerpunktbewegung in der Schussebene. Vor dem Start wurde lediglich die kreiselstabilisierte Plattform auf das Ziel gerichtet. Der Start der Rakete wurde bei einem für sämtliche Schussentfernungen konstanten Neigungswinkel der Startschiene von 80° durchgeführt. Die Abtrennung des Gefechtskopfs erfolgte in dem Moment, da die realen Bewegungsparameter der Rakete den programmierten Werten entsprachen. Als Quelle zur Information über die realen Bewegungsparameter dienten drei Kreiselintegratoren mit raumstabilisierten Empfindlichkeitsachsen und den Kommandogebern für die Winkellage der Rakete. Die für den gelenkten Flug benötigten Steuerkräfte wurden durch die aerodynamischen Ruder und geschnittenen Schwenkdüsen erzeugt, die mit den Rudermaschinen verbunden waren. Das Stabilisierungssystem gewährleistete den stabilen Flug bei Einwirkung von Wind und atmosphärischen Störungen sowie bei Abweichungen der Parameter der Rakete von den Nennwerten in einem definierten Toleranzbereich.

Die **Übergangszelle 9B513** gewährleistete die Montage des Spezialgefechtskopfs 9N63 an den Träger im Bestand der Rakete 9M714B. Die Länge der Übergangszelle betrug 610 mm, der Durchmesser des größten Querschnitts 800 mm, im kleinsten Querschnitt 636 mm bei einer Masse von 81 kg. Ventile, die durch die aerodynamische Erwärmung im aktiven Flugabschnitt der Rakete ansprachen, gewährleisteten die Enthermetisierung der Übergangszelle, um beim Trennen des Spezialgefechtskopfs Störungen durch das Druckgefälle innerhalb und außerhalb der Zelle zu vermeiden.
Der **Kassettengefechtskopf 9N74K** besaß eine Masse von 715 kg, der größte Durchmesser belief sich auf 800 mm und die Länge auf 2755 mm. Die Anzahl der Gefechtselemente betrug 95, mit einer Masse von jeweils 3,92 kg. Die zu bekämpfende Fläche variierte zwischen 8 und 10 ha. Der Kassettengefechtskopf bestand aus dem Gehäuse, in dem die Kassetten mit den Gefechtselementen, das Automatiksystem und der Kabelsatz untergebracht waren. Die Gefechtselemente waren in drei Schichten angeordnet: in der ersten Schicht waren 23, in der zweiten 34 und in der dritten 38 Gefechtselemente enthalten. Als zentrale Sprengladung diente eine zylindrische 2,5 kg schwere Sprengstoffladung, die in der Kassettenachse angeordnet war. Sie hatte die Aufgabe, die Gehäuse der Kassette und des Gefechtskopfs zu zerstören, die Gefechtselemente zu aktivieren und ihnen die zum Ausstreuen über dem Ziel erforderliche radiale Geschwindigkeit zu verleihen. Jedes Gefechtselement hatte eine Länge von 328 mm und ein Kaliber von 64 mm, es bestand aus einem Gehäuse, 0,64 kg Sprengstoff, einem kombinierten Zünder und der Zellentrennvorrichtung. Zum Gehäuse gehörte eine Stabilisierungseinrichtung, die das Gefechtselement nach seinem Auswerfen aus der Kassette stabilisierte und die Annäherung des Gefechtselements an die Erdoberfläche in einem Winkel von etwa 90° gewährleistete. Die Stabilisierungseinrichtung im hinteren Teil des Gehäuses bestand aus einem Fallschirm, der mit einer Verbindungsleine am Boden des Gefechtselementes befestigt war. Der kombinierte Zünder zündete die Sprengladung beim Auftreffen auf das Hindernis oder nach Ablauf der Selbstzerlegungszeit. Beim Zerlegen eines Gefechtselements entstanden ca. 300 Splitter mit einer Masse von je 5 g, bei einem Gefechtskopf 28.500 Splitter. Zum Automatiksystem des Gefechtskopfs gehörten ein Funkhö-

Der Kassettengefechtskopf 9N74K wurde hier im geöffneten Container 9Ja251 transportiert.

hengeber, die Sicherungs- und Zündeinrichtung sowie eine Batterie. Der Funkhöhengeber war ein Funkmessgerät und diente dem Erzeugen des Ausführungskommandos, wenn der Gefechtskopf die geforderte Höhe von 3000 m über dem Ziel erreicht hatte. Bei Gefechtsbetrieb, im abfallenden Flugbahnabschnitt, schloss der Trägheitsschalter der Sicherheits- und Zündeinrichtung den Funkhöhengeber in einer Höhe von 18 bis 8 km an die Stromquelle an. Innerhalb von 0,5 s erreichte der Funkhöhengeber seinen Betriebszustand. Dabei erzeugte der Funksender das Funksignal und übertrug es an die Sendeantenne, die es in Richtung Erdoberfläche abstrahlte. Wurde das von der Erde reflektierte Funksignal von der Funkempfangsantenne aufgefangen, wurde es zum Funkempfänger geleitet. Das Lenksystem wertete das empfangene Signal aus. Danach schaltete der Funkhöhengeber das Sendesystem ab und prognostizierte die Flugzeiten bis zur geforderten Zündhöhe sowie die Zeit des Wiedereinschaltens. Während des Fluges strahlte der Funkhöhengeber 3- oder 4-mal bis zum Erreichen der geforderten Höhe ab. Entsprach das empfangene Signal der geforderten Höhe über dem Ziel, formierte der Funkhöhengeber das Ausführungskommando. Die Sicherheits- und Zündeinrichtung stellte die Einsatzbereitschaft des Funkhöhengebers sicher und gab den Zündimpuls an die zentrale Sprengladung aus. Dabei waren zur Erhöhung der Zuverlässigkeit alle Einrichtungen, Mechanismen oder Elemente des Zündstromkreises, mit Ausnahme des Detonators, doppelt vorhanden. Die Batterie war eine als Ampullenbatterie ausgeführte chemische Primärstromquelle zur Gleichstromversorgung des Funkhöhengebers und der Sicherheits- und Zündeinrichtung. Sie erzeugte eine Nennspannung von 28,5 V für ca. 420 s. Die getrennte Unterbringung des Elektrolyts und der Elektroden gewährleistete einen einwandfreien Zustand der Batterie über einen längeren Zeitraum und das schnelle Überführen in den Betriebszustand. Die Startvorbereitung und die Vorstartkontrolle der Raketen ende-

Im August 1987 erfolgte der erste und einzige Start einer Rakete 9M714K durch die 5. RBr der NVA.

ten damit, dass die Prüf- und Starteinrichtung das Kommando zur Inbetriebnahme des Triebwerks ausgab. Mit Beginn der Bewegung der Rakete auf der Startschiene sprach die Trennvorrichtung des Abreißsteckers an. Danach lief die Rakete auf die auf der Startschiene angeordneten Kulissenführungen auf, die die Stößel der Vorrichtung zum Öffnen der aerodynamischen Ruder und des Abgangsgebers eindrückten. Die vier Marschzurrungen der aerodynamischen Ruder wurden entriegelt und die Ruder in Arbeitslage gebracht. Gleichzeitig schloss sich der automatische Lenkkreis der Rakete und das Bordlenksystem begann mit der Abarbeitung des Flugprogramms.
Während des Fluges realisierte das Lenksystem das Einschwenken der Rakete in die Schussebene, die ständige Entfernungsbestimmung, die Seitenbewegung und die räumliche Stabilisierung der Rakete. Die Entfernungsbestimmung wurde gewährleistet, in dem die Flugbahn der Rakete im aktiven Flugabschnitt ständig mit dem entsprechenden Programm abgeglichen wurde. Mit Erreichen der Übereinstimmung zwischen realem und programmierten Flugwert, gab das Lenksystem das Hauptkommando aus. Es erfolgte das Zünden der Sprengbolzen an der Stoßstelle Gefechtskopf-Träger oder Übergangszelle-Träger und die Ausgabe der Signale zur Reduzierung des Triebwerkschubs, zur Inbetriebnahme des Bremstriebwerks sowie zur Aktivierung des Automatiksystems des Gefechtskopfs. Der Träger wurde abgebremst und die Trennung eingeleitet.

Bei der Rakete 9M714K flog der Kassettengefechtskopf 9N74K nach dem Trennen auf einer ballistischen Flugbahn weiter. Bei Eintritt in die dichten Schichten der Atmosphäre wurde bei Erreichen einer Axialbelastung von 2 bis 4,5 g (g-Kraft) die zweite Sicherheitsstufe aufgehoben, der Flughöhengeber sprach an, die Flughöhe des Gefechtskopfs wurde gemessen und die elektrischen Zündkreise der zentralen Sprengladung vorbereitet. Bei einer Höhe von etwa 3000 m über dem Ziel gab der Funkhöhengeber den Detonationsimpuls zum Zünden der zentralen Sprengladung aus. Unter dem Druck, der bei der Detonation der zentralen Sprengladung entstandenen Gase, wurde das Gehäuse der Kassette zerstört und die Gefechtselemente ausgestreut. Dabei wurden die Zünder der Gefechtselemente aktiviert. Bei den in nicht stabilisierter Lage fliegenden Gefechtselementen wurden nach etwa 4 s die Fallschirme geöffnet, um ihren Flug zu stabilisieren. Die Zünder wurden 3 bis 7 s danach geschärft. Beim Auftreffen der Gefechtselemente auf ein Hindernis sprachen die Zünder an und zündeten die Ladung der Gefechtselemente. Die bei der Detonation entstandenen Splitter bekämpften ungedeckt lebende Kräfte und ungepanzerte Technik. Bei Annäherungen von Gefechtselementen im Winkel unter 25° sprach die Selbstzerlegebaugruppe des Zünders 52 bis 82 s nach dem Öffnen der Kassette an.

Bei der Rakete 9M714B wurde nach der Ausgabe des Hauptkommandos der Spezialgefechtskopf mit Übergangszelle vom Träger getrennt, der Spezialgefechtskopf setzte den Flug auf einer ballistischen Flugbahn fort. Wenn die Rakete um einen definierten Wert von der Flugbahn abwich, blockierte das Lenksystem das Kommando zum Einschalten des Gefechtskopfs und gab das Kommando zum Reduzieren des Triebwerkschubs aus. Dabei flog die Rakete auf der ballistischen Flugbahn weiter und wurde beim Aufschlagen auf die Erde zerstört, ohne dass der Gefechtskopf dabei ansprach.

Für das Training der Gefechtskopfmontage kamen in der NVA die Lehrtrainings-Raketen 9M714B-UT und 9M714K-UT sowie der Lehrtrainings-Spezialgefechtskopf 9N63-UT zum Einsatz.

Laut *Meldung über die Sicherstellung der NVA mit Raketen und Munition sowie deren Lagerung* vom 01.01.1990 verfügte die NVA über vier Startrampen 9P71. Die Höhe des Kampfsatzes für eine Startrampe betrug sechs Raketen bzw. Träger 9M714. Der Grad der Sicherstellung an Raketen 9M714 betrug 100 %, insgesamt 24 Träger.

Startrampe

9П71 - самоходная пусковая установка ОТРК 9К714 =
9P71 - selbstfahrender Werfer OTRK 9K714

Die **Startrampe 9P71** wurde zum Start der Raketen 9M714B oder 9M714K aus einer ausgebauten und topo-geodätisch vorbereiteten oder aus einer nicht vorbereiteten Startstellung eingesetzt. Sie gewährleistete das Befestigen einer Rakete auf der Startschiene in Marschlage und den Schutz der Rakete vor mechanischen Beschädigungen, Sonneneinstrahlung, Niederschlägen und anderen äußeren Einflüssen. Sie stellte den Transport der Rakete und ihre zeitweilige Aufbewahrung im Lastraum, das Überwinden von Wasserhindernissen, das Bestimmen ihrer laufenden Koordinaten während der Bewegung sowie das Bestimmen der Koordinaten der Startstellung sicher. Mithilfe des Raketentransport-Ladefahrzeuges 9T230 wurde der Wechsel von Gefechtsköpfen auf der Startrampe durchgeführt. Die Vorstartkontrolle der Rakete, das Berechnen der Flugbahn sowie das Richten der Rakete wurden mithilfe der Bodenkontroll- und Starteinrichtung sowie der Zieleinrichtung realisiert. Die Startvorbereitung und der Start der Rakete waren bei allen Bodenverhältnissen in beliebiger Richtung möglich. Der maximale Erhöhungswinkel der Startschiene betrug 80°, die Rakete wurde in horizontaler Lage im Lastraum gerichtet. Die Abmessungen in Marschlage (LxBxH) betrugen 11.760 x 3128 x 3000 mm bei einer Masse (voll komplettiert, aufgetankt mit Bedienung und Rakete) von 29.000 kg. Mit der auf 80° gehobenen Rakete betrug die Höhe 10.130 mm. Auf befestigten Straßen betrug die maximale Geschwindigkeit der Startrampe 70 km/h, auf dem Wasser 8 bis 10 km/h.
Die Startrampe 9P71 setzte sich aus dem Basisfahrzeug BAZ 6944

Die Startrampe 9P71 in Marschlage.

und dem Spezialaufbau zusammen. Zum Spezialaufbau gehörten die Startschiene mit den Stützauflagen, das Hebelsystem der Abreißsteckverbindung und der Zurrmechanismus. Der Hebemechanismus der Startschiene, die Ausgleichseinrichtung, die Abdeckung des Lastraumes, die Hydraulikanlage und das Elektroaggregat, die Elektroausrüstung mit ihren Bedieneinrichtungen, die Vermessungs- und Navigationseinrichtung, die Zieleinrichtung, die Bodenkontroll- und Starteinrichtung, die Nachrichtenmittel und der Einzel-EWZ-Satz komplettierten die Ausrüstung.

Die Wanne des Basisfahrzeuges BAZ 6944 war durch eine hermetisch abschließende Zwischenwand in den Kampf- und den Lastraum unterteilt. Im Kampfraum waren die Bedienung der Startrampe sowie die Bedienungs- und Steuerpulte für die Bodenkontroll- und Starteinrichtung (BKSE), die Zieleinrichtung (ZE), die Vermessungs- und Navigationseinrichtung (VNE), die Hydraulikanlage und die Nachrichtenmittel untergebracht. Die Hydraulikanlage, die über ein Zwischengetriebe des Basisfahrzeuges einen duplizierenden Antrieb für die Hydraulikpumpe besaß, gewährleistete das Aus- und Einfahren der Erdstützen, das Öffnen und Schließen der Abdeckung, die Arbeit des Hebemechanismus für die Startschiene und die Arbeit des Zurrmechanismus für Startschiene und Rakete in Marschlage.
Die Energiequellen der Startrampe waren der Generator des Elektroaggregates, der Generator am Hauptmotor des Basisfahrzeuges und die Akkumulatoren. Zu den Stromquellen gehörten die beiden Generatoren G1 und G2 mit jeweils 9 kW Leistung und zwei Akkumulatorenbatterien B1 und B2. Der Generator G1 wurde vom Hauptmotor der Startrampe über eine Keilwellenverbindung und der Generator G2 vom Motor D-144 über eine Keilriemenverbindung angetrieben. Die Akkumulatoren mit je 190 Ah und einer Spannung von 12 V dienten in Parallelschaltung zum Anlassen des Motors D-144 und in Reihenschaltung, gemeinsam mit den Generatoren G1 oder G2, zur Stromversorgung der VNE und der Nachrichtenmittel. Neben dem Funkgerät R-123MT und der Bordsprechanlage R-124 befand sich das Sprachschlüsselgerät T-219M JACHTAR im Bestand der Nachrichtenmittel. Das Sprachschlüsselgerät T-219M JACHTAR diente zum Führen von gedeckten (verschlüsselten) Funkgesprächen über einen Nachrichtenkanal des Funkgerätes R-123MT.
Um nicht befohlene Starts von Raketen 9M714B mit Spezialgefechtskopf 9N63 auszuschließen, war die Startrampe 9P71 mit dem verplombten Pult 9W362M1 ausgerüstet. Über dieses Pult, eine Blockiereinrichtung, musste der Code eingegeben werden, der den Start der Rakete legitimierte. Die Codes wurden von der UdSSR verwaltet und freigegeben. Nach der Ratifizierung des INF-Vertrages 1987 zwischen der UdSSR und den USA wurden in allen Startrampen die Pulte 9W362M1 ausgebaut und damit der Einsatz der Rakete 9M714B ausgeschlossen.

Nach dem Erhalt der Gefechtsaufgabe wurde die Startrampe auf den *Platz zum Beladen* aufgestellt. Die Rakete wurde mit dem Kran des RTLF auf die Startschiene gelegt, mit dem Verbindungskabelnetz der BKSE über die Abreißsteckverbindung verbunden und

Die Startrampe 9P71 mit einer Rakete 9M714K in Startstellung .

Die Startrampe übernahm vom Raketentransport-Ladefahrzeug 9T230 eine gefechtsbereite Rakete.

durch den Zurrmechanismus in Marschlage befestigt. Die mit der Rakete beladene Startrampe fuhr auf der befohlenen Marschstrecke in die Startstellung, wurde in Hauptstartrichtung aufgestellt und mithilfe der Erdstützen ausgehoben. Es erfolgte die Vorstartkontrolle der Starteinrichtung und die Berechnung der Flugbahn. Nach dem vorgegebenen Programm wurde an die Hydraulikanlage das Kommando zum Öffnen der Deckel des Lastraumes sowie zum Entzurren und Heben der Startschiene gegeben. Über Beginn und Ende des Hebens der Startschiene wurde ein Signal von der Hydraulikanlage an die BKSE übermittelt. Nach dem Start der Rakete hob die BKSE die Blockierung zum Herstellen der Marschlage der Startrampe auf. Beim Herstellen der Marschlage wurde die Startschiene automatisch abgesenkt und gezurrt, die Deckel des Lastraumes geschlossen und die Erdstützen angehoben.

Das **Spezial-Kfz BAZ-6944** diente der Startrampe 9P71 und dem Raketentransport-Ladefahrzeug 9T230 als Basis. Es wurde ab 1985 als schwimmfähiges Fahrzeug erhöhter Geländegängigkeit ausschließlich zum Transport spezieller militärischer Geräte in der NVA eingesetzt. Das Fahrzeug war mit den Großraum-Transportflugzeugen IL-76 oder AN-22 lufttransportfähig. Aufgrund seiner Nutzlast von 12 t rechnete die NVA das Fahrzeug der Größenklasse Vlll zu. Der BAZ-6944 nutzte einen schnell laufenden Viertakt-V8-Diesel-Motor mit Direkteinspritzung und Flüssigkeitskühlung UTD-25 (Zylinder-Anordnung 120°). Der Motor erreichte bei 2600 U/min eine Leistung von 294 kW. Die Höchstgeschwindigkeit auf der Straße lag bei etwa 70 km/h. Die Ausmaße des Basisfahrzeuges (LxBxH) betrugen 11.694 x 3127 x 2710 mm bei einer Masse im ausgerüsteten Zustand von 29.000 kg. Ein elektrischer Anlasser startete die Hauptanlass-Anlage, während eine Druckluftanlassanlage als Reserve diente. Das Drehmoment übertrug ein einstufiger Strömungswandler und die nachgeschaltete Automatik-

Kupplung auf das mechanische Fünfgang-Wechselgetriebe mit Nebenabtrieb. Dieses trieb wiederum das zwischen zweiter und dritter Achse angeordnete Verteilergetriebe an, das den Kraftfluss zu den je vier auf der linken und der rechten Fahrzeugseite angeordneten Seitenvorgelegen leitete, die dann die einzelnen Radvorgelege bewegten. Die Feststellbremse wirkte auf die vom Verteilergetriebe zum zentralen Zwischengetriebe der beiden Wasserstrahl-Triebwerke führende Gelenkwelle. Dieses Zwischengetriebe übertrug das Antriebsmoment auf die beiden im Heck links und rechts angeordneten Wasserstrahl-Triebwerke. Außerdem wies das Fahrzeug drei Nebenabtriebe für Generator, Verdichter und Hydraulikpumpe auf. Zur Ausstattung gehörten ferner die Filterventilations- und die Feuerlöschanlage sowie die Wasserfahrausrüstung. Dank seiner drehstabgefederten Einzelradaufhängung, den Teleskopstoßdämpfern und den beiden vorderen gelenkten Achsen erreichte der BAZ-6944 auch im Gelände hohe Marschgeschwindigkeiten. Bei einem Verbrauch zwischen 90 und 240 l betrug der Fahrbereich bei optimalen Einsatzbedingungen über 600 km. Das Spezial-Kfz BAZ-6944 überwand Gräben bis zu 2000 mm Breite problemlos, sofern er die zulässige Querneigung von 20° nicht überschritt. Wassereinfahr- und Wasserausfahrwinkel betrugen 20° und 15°.
Startrampe 9P71 und Raketentransport-Ladefahrzeug 9T230 unterschieden sich äußerlich durch die Abdeckungen des Transportraumes. Der Transportraum der Startrampe wurde durch eine mittig geteilte, nach außen öffnende Ganzmetallhaube abgedeckt, beim Raketentransport-Ladefahrzeug fand ein kombiniertes Dach aus einem festen Teil und einem Planenteil mit einer gummierten Segeltuchhaube Verwendung.

Transporttechnik

9T230 - транспортно-заряжающая машина = 9T230 - Transport-Lademaschine
9T240 - транспортная машина = 9T240 - Transportmaschine

Das **Raketentransport-Ladefahrzeug 9T230** (RTLF) diente dem Be- und Entladen der Rakete auf die und von der Startrampe 9P71, dem Umladen der Rakete in der technischen Stellung sowie der Montage oder dem Auswechseln des Gefechtskopfs.

Der Aufbau des RTLF gewährleistete den Transport, die Lagerung und die Unterbringung der Rakete, des Trägers oder des Gefechtskopfs sowie deren Schutz vor mechanischen Beschädigungen, vor Sonneneinstrahlungen oder dem direkten Einwirken von Niederschlägen. Er ermöglichte das selbständige Überwinden von Wasserhindernissen mit und ohne Rakete, das Aufrechterhalten der erforderlichen Temperatur im Spezialgefechtskopf sowie die Be-, Entlade- und Montagearbeiten mit dem fahrzeugeigenen Kran. Die wesentlichen Bestandteile des RTLF waren das Fahrgestell, der Kran, der Lastholm, die Ausgleichseinrichtung, die Elektro- und Hydraulikanlage, der Thermocontainer, die Navigationsanlage und die Hebevorrichtung. Die Fahrzeugwanne war durch eine hermetische Trennwand in Kabine und Transportraum unterteilt. In der Kabine war die Besatzung untergebracht sowie die Steuereinrichtung des Hydraulikantriebs, die Elektroausrüstung, das Heizsys-

Das Raketentransport-Ladefahrzeug 9T230 in Marschstellung.

Ein *normaler* mittlerer Lkw URAL-375D Pritsche/ Plane diente als Transportmittel für einen Gefechtskopf 9N74K im Container 9Ja251. Das RTLF 9T230 übernahm den Gefechtskopf mit dem fahrzeugeigenen Kran (oberes Bild). Am RTLF 9T230 konnte die Montage des Gefechtskopfs erfolgen. Dazu wurde der Träger 9M714 mithilfe von zwei Halterungen längs am Fahrzeug gehalten.

tem, die Navigationseinrichtung und das Funkgerät installiert. Im Transportraum waren der Auslegerkran, der Lastholm, das Stromversorgungsaggregat, der Thermocontainer mit Heizsystem und der Hydraulikantrieb montiert. Die Rakete oder der Träger wurden beim Transport auf dem Lastholm abgelegt und in Marschlage gezurrt. Der Gefechtskopf wurde beim Transport mit den Bandagen auf dem Lastholm befestigt.
Der Auslegerkran gewährleistete mit einer Tragfähigkeit von 5000 kg Be- oder Entladearbeiten mit der Startrampe oder dem RTF sowie das Auswechseln oder Montieren von Gefechtsköpfen auf der Startrampe, dem RTLF oder dem RTF. Weiterhin konnten das Be- oder Entladen der Rakete auf die oder von den Auflagen des Wartungsfahrzeuges 9W96 ausgeführt werden. Der Drehwinkelbereich des Auslegerkranes betrug 300°, je 150° nach rechts und nach links. Während der Arbeiten an der Rakete oder dem Träger gewährleistete der Kran das Schwenken der Rakete unter dem Ausleger in horizontaler Ebene um 180°. Der Kran war an der rechten Bordseite des Transportraumes auf einer Plattform montiert. Zur Arbeit mit dem Kran wurde das RTLF mit den Erdstützen ausgehoben. Die Erdstützen, die Krantriebwerke und die Zurrvorrichtung für die Rakete oder den Träger wurden durch den Hydraulikantrieb angetrieben. Die Erdstützen, das Anlassen des Dieselmotors des Stromversorgungsaggregats und das Zurren des Lastholms wurden vom Bedienpult in der Kabine gesteuert. Die Steuerung des Kranes erfolgte mit dem Kranbedienpult, der an der rechten Bordseite im Transportraum untergebracht war. Die Elektroausrüstung bestand aus Stromquellen, Kabelverbindungen und Steuereinrichtungen, die die Steuerung der Stromquellen, des Hydraulikantriebs, des Heizsystems des Spezialgefechtskopfs und des Dieselmotors gewährleisteten. Die elektrischen Verbraucher wurden im Stand von den Akkumulatoren und vom Generator des Stromversorgungsaggregats und beim Marsch vom Generator des Fahrmotors versorgt. Der Transportraum war durch ein kombiniertes Dach mit einem festen Teil und einem Planenteil abgedeckt.

Die Ausgleichseinrichtung gewährleistete die Standsicherheit des RTLF bei der Arbeit mit dem Kran und bestand aus zwei vorderen und zwei hinteren Erdstützen mit Tellern.
Mithilfe der Elektroausrüstung erfolgte die Stromversorgung der Navigationseinrichtung, des Thermocontainer-Heizsystems für den Spezialgefechtskopf, des Hydrauliksystems, der Heiz- und Lüftungsanlage, der Nachrichtenmittel und der Beleuchtungseinrichtung. Zu den Stromquellen gehörten die beiden Generatoren G1 und G2 mit jeweils 9 kW Leistung und zwei Akkumulatorenbatterien Ba1 und Ba2. Der Generator G1 wurde vom Hauptmotor des RTLF und der Generator G2 von einem im Transportraum verbauten Dieselmotor über eine Keilriemenverbindung angetrieben. Der Thermocontainer gewährleistete das Beheizen des Spezialgefechtskopfs und das Aufrechterhalten des erforderlichen Temperaturregimes sowie den Schutz sämtlicher Gefechtsköpfe vor Sonnenstrahlung. Er war im vorderen Teil des Transportraumes untergebracht und mit einem Heizsystem aus dünnschichtigen elektrischen Glasfaser-Heizkörpern ausgestattet. Über zwei Temperaturfühler wurde die Temperatur im Container kontrolliert und bei Notwendigkeit reguliert. Die Navigationseinrichtung bestimmte ständig die laufenden Koordinaten bei der Verlegung des RTLF. Eine Leiter und mehrere Trittflächen waren zur Wartung des RTLF und seiner Systeme sowie zur Arbeit beim Be- und Entladen bestimmt. Ein Querneigungsmesser in der Kabine diente der Kontrolle des Neigungswinkels des RTLF bei der Entfaltung zum Kraneinsatz. Die Abmessungen in Marschlage (LxBxH) betrugen 11.800 x 3128 x 3000 mm bei einer Masse ohne Rakete von 24.055 kg, voll komplettiert mit aufgetankter Rakete von 28.685 kg. Die maximale Geschwindigkeit des RTLF auf befestigten Straßen betrug 70 km/h,

Das Raketentransportfahrzeug 9T240 in Marschlage.

Be- und Entladearbeiten mit dem Raketentransportfahrzeug 9T240.

auf dem Wasser 8 bis 10 km/h. Mit einer Tankfüllung konnten (theoretisch) bis zu 600 km gefahren werden.

Für den Transport, die zeitweilige Lagerung, die Montage einer OTR 9M714B oder 9M714K oder für den Gefechtskopfwechsel stand das **Raketentransportfahrzeug 9T240** (RTF) zur Verfügung. Als Zugmittel wurde ein Sattelschlepper ZIL-131W, als Transportmittel ein geländegängiger aktiver Sattelauflieger 6009 eingesetzt.

Die Abmessungen (LxBxH) des RTF betrugen 14.195 x 2620 x 3160 mm bei einer Gefechtsmasse beladen von 17.950 kg. Die Höchstgeschwindigkeit auf der Straße erreichte bis zu 60 km/h, der Fahrbereich bis 1000 km. Zum EWZ des RTF gehörten die Universaltraverse 9T319 und die Traverse 9T320, mit deren Hilfe die in Containern transportierten Raketenelemente wie Träger oder Gefechtsköpfe gehoben werden konnten.

Da der aktive Sattelauflieger vom Zugmittel aus angetrieben wurde, war er in der Herstellung bedeutend teurer als ein nicht angetriebener Auflieger. Das führte zu der Überlegung, eine Ersatzvariante zum RTF, das **Raketentransportfahrzeug 9T714N**, zu entwickeln und einzuführen. Es sollte als Austauschbewaffnung, bestehend aus der Sattelzugmaschine TATRA-815 und dem Sattelauflieger NV 30.23.20, im OTRs 9K714 OKA eingesetzt werden. Das N in der Bezeichnung stand für NVA. Die Marschgeschwindigkeit auf Straße / im Gelände konnte bis zu 50 / 10 km/h erreichen. Geplant war der Einsatz ab 1989. Das RTF 9T714N sollte in der 5. Raketenbrigade (zwei Stück), in der BRTB-5 (vier Stück) und der Raketentechnischen Basis-2 (drei Stück) eingesetzt werden.

Für den Transport defekter SR 9P71 oder RTLF 9T230 wurde ab 1973 der **Schwerlastanhänger P50/80** mit Zugmittel TATRA-813 aus tschechoslowakischer Produktion eingesetzt. Der Schwerlastanhänger fand in der NVA für den Transport von Technik mit einer Masse bis zu 63.000 kg Verwendung. Seine Ausmaße (LxBxH) betrugen 10.700 x 3100 x 1420 mm bei einer Leermasse von 16.200 kg. Die Bodenfreiheit lag bei 650 mm. Mit entsprechenden Zugmitteln waren Geschwindigkeiten bis zu 40 km/h möglich.

Isothermtechnik

Das ab 1974 eingesetzte universelle **Isothermfahrzeug 9F223**(1) diente dem Transport und der Aufbewahrung des Spezialgefechtskopfs 9N63.

Krantechnik

Für Kranarbeiten in der 5. RBr kamen die **Autodrehkräne 9T31M**(1) und **9T31M1**(1), ab 1985 auch der im VEB Karl-Marx-Werk Babelsberg produzierte Autodrehkran **W-50 LA/A-1/ADK-80**, zum Einsatz.

Der Autodrehkran-80 war für das Heben und Umsetzen von Lasten, für Montage- und Demontagearbeiten in der Instandsetzung sowie zur Realisierung von Baumaßnahmen vorgesehen. Der Kran war mit einem Elektromotor ausgerüstet und konnte wahlweise auch mit dem Dieselmotor genutzt werden. Weiterhin konnte für Ausbildungszwecke ein Regiepult angeschlossen werden. Die Tragfähigkeit betrug bei 360° Schwenkbereich frei stehend maximal 5 t. Wenn das Fahrzeug mit vier Teleskopstützen abgesichert war, erhöhte sich die Tragfähigkeit auf 8 t. Die größte Hubhöhe von 16,5 m wurde mit Grundausleger in Kombination mit Ausschubteil und Spitzausleger erreicht. Das Hubwerk arbeitete hydraulisch, gesichert wurde die Arbeit durch einen Lastmomentbegrenzer. Die ersten ADK waren mit Hochdruckbereifung ausgestattet, die letzten Versionen kamen mit Niederdruckbereifung in die Einheiten der NVA.

Bei dieser Verladeübung wurde schnell klar, dass der Transport der Startrampe 9P71 oder des Raketentransport-Ladefahrzeuges 9T230 auf einem Schwerlastanhänger P50/80 nicht ohne Weiteres möglich war. Der Abstand zwischen Zugmittel und Transportgut war zu gering, was das Befahren enger Kurven so nicht zuließ. Um den Transport trotzdem zu realisieren, wurden Teile des Spriegelgestells abgebaut und die hinteren Seitenwände der Pritsche abgeklappt.

Transport- und Tanktechnik für Druckluft

In der *Instandsetzungsgruppe Raketentechnik* wurde für die Erzeugung und Speicherung von Druckluft, eine **Kompressorstation UKS400W-131**(1) eingesetzt.

Führungs- und Vermessungstechnik

Bis 1987 wurden je zwei SR 9P71 mithilfe eines **Funk-GS KW/UKW R-142** auf Spezial-Kfz GAZ-66 mit Kofferaufbau geführt, für die topografische Sicherstellung stand ein **Vermessungswagen GAZ-66T**(1) zur Verfügung. Ab 1988 erfolgte die Führung der Raketenstartbatterie von einer Führungsstelle **R-145 auf SPW-60PB**(3) aus.

Kontroll-, Prüf- und Wartungstechnik

9B96 - контрольно-проверочная машина =
9W96 - Kontroll- und Wartungsmaschine

Für Regelarbeiten an den Raketen 9M714B und 9M714K, am Kassettengefechtskopf 9N74K sowie an der Übergangszelle 9B513 kam die **Kontroll- und Wartungsstation 9W96 - Werkstatt 40S** zum Einsatz.
Sie unterstützte die technische Wartung Nr. 2 an der Startrampe 9P71 mit dem Einzel- und Gruppen-EWZ-Satz. Es konnten Regelarbeiten, zum Beispiel am Lenksystem und am Funkhöhengeber des Gefechtskopfs 9N74K durchgeführt oder einzelne Blöcke am

Die auf dem Funk-GS KW/UKW R-142 basierende Interimslösung einer Führungsstelle und der Vermessungswagen GAZ-66T (rechtes Bild), beide Fahrzeuge nutzten das Spezial-Kfz GAZ-66 mit Kofferaufbau als Basis.

Die beiden Fahrzeuge der Kontroll- und Wartungsstation 9W96 stellten die Demontage des Gefechtskopfs sicher. Vorn links befand sich...

Träger 9M714 ausgetauscht werden. Die Station bestand aus zwei Spezial-Kfz URAL-375A mit Koffer K375. Die Abmessungen des ersten Fahrzeuges (LxBxH) betrugen 8205 x 2588 x 3300 mm, des zweiten Fahrzeuges 8140 x 2666 x 3300 mm. Beide Fahrzeuge verfügten über eine Filterventilationsanlage und eine Heiz- und Lüftungsanlage. Das zweite Fahrzeug stellte die Energieversorgung mit einem absetzbaren Elektroaggregat AB-12-T/400-MI sicher.

Meteorologische Sicherstellung

Für die meteorologische Sicherstellung des OTRs 9K714 OKA fanden die mit der **Artillerie-meteorologischen Funkmess-Station MARS-1**[1] ermittelten Daten Verwendung, die Station wurde in der Meteorologenbatterie der Raketenbrigade eingesetzt.

Verbleib

Die Regierung der DDR beschloss im Dezember 1989 die Vernichtung des Operativ-taktischen Raketensystems 9K714 OKA.

Drei Startrampen 9P71 und drei Raketentransport-Ladefahrzeuge 9T230 wurden am Standort der 5. RBr, in Demen, zerstört, jeweils eine demilitarisierte Startrampe und ein Raketentransport-Ladefahrzeug wurden in das Militärhistorische Museum in Dresden überführt. Die Kontroll- und Wartungsstation 9W96 wurde durch die Angehörigen der BRTB-5 demontiert und anschließend verschrottet. Da die Sowjetunion die 24 vorhandenen Träger 9M714 nicht zurücknahm, wurden sie am 03.10.1990 von der Bundeswehr übernommen.

Da die chemische Zusammensetzung des Brennstoffs der Feststofftriebwerke nicht restlos bekannt war, wurde auf das Sprengen der NVA-Träger aus ökologischen Gründen verzichtet. Zum Verbleib der Träger 9M714 gibt es dieses Dokument.

VS - Nur für den Dienstgebrauch
DER BUNDESMINISTER DER VERTEIDIGUNG

Verbindungsgruppe BMVg beim Ministerium für Abrüstung und Verteidigung in Strausberg

Betr.: Vernichtung OKA (SS-23) der NVA

1 - Für die Nationale Volksarmee (NVA) wurden in der Sowjetunion vom Raketenkomplex OKA (SS-23) 4 Startrampen, 4 Transportladefahrzeuge, 25 Flugkörper, 13 Kassettengefechtsköpfe und Trainingsgeräte beschafft. Von diesem Beschaffungsvorhaben ist der Großteil des Geräts bereits vernichtet bzw. demilitarisiert wor-

... das erste Fahrzeug mit den Pulten für die Regelarbeiten, dahinter das zweite Fahrzeug mit dem Elektroaggregat AB-12-T/400-MI.

den. Während die Vernichtung, der noch vorhandenen 11 Kassettengefechtsköpfe im Oktober/November 1990 erfolgen soll, ist die Beseitigung von 24 Flugkörpern SS-23 noch ungeklärt.

2 - Untersuchungen der NVA über Lösungsmöglichkeiten zur Beseitigung der o. a. Flugkörper sind bisher ergebnislos geblieben. Auch Anträge auf Rückführung der Raketen wurden von der Sowjetunion abschlägig beschieden.

3 - VerbGrp BMVg wird gebeten, beim MfAV darauf hinzuwirken, dass die Flugkörper SS-23 am jetzigen Standort belassen und keine weiteren Versuche sie selbst oder in/durch die Sowjetunion zu vernichten.

4 - MfAA (Ministerium für Auswärtige Angelegenheiten der DDR) soll auch keine weiteren Aktivitäten in dieser Richtung unternehmen.

gez.... /Unterschrift/

(Quelle: Olaf Kersten - Hans-Georg Löffler - Reinhard Parchmann - Siegfried Stoof
Garnisonen der NVA und GSTD - Zur Nutzung der militärischen Standorte von 1871 bis 2010)

Das Raketentransport-Ladefahrzeug 9T230 aus dem Militärhistorischen Museum Dresden wurde auf der Grundlage eines Restaurations- und Leihvertrages an den Militärhistorischen Verein Demen e. V. für das dort ansässige Konversions- und Raketenmuseum übergeben. Die Startrampe 9P71 befindet sich derzeit im Depot des Museums.

Anfang 1990 wurde eine Startrampe 9P71 des Operativ-taktischen Raketensystems 9K714 OKA der Öffentlichkeit vorgestellt.

Taktische Raketen

Die taktische Rakete (TR) war das Hauptmittel der Division zum Führen von Kernwaffenschlägen. Sie unterstand direkt dem Divisionskommandeur und wurde von ihm über den *Chef Raketentruppen / Artillerie* der Division geführt.
Auf der Grundlage des Befehls 17/62 des Ministers für Nationale Verteidigung wurde in den Jahren 1962 bis 1964 in jeder der sechs Gefechts-Divisionen der NVA eine *selbständige Artillerieabteilung* (sAA) aufgestellt und mit je zwei Startanlagen 2P16 für die **Taktischen Raketen 3R9 oder 3R10** ausgerüstet. Die technische Sicherstellung der sAA erfolgte ab 1963 durch die *Bewegliche artillerietechnische Basis 2* (BATB-2) und die *Transportbatterie 2* (TBttr-2). Ab 1967 erfolgte die technische Sicherstellung durch die *Beweglichen raketentechnischen Basen 3 und 5*. Die Ausbildung des erforderlichen Personals erfolgte ab 1963 durch die *Ausbildungsabteilung-2* (AusbA-2) und ab 1968 durch die *Raketen-Ausbildungsabteilung 12*. 1965 wurde mit dem *STAN für die selbständige Artillerieabteilung (8. MSD, 7. und 9. PD)* die Einführung der Taktischen Rakete 9M21 vorbereitet. Die dadurch frei gewordenen sechs Startanlagen 2P16 wurden in die sAA der 1., 4. und 8. MSD umgesetzt.

1967 erfolgte die Umbenennung der selbständigen Artillerieabteilungen in Raketenabteilungen (RA), zeitgleich mit dem Beginn der Einführung der zweiten **Taktischen Rakete 9M21** mit je vier Startanlagen 9P113 in der 8. MSD sowie der 7. und 9. PD. 1974 waren alle sechs Raketenabteilungen (1., 4., 8. und 11. MSD sowie 7. und 9. PD) mit der TR 9M21 ausgerüstet. Die durch die Umrüstung frei gewordenen Startanlagen 2P16 wurden zur Ausrüstung von fünf Mob-Divisionen verwendet. Zu diesem Zweck wurden mit Befehl 90/71 des MfNV an den Unteroffiziersschulen kadrierte Raketenabteilungen mit vier Startanlagen 2P16 aufgestellt. Die TR 3R9 / 3R10 verblieben bis 1977 in den RA der Mob-Divisionen und wurden bis 1980 sukzessive durch das Nachfolgemodell 9M21 abgelöst.

1983 löste die dritte **Taktische Rakete 9M79** mit der Startrampe 9P129 die Taktische Rakete 9M21 in der RA der 9. PD und 1988 in der RA der 7. PD ab.

Im Rahmen der Entwicklung der NVA 1991 bis 1995 sollten die beiden *Raketenbrigaden operativ-taktischer Bestimmung* (3. und 5. RBr) in *Raketenbrigaden taktischer Bestimmung* umgewandelt werden. Dazu wurde mit *Befehl 42/90 des MfNV über die Umstrukturierung der Raketentruppen der NVA vom 23.03.1990* festgelegt, die 3. und 5. Raketenbrigade bis zum 30.11.1990 mit jeweils *4 Startrampen TOTSCHKA und 12 Startrampen LUNA-M* auszurüsten. Mit Wirkung vom 30.11.1990 mussten alle 11 RA der Gefechts- und Mob-Divisionen sowie die beiden beweglichen raketentechnischen Basen aufgelöst werden.
Als Austauschreserven für die beiden RBr taktischer Bestimmung wurden zusätzlich vier Startrampen 9P113, acht Raketentransportfahrzeuge 9T29, zwei Führungsstellen 9S445M (ohne PROBA) und sechs Autokräne 9T31M1 festgelegt.
Aus dem Bestand des MB III sollten für das Militärhistorische Museum Dresden eine Startrampe 9P113, ein RTF 9T29, ein Führungspunkt PU-M mit Funkmessstation RWZ-1 sowie vier Lehrtrainingsraketen 9M21 abgegeben werden.

Taktische Rakete 3R9, 3R10 und 3R11

Die im Text verwendeten Technikbezeichnungen stammen aus dem Stellenplan / Ausrüstungsnachweis einer selbständigen Artillerieabteilung der MSD/PD vom April 1962.

Anfang der 1960er-Jahre verfügte der Kommandeur einer Mot. Schützendivision (MSD) zum Bekämpfen des Gegners auf große Entfernung über die 122-mm Haubitze Modell 38 (M-30) und über den Geschosswerfer BM-24. Mit beiden Waffen konnten Ziele bis ca. 11.000 m bekämpft werden.

Die TR 3R9 und 3R10 waren Bestandteile des Taktischen Raketensystems 2K6 LUNA. Die taktischen Raketen mussten aus Träger und Gefechtskopf montiert und zur Startanlage transportiert werden. Die Koordinaten der Startanlage und des Ziels sowie die meteorologischen Parameter mussten bestimmt und die Anfangs-

Grafik der Taktischen Rakete 3R9.

angaben für den Start der Rakete errechnet werden. Mithilfe der Startanlage wurde die Rakete auf das Ziel gerichtet und gestartet. Unterschiedliche Prüf- und Wartungstechnik stellte die Funktionalität der TR sicher.

Taktische Rakete

3P9 - тактическая баллистическая ракета ТРК 2К6 с осколочно-фугасной БЧ 3Н15 =

3R9 - Taktische ballistische Rakete TRK 2K6 mit hochexplosivem Splittergefechtskopf 3N15

3P10 - тактическая баллистическая ракета ТРК 2К6 со специальной БЧ 3Н14 =

3R10 - Taktische ballistische Rakete TRK 2K6 mit einem Spezial-Sprengkopf 3N14

3P11 - тактическая баллистическая ракета ТРК 2К6 с учебно-тренировочной инертной БЧ 3Н16 =

3R11 - Taktische ballistische Rakete TRK 2K6 mit inertem Trainingssprengkopf 3N16

Die **Taktischen Raketen 3R9** und **3R10** sollten gegnerische Kernwaffenmittel, Truppen und Waffen in Konzentrierungsräumen, Artillerie- und Panzergruppierungen, Führungsstellen und Verteidigungsanlagen vernichten, niederhalten oder zerstören. Für Lehr-Gefechtsschießen wurde die **Taktischen Rakete 3R11** verwendet.

Die TR 3R9, 3R10 und 3R11 waren ungelenkte Feststoffraketen, die sich durch die verbauten Gefechtsköpfe unterschieden. Bei der Rakete 3R9 war das Triebwerk 3Z6 mit dem konventionellen Splitter-Sprenggefechtskopf 3N15 komplettiert, der über einen Aufschlagzünder mit verschiedenen Zünderstellungen verfügte. Die Rakete 3R10 nutzte das Triebwerk 3Z6 und den Kernsprengkopf 3N14. Zur TR 3R11 gehörte der Gefechtskopf 3N16 mit einem Gewichtsäquivalent.
Da das einmal gezündete Feststofftriebwerk nicht abgeschaltet werden konnte, musste die Entfernung zum Ziel durch den Erhöhungswinkel der Startschiene definiert werden.

Das **Triebwerk 3Z6** bestand aus dem Marsch- und dem Rotationstriebwerk sowie dem Stabilisator.
Das Marschtriebwerk setzte sich aus der vorderen und hinteren Brennkammer mit jeweils einer Halb-Pulverladung, dem Düsenblock und zwei pyrotechnischen Zündern zusammen. Der Gefechtskopf war mit der vorderen Brennkammer verbunden. Der Übergangskonus beherbergte das Rotationstriebwerk und verband beide Brennkammern. Die Pulvergase, die beim Verbrennen der Pulverladung des Rotationstriebwerkes entstanden, strömten über 15 tangential angeordnete Düsen, die sich im Übergangskonus befanden. Die so erzeugte Kraft verlieh der Rakete auf der Startschiene und auf dem Anfangsabschnitt des aktiven Teils der Flugbahn die Drehbewegung. Der auf der hinteren Brennkammer angeordnete Stabilisator war drehbar gelagert, er nahm die vier trapezförmigen Stabilisierungsflächen auf. Um die Drehung der Rakete auf der Startschiene zu gewährleisten, besaß der Drehkörper einen Führungsbolzen, der der Führung des Stabilisators auf der Startschiene diente. Das Triebwerk konnte sich nach dem Zünden des Rotationstriebwerkes im Stabilisator drehen und dabei die Startschiene verlassen. Die Stabilisierungsflächen waren in einem Winkel von 1° zur Längsachse versetzt und gewährleisteten die stetige Rotation der Rakete. Damit erhöhte sich die Stabilität auf der Flugbahn und damit die Genauigkeit des Schießens.

Taktische Rakete	3R10	3R9	3R11
GRAU-Index Träger	3Z6		
GRAU-Index Gefechtskopf	3N14	3N15	3N16
Art des Gefechtskopfs	nuklear	Splitter-Spreng	Gewichtsäquivalent
Bezeichnung in der NVA	3R10	3R9	3R11
Beginn der Einführung in die NVA	1962		
NATO-Bezeichnung	FROG-5	FROG-3	---
Einsatzebene	selbständige Artillerieabteilung der MSD / PD		
Maximale Schussentfernung (km)	32,05	44,6	---
Länge Rakete (mm)	10.700	9000	---
Durchmesser mit Flügeln (mm)	1000		
Durchmesser Träger (mm)	415		
Durchmesser Gefechtskopf (mm)	540	410	---
Art des Triebwerks	Feststofftriebwerk		
Startmasse (kg)	2290	2155	---
TNT-Äquivalent (kt)	6 - 16	---	---
Startanlage	2P16		

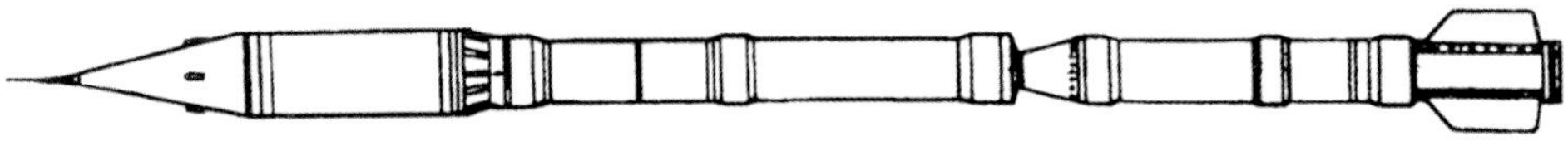

Grafik der Taktischen Rakete 3R10 mit dem Überkaliber-Gefechtskopf. Die Elemente der TR von links: überkalibriger Gefechtskopf - vordere Brennkammer - Übergangskonus - hintere Brennkammer - Stabilisator.

Der **Splitter-Sprenggefechtskopf 3N15** der TR 3R9 bestand aus dem Gehäuse mit Sprengladung, aus zwei Zusatzdetonatoren sowie einem Kopf- und einem Bodenzünder. Der Kopfzünder war ein gesicherter Zünder mit Sofort- oder mit Verzögerungswirkung sowie Fernschärfung. Axiale Trägheitskräfte und die Kraft des Luftwiderstandes, die während des Fluges auf den Gefechtskopf der Rakete einwirkten, schärften den Zünder. Er entzündete die Sprengladung beim Auftreffen auf einen Widerstand. Der Bodenzünder war ein gesicherter elektro-magnetischer Zünder mit Trägheitswirkung, Fernschärfung und Verzögerung. Er war beim Auftreffen auf einen Widerstand das Double des Kopfzünders zum zuverlässigen Zerlegen des Gefechtskopfs. Der Gefechtskopf konnte auf Splitter- oder Sprengwirkung, mit oder ohne Verzögerung eingestellt werden, er hatte das gleiche Kaliber wie das Triebwerk. Das Schießen mit der Rakete 3R9 auf Entfernungen unter 12.000 m wurde durch *Steilfeuer* realisiert, da der Erhöhungswinkel der Startschiene zu klein war und die Gefahr

Beladen einer Startanlage 2P16 mit der Rakete 3R9 unter den wachsamen Augen von mehreren Kontrolloffizieren.

Ein Wärmebezug schützte den Spezialgefechtskopf 3N14 vor den winterlichen Temperaturen. Kurz vor dem Start wurde er entfernt.

des vorzeitigen Ansprechens der Zünder durch Berührung mit hohen Hindernissen bestand. Dafür wurde die Startschiene über die für die maximale Schussentfernung erforderlichen 55° angehoben.
Bei einem Erhöhungswinkel von 15° betrug die schusstafelmäßige Entfernung 14.700 m. Die Geschwindigkeit der Rakete erreichte 864 m/s, die Höhe der Flugbahn 4900 m bei einer Arbeitszeit des Triebwerks von 4,18 s.

Der **Spezialgefechtskopf 3N14** der Rakete 3R10 hatte ein größeres Kaliber als das Triebwerk. Er konnte auf dem Boden oder in drei verschiedenen Höhen gezündet werden. Dazu war der Zünder des Gefechtskopfs 3N14 mit einem Höhenmesser, einer Zündereinrichtung und einer Zünderstelleinrichtung versehen, die die Detonation des Gefechtsteils über dem Ziel in Abhängigkeit von der Einstellung des Höhenschalters und des Verzögerers gewährleistete. Die Werte für die Detonationshöhe wurden unmittelbar vor dem Schießen befohlen. Die Zünderstelleinrichtung schaltete an einem festgelegten Punkt die Zündereinrichtung ein. Vor dem Start musste die Ampullenbatterie mit Druckluft aktiviert werden. Die dadurch erzeugte elektrische Energie versorgte den Höhenmesser. Die Zünderstelleinrichtung konnte zwischen *Schussentfernung 10 bis 15 km und Schussentfernung über 15 km* eingestellt werden. Um die optimale Wirkung im Ziel zu erreichen, musste der Gefechtskopf mithilfe eines Wärmebezuges, der von der Startanlage mit elektrischer Energie versorgt wurde, im Temperaturbereich von 5 °C bis 25 °C gehalten werden. Der Wärmebezug wurde immer montiert und schützte den Gefechtskopf im Winter vor Kälte und im Sommer vor Sonneneinstrahlung.

Durch Drücken der Startknöpfe zündeten die pyrotechnischen Zünder die vordere Brennkammer. Aus der vorderen Brennkammer gelangte der Zündstrahl durch ein Rohr im Rotationstriebwerk zum Zündsatz der hinteren Brennkammer und entzündete deren Halbladung. Gleichzeitig wurde der Zündsatz der Pulverladung des Rotationstriebwerks entzündet. Die sich bildenden Pulvergase strömten in der vorderen Brennkammer durch die Düsenöffnungen des Übergangskonus, in der hinteren Brennkammer durch die Düsenöffnungen des Düsenblocks aus. Die dabei entwickelten Schubkräfte verliehen der Rakete die Vorwärtsbewegung. Da das Rotationstriebwerk zeitgleich mit dem Marschtriebwerk zündete, begann sich die Rakete bereits auf der Startschiene geringfügig zu drehen.

Startrampe

2П16 - самоходная пусковая установка ТРК 2К6 =
2P16 - selbstfahrende Startrampe TRK 2K6

Die **Startanlage 2P16 auf PT-76**[2] setzte sich aus dem raketentechnischen Teil und dem Fahrwerk zusammen.

Die Startanlage 2P16 nutzte das modifizierte Fahrgestell des Schwimmpanzers PT-76 als Basis.

Zum raketentechnischen Teil der Startanlage gehörten die Oberlafette mit Startschienen, die Druckluftanlage, die Höhenrichtmaschine mit Hydraulikhebern, die Seitenrichtmaschine, der Federausgleicher, die Stützteller mit Spindelheber, die Zieleinrichtung, die Gefechtszurrung und die Elektroausrüstung des raketentechnischen Teils. Als Fahrwerk wurde der Schwimmpanzer PT-76 ohne Turm und Bewaffnung mit einigen Konstruktionsveränderungen verwendet, die zur Montage des raketentechnischen Teils und zur Nutzung der Startanlage notwendig waren.

Die Rakete wurde nach dem Beladen auf der Startschiene mit Haltebändern befestigt und in die Startstellung gefahren. Die Druckluftanlage führte Druckluft mit 10 at in den Gefechtskopf der Rakete 3R10, um die Ampullenbatterien der Elektroausrüstung unmittelbar vor dem Start in Betrieb zu setzen. Die Druckluftanlage war vorn an der linken Seite der Startschiene angebracht. Die Oberlafette war der sich bewegende Teil der SA und nahm die Startschiene, die Seiten- und Höhenrichtmaschine sowie den Federausgleicher auf.

Die Startanlage wurde durch leichtes Drehen auf der Stelle, mithilfe des Kettenfahrwerkes, grob in die befohlene Schussrichtung gebracht. Die beiden hinteren Stützteller wurden abgeklappt, die jeweils zweiten vorderen Laufrollen des Fahrwerks gezurrt und die SA mithilfe der beiden Spindelheber ausgehoben. Damit war die Startanlage für den Start schwingungsfrei aufgestellt, das Richten konnte erfolgen. Mit der Seitenrichtmaschine wurde das horizontale, mit der Höhenrichtmaschine das vertikale Richten der Startschienen vorgenommen. Mit dem Handtrieb erfolgte das Feinrichten sowie das Richten bei Ausfall des Motorantriebes. Wenn notwendig, konnte die SA durch die Spindelheber horizontiert werden. Die vordere Achszurrung schaltete die Federung des Fahrwerks der SA beim Start der Rakete teilweise aus. Die Achszurrung arbeitete hydraulisch mit Handbetrieb und war im Fahrerraum des Fahrwerks untergebracht.

Die Startanlage 2P16.

Eine an der Startanlage integrierte Zieleinrichtung diente dem Einrichten auf das Ziel. Dazu verfügte sie über ein Rundblickfernrohr mit Beleuchtung für die Richtung und einen Richtaufsatz zum Einstellen des Erhöhungswinkels. Wenn durch Nebel, Rauch, Feindeinwirkung oder Ausfall der Vermesser die Sicht zu den Richtkreisen unterbrochen wurde, konnte das Nach-Richten einer bereits gerichteten Startanlage mithilfe des Kollimators K-1 erfolgen.

Die Wanne des Basisfahrzeuges war speziell für die Startanlage verändert worden. Sie unterschied sich von der des Schwimmpanzers PT-76 durch das Fehlen des Turms, durch die aufgebauten Elemente des raketentechnischen Teils auf dem Heck der Wanne, durch die getrennten Luken für den Kommandanten und Funker sowie durch die Heckluke für die Wartung der Kraftübertragung. Um die geforderte Gefechtsmasse einhalten zu können, wurde die Panzerung der Wanne von 13 mm auf 10 mm verringert. Der Motor und die Aufhängung des Fahrwerks wurden verändert. Auffällig waren die zwei eingesetzten Stützrollen pro Laufwerk für verbesserte Geländegängigkeit. Zusätzliche hydraulische Stoßdämpfer, Federwiderlager an der zweiten und fünften Laufrolle, eine veränderte Kettenspannvorrichtung und die eingebaute Zurranlage für die Startanlage waren weitere Veränderungen am Fahrwerk. Das Basisfahrzeug war nicht schwimmfähig und besaß keine Nebelanlage.

Die Elektroausrüstung der Startanlage unterteilte sich in die Elektroausrüstung des Fahrwerks und die Elektroausrüstung des raketentechnischen Teils. Die Elektroausrüstung des raketentechnischen Teils ermöglichte unter anderem die Arbeit der Höhenrichtmaschine, das Erwärmen des Gefechtskopfs der Rakete 3R10, die Kontrolle und den Start der Rakete 3R10 und 3R9 sowie die Beleuchtung der Zieleinrichtung. Die Heizanlage hielt die Temperatur im Gefechtskopf der Rakete 3R10 in den Grenzen von 5 °C bis 35 °C aufrecht. Sie wurde während der Bewegung der Startanlage vom Bordnetz, im Stand vom speziell für diese Aufgabe mitgeführten Elektroaggregat AB-1-P/30 oder für kurze Zeit von den Anlasserbatterien gespeist. Bis zur Herstellung der Startbereitschaft und dem Heben der Startschiene befand sich der Wärmebezug grundsätzlich auf dem Gefechtskopf der Rakete 3R10. Im Winter wurde er beheizt, im Sommer verhinderte er das Aufheizen des Gefechtskopfs durch die Sonne.

Für die Vorbereitung der Raketen zum Schießen wurde ein Pulverthermometer-Kontrollgerät im EWZ-Satz der Startanlage mitgeführt, mit dem die Temperatur der Pulverladung des hinteren Triebwerks geprüft wurde.

1965 verfügten alle sechs sAA über je zwei Startanlagen 2P16, zwei weitere wurden für Ausbildungszwecke genutzt.

Die Startanlage 2P16 wurde mit der Taktischen Rakete 3R9 beladen, rechts im Hintergrund das Raketentransportfahrzeug 2U663 mit einer Taktischen Rakete 3R10.

Transporttechnik

2У663 - транспортная машина для 2 ракет ТРК 2К6 =
2U663 - Transportfahrzeug für 2 Raketen TRK 2K6

Das **Raketentransportfahrzeug 2U663** (RTF) bestand aus dem Transportanhänger 2U663, einem Sattelauflieger, und der Sattelzugmaschine ZIL-157KW. Das RTF diente dem Transport von ein oder zwei Marschtriebwerken 3Z6 oder zwei vollständig zusammengesetzten TR 3R9 oder 3R10 sowie deren zeitweiliger Lagerung. Weiterhin wurde das RTF für Mess-, Montage- und Wartungsarbeiten an den TR eingesetzt.

Wesentliche Bestandteile des Transportanhängers 2U663 waren das Einachs-Fahrwerk mit Rahmen, zwei abklappbare Stützen, eine Hand- und eine Druckluftbremse, die vordere und hintere Auflage mit Lagerböcken sowie ein Spriegelgestell mit Planen und ein EWZ-Satz. Die abklappbaren Stützen dienten der Abstützung des Vorderteils des Sattelaufliegers, wenn das Zugmittel abgehängt war. Gleichzeitig konnte der Sattelauflieger ohne Zugmittel auf festem Untergrund bewegt werden. Der vordere und der hintere Lagerbock dienten der Befestigung der Raketen auf dem Sattelauflieger. Der Transportanhänger wurde beim Transport der TR mit Spriegelgestell und Plane abgedeckt. Die Gesamtlänge des Raketentransportfahrzeuges 2U663 betrug 14.820 mm. Die Ausmaße des Transportanhängers (LxBxH) lagen bei 11.060 x 2340 x 2950 mm mit einer Masse (unbeladen / maximal beladen) von 3150 / 13.450 kg.

1963 war jeder Startanlage 2P16 ein Transportanhänger 2U663, eingesetzt in der *Transport- und Umladegruppe*, zugeordnet. Zwölf weitere Transportanhänger 2U663 befanden sich in den beiden *Transportzügen für Divisionsmunition* der Transportbatterie 2. Bis 1965 wurde der Bestand auf 48 Raketentransportfahrzeuge erhöht, womit in kürzester Zeit 96 TR für die sAA bereitgestellt werden konnten.

Für den schnellen Transport der SA 2P16 auf Straßen stand der **Tieflader 20 t** mit schwerem Radzugmittel KrAZ-214 zur Verfügung. Der Tieflader 20 t, gefertigt im VEB Waggonbau Gotha, kam ab 1956 in die Ausrüstung der NVA. Das Eigengewicht des Anhängers betrug 8500 kg, seine Abmessungen (LxBxH) 11.000 x 2800 x 1950 mm. Die Ladehöhe lag bei 665 mm, die Größe der Ladefläche lag bei 4000 x 2800 mm. Ab 1964 folgte der Tieflader 20/1 vom gleichen Hersteller. Die Abmessungen (LxBxH) betrugen 11.000 x 2830 x 2210 mm bei einer Leermasse von 8800 kg.

In den Mob-Einheiten wurde die SA 2P16 mit dem **Schwerlastanhänger P50/80**[1] (Zugmittel TATRA-813) über weite Strecken transportiert.

Isothermtechnik

2У662 - машина-хранилище ТРК 2К6 =
2U662 - Lagermaschine TRK 2K6

Die **Isotherm-Einrichtung 2U662 auf Spezial-Kfz ZIL-157 (K)** wurde ab 1964 in der Transportbatterie 2 zum klimatisierten Transport eines Spezialgefechtskopfs 3N14, Bestandteil der Rakete 3R10, eingesetzt. Für die Sicherstellung der sechs sAA standen zwölf Isotherm-Einrichtungen 2U662, eingesetzt in zwei *Transportzügen für Divisionsmunition*, zur Verfügung.
Die Abmessungen der Isotherm-Einrichtung 2U662 (LxBxH) betrugen 7835 x 2360 x 3240 mm bei einer Masse mit beladenem Gefechtskopf von 9000 kg. Beladen konnte auf der Straße bis zu 40 km/h,

Zum Schutz der taktischen Rakete konnte der Transportanhänger 2U663 mit Spriegelgestell und Plane abgedeckt werden.

Das Raketentransportfahrzeug 2U663, beladen mit zwei Taktischen Raketen 3R9.

Der Schwerlastanhänger P50/80 mit TATRA-813 als Zugmittel fand für den Transport der Startanlage 2P16 Verwendung.

im Gelände noch 15 km/h gefahren werden. Für die Energieversorgung des Kofferaufbaues im Stand konnte Fremdstrom mit 380 V, das fahrzeugeigene Elektroaggregat mit 50 V oder die Akkumulatoren mit 12 V eingesetzt werden. Das Beheizen des Koffers realisierten zwei elektrische Heizkörper, im Notfall zwei Benzinheizungen. Für die Überwachung und Regulierung der Temperatur im Koffer befanden sich ein Bimetall-Temperaturgeber, ein Flüssigkeitsthermometer, ein Hygrograf und ein Thermograf in der Ausrüstung. Zum sicheren Transport des Gefechtskopfs war der Koffer mit einem Kopfteilschlitten und einem Kopfteilwagen sowie mit entsprechenden Befestigungsseilen und -streben ausgerüstet.
Ab 1970 wurde das **Isothermfahrzeug 2U662MU** für den Transport von Spezialgefechtsköpfen geplant. Basis bildete das Spezial-Kfz ZIL-157KE-1. Die taktisch / technischen Daten entsprachen dem Vorgängermodell. Die Abmessungen des Fahrzeuges (LxBxH) betrugen 7835 x 2360 x 3240 mm bei einer Masse beladen / unbeladen von 7500 / 9000 kg. Laut Nachweisführung des RWD befanden sich 1974 acht Isothermfahrzeuge 2U662MU im Bestand der NVA.

Krantechnik

8T210 - атомобильный кран = 8T210 - Autokran

Im TRs 2K6 LUNA kamen für Be- und Entladearbeiten der **Autokran K52M** (GRAU-Index 8T211) oder der **Autokran K61**, beide auf Spezial-Kfz MAZ-200 (4 x 2) mit einer Tragfähigkeit von 5000 oder 6000 kg zum Einsatz. Sie wurden weiterhin zum Ansetzen des Gefechtskopfs an den Träger, zum Umladen der Rakete und für Instandsetzungsarbeiten an der Startanlage eingesetzt.
In den späten 1940er-Jahren wurde in Odessa der diesel-elektrische Autokran K51 auf Spezial-Kfz MAZ-200 entwickelt und gebaut. Ab 1951 wurde die Kranfertigung ins Autokranwerk Iwanowo verlegt, die Krananlage modernisiert und der Kran als Autokran K52 montiert. Der Autokran K52 verfügte zur sicheren Arbeit bei maximaler Last und Auslegung über vier abklappbare Spindelstützen, die das Fahrwerk zusätzlich entlasteten. Die Krananlage befand sich unter einer separaten, niedrigen Haube, rechts davon war die Kranführerkabine angeordnet. Der Kranmechanismus wurde von vier Elektromotoren mit einer Gesamtleistung von 17,2 kW betrieben. Die dazu notwendige elektrische Energie erzeugte ein mit dem Fahrzeugmotor über eine Kardanwelle und ein Zapfwellengetriebe gekoppelter Generator. Es bestand die Möglichkeit, externe Stromquellen zu nutzen. 1957 begann die Fertigung der Armee-Variante - der Autokran K52M, in der NVA als Autokran 8T211 geführt. Der Autokran K52M / 8T211 erreichte eine Masse von 12.150 kg, die Ausmaße (LxBxH) betrugen in Marschlage 10.250 x 2615 x 3900 mm. Die Länge des Gittermast-Auslegers konnte bis auf 7,35 m variieren, mithilfe eines Spezialeinsatzes auf 11.750 mm verlängert werden.
Basierend auf dem Autokran K51 wurde ab 1959 eine modernisierte Variante, der mit einer Tragfähigkeit von 6 t ausgestattete Autokran K61 gefertigt. Um die erhöhte Tragfähigkeit zu erreichen, musste der Kranaufbau überarbeitet werden. Seine Ausmaße (LxBxH) betrugen in Marschlage 10.050 x 2710 x 3860 mm bei einer Gesamtmasse von 11.570 kg. Die Einsatzparameter entsprachen in etwa denen des Autokranes K52M.

Im VdBA von 1972 wurden 19 Autokräne K61 und 6 Autokräne 8T211 aufgelistet, die bis 1975 aus dem Bestand der NVA gestrichen wurden.

Ab 1967 erfolgte die Zuführung des **Autodrehkranes 8T210** auf Basis des Spezial-Kfz URAL-375.
Der Autodrehkran 8T210 mit 6,3-t Hublast wurde ab 1962 vom Autokranwerk Iwanowo als Nachfolger der Autokräne K52M und K61 auf der Basis des URAL-375, später auch des URAL-375D, für den militärischen Einsatz entwickelt und mit einem elektrisch betriebe-

Autokran K52M (linkes Bild) und Autokran K61, beide auf Basis des Spezial-Kfz MAZ-200.

nen Kranteil gefertigt. Es bestand die Möglichkeit der Eigenversorgung durch einen Drehstrom-Synchrongenerator, welcher über ein Nebengetriebe vom Verteilergetriebe angetrieben wurde, oder der Fremdversorgung über Einspeisung mit 380 V Drehstrom. Die Fernbedienung war über ein tragbares Pult möglich. Der Autodrehkran war der erste, speziell für die Belange der Armee entwickelte Kran. Der Ausleger des Kranes war teleskopierbar, somit konnte er sich problemlos in Wäldern oder Ortschaften bewegen und schnell die Arbeits- oder Marschlage einnehmen.

Der Einsatz des Kranes erfolgte in der NVA ab 1967, seine Ausmaße in Marschlage (LxBxH) betrugen 8250 x 2690 x 3450 mm bei einer Gesamtmasse von 13.400 kg. Das Fahrzeug bewältigte eine Anhängelast Straße / Gelände von 10.000 / 5000 kp. Der durch-

Der Autodrehkran 8T210 mit eingefahrenem Kranausleger in Marschlage.

schnittliche Fahrbereich lag bei ca. 520 km, wofür ca. 360 l VK benötigt wurden.

Mit Zuführung des **Autodrehkran 9T31**[1] auf dem Spezial-Kfz URAL-375 erfolgte die Ablösung des ADK 8T210.

Führungs- und Vermessungstechnik

1962 kam als Transport- und Arbeitsmittel für den Stab der sAA ein **Stabs-KOM auf Spezial-Kfz LO-1800A** zum Einsatz. Die *Gruppe zur Vorbereitung der Anfangsangaben* des Stabes nutzte das **System PROBA auf Einachs-Spezial-Anhänger**, als Zugmittel fand ein Spezial-Kfz LO-1800A Verwendung. Wie bei den OTR mussten auch die Anfangsangaben für das Schießen TR von zwei unabhängigen Einheiten ermittelt und abgeglichen werden. Dazu befanden sich in den zwei Batterien jeweils eine *Gruppe zur Vorbereitung der Anfangsangaben*. Mit dem System PROBA erfolgte die meteorologische Aufklärung, die Angaben wurden an die Batterien weitergeleitet.
Ab 1964 wurde jeder Startanlage ein fahrbares funktechnisches System PROBA zugewiesen, die ermittelten meteorologischen Daten wurden jetzt an den Stab gemeldet.
Die Führung der drei Batterien der sAA sollte ab 1966 mithilfe einer **Führungsstelle PU2 (9S445)** auf Spezial-Kfz GAZ-63 (K) und fahrbarem funktechnischem System PROBA erfolgen. Die wichtigsten Bestandteile der Führungsstelle waren der Spezial-Digitalrechner WM3 OLCHA und die Funkmess-Station RWZ-1 des funktechnischen Systems PROBA. Mithilfe einer elektronischen Kopplung erfolgte die zeitnahe Datenübertragung von der Funkmess-Station zum Digitalrechner. Über die Nachrichtenmittel der Führungsstelle wurde die Verbindung zwischen den Startanlagen und der Führung der selbständigen Artillerie-Abteilung gehalten. Die Arbeit der Führungsstelle PU2 erbrachte eine Zeiteinsparung von bis zu drei Minuten und eine Verbesserung der Genauigkeit bei der Errechnung der Anfangsangaben für den Raketenstart. Laut Ausrüstungsnachweis des RWD befanden sich 1968 neun *Bewegliche Führungsstellen PU2 mit PROBA* im Bestand der beiden MB, bis 1970 sollte der Bestand auf 27 Führungsstellen PU2 aufgestockt werden. Es blieb bei den neun Führungsstellen PU2 mit PROBA, was in fehlender Produktionskapazität und fehlenden Kontingenten des Herstellers begründet lag.
In den RA der Mob-Verbände wurden unter anderem die **SPW-152W1**[3] als Führungsfahrzeuge eingesetzt. Zwei **Feuerleitstellen B1** auf Spezial-Kfz LO-1801A (K), kombiniert mit je einem **Signal-Kommando-System B** auf Spezial-Pkw P-3, verbesserten ab 1973 den Informationsfluss zwischen allen Kommandoebenen erheblich.

Für die topografische Sicherstellung wurde jeder Startanlage eine **automatische Vermessungseinrichtung GAZ-69TM**[1], später **GAZ-69TMG**[1], zugeordnet.

Für Verladearbeiten kam in den Raketenabteilungen der Mob-Divisionen der Autodrehkran 9T31M auf dem Spezial-Kfz URAL-375D zum Einsatz. Die Rakete 3R10 wurde mithilfe der Traverse 2U659 vom RTF 2U663 gehoben, das RTF verließ den Platz des Umladens, die Startanlage fuhr unter die an der Traverse befestigte Rakete, welche auf die Startschiene aufgelegt und für den Transport befestigt wurde.

Hinter der automatischen Vermessungseinrichtung GAZ-69TMG folgte die Startanlage 2P16.

Fahrschul- und Trainingstechnik

1963 wurde der Ausbildungsabteilung 12 eine fabrikneue **Übungs-Startanlage 2T29 auf Spezial-Kfz ZIL-157** übergeben. Mit dem Ausbildungsgerät lernten die Bedienungen unter anderem das Be- und Entladen der Startanlage 2P16 sowie die Handlungen bei der Startvorbereitung, ohne die strukturmäßige Technik zu nutzen. Die Ausmaße der Übungs-Startanlage 2T29 (LxBxH) betrugen 7840 x 2350 x 3650 mm bei einer Gefechtsmasse von 8230 kg. Zur Ausrüstung des Ausbildungsgerätes gehörte eine Attrappe der Rakete 3R10 mit Traverse, ein Rundblickfernrohr, ein Kollimator, ein Satz Nachtbeleuchtung sowie ein Elektroaggregat AB-1-P/30. Ab 1964 sollte auch jede sAA mit einer Übungs-Startanlage 2T29 ausgerüstet werden. Laut Soll-Nachweis über Bewaffnung und Ausrüstung der NVA Stand Juli 1965 befanden sich acht Übungs-Startanlagen 2T29 im Bestand der NVA.

Meteorologische Sicherstellung

1962 wurden zur Vorbereitung der Anfangsangaben für das Schießen mit den taktischen Raketen das fahrbare **funktechnische System PROBA** auf Einachs-Spezialanhänger 1,5 t mit Kofferaufbau geplant. Als Zugmittel kam ein Lkw LO-1800A mit Pritsche zum Einsatz. Die im funktechnischen System PROBA verwendete Funkmess-Station RWZ-1 arbeitete autark, sie konnte in den Betriebsarten WINKELREFLEKTOR oder RADIOSONDE eingesetzt werden. Zur Übermittlung der meteorologischen Daten kamen Draht-Nachrichtenmittel zum Einsatz. Beim Betrieb WINKELREFLEKTOR reflektierte der an einem Wasserstoffballon befestigte Winkelreflektor die von der Funkmess-Station abgestrahlten HF-Impulse, die von der Station empfangen und ausgewertet wurden. Somit konnten Windrichtung und -geschwindigkeit in verschiedenen Steighöhen bis zu einer Entfernung von 25 km ermittelt werden. Beim Betrieb RADIOSONDE kam die an einem Ballon aufsteigende Radiosonde RKS1 zum Einsatz. Die zusätzlichen Angaben über Lufttemperatur und -feuchtigkeit übertrug die Radiosonde automatisch in Form verschlüsselter Funksignale. Die Abstrahlung des UKW-Senders der Radiosonde wurde zur Begleitung der Sonde nach der Richtung benutzt. Die Antwortfunksignale der Sonde fanden zur Messung der Schrägentfernung und zur automatischen Entfernungsbegleitung Verwendung. Der Luftdruck wurde auf der Grundlage der ermittelten Steighöhe sowie nach der von der Radiosonde in verschiedenen Höhen gemessenen Lufttemperatur und den Ergebnissen der Bodendruckmessungen errechnet.
Der ballistische Wind wurde nach den laufenden Koordinaten und der Flugzeit der Radiosonde ermittelt. Das Bestimmen der Entfernung bei automatischer Begleitung der Radiosonde mit Registrie-

rung der Koordinaten und der meteorologischen Angaben waren bis 150 km möglich. Dabei steuerte die Funkmess-Station den Parabolspiegel der Antenne in den Betriebsarten AUTOMATISCHE BEGLEITUNG und SEKTORENSUCHE ständig in Richtung Reflektor der Radiosonde. Für den Ausnahmefall war die Betriebsart HANDSTEUERUNG vorgesehen. Die Stromversorgung erfolgte durch das stationseigene Elektroaggregat ASD-20-WL. Alle Elemente der Funkmess-Station RWZ-1 befanden sich in einem Kofferaufbau, der das Einachs-Fahrgestell IAPS-738 als Basis nutzte. Die Ausmaße des funktechnischen Systems PROBA (LxBxH) betrugen in Marsch- / Arbeitslage 3970 x 2110 x 2360 mm / 3970 x 3110 x 2430 mm bei einer Masse von 2200 kg.

Mit dem Windgewehr WR-2 konnte eine zweite unabhängige Methode zur Windbestimmung am Boden bis zu einer Höhe von 200 m eingesetzt werden.

Verbleib

Ab Herbst 1967 erfolgte die Umrüstung der ersten RA auf das neue Taktische Raketensystem 9K52 LUNA-M. Die Taktischen Raketen 3R9 und 3R10 blieben bis 1987 in den RA der Mob-Divisionen und wurden dann ausgesondert.

Eine Startanlage 2P16 erhielt das Armeemuseum der DDR in Dresden, wo sie bis Anfang der 1990er-Jahre im Freigelände zu sehen war.

Eine Mob-Übung Mitte der 1970er-Jahre, als Führungsfahrzeug fungierte ein SPW-152W1, dahinter die automatische Vermessungseinrichtung GAZ-69TMG, gefolgt von der Startanlage 2P16, einem URAL-375D und dem Führungsfahrzeug P-3 des Abteilungskommandeurs. Im Hintergrund Technik der technischen- und rückwärtigen Sicherstellung.

Im Freigelände des Armeemuseums der DDR in Dresden zählte diese Startanlage 2P16 mit der Taktischen Rakete 3R9 zu den interessantesten Ausstellungsexponaten.

Taktische Rakete 9M21

Die im Text verwendeten Technikbezeichnungen stammen aus dem Stellenplan / Ausrüstungsnachweis der Raketenabteilung 7, 8 und 9 vom Oktober 1967.

1965 wurde mit der Bestätigung des STAN für die selbständigen Artillerieabteilungen der 8. MSD, der 7. und 9. PD der Grundstein für die Einführung des **Taktischen Raketensystems 9K52 LUNA-M** gelegt. Die Planung sah vor, die 1967 in Raketenabteilungen (RA) umbenannten Einheiten bis 1969 auszurüsten.

Die Entwicklung des TRs 9K52 LUNA-M begann 1961 am Moskauer Institut für Wärmetechnik, 1963 begannen die Testphasen, 1964 wurde das TRs in Betrieb genommen. Die Rakete des TRs 9K52 LUNA-M sollte eine Reichweite von 65 km erreichen, die Startrampe sowohl mit Ketten- als auch mit Rad-Fahrgestell ausgestattet sein. Für die Rad-Variante Br-231 wurde der schwere Lkw ZIL-135 herangezogen, die Ketten-Variante Br-257 nutzte den Schwimmpanzer PT-76 in abgewandelter Form. Die Rad-Variante Br-231 (GRAU-Index 9P113) bestand im Frühjahr 1964 die geforderten Tests und avancierte zur Startrampe für das neue TRs 9K52 LUNA-M.
Wesentliche taktische Vorteile gegenüber dem Vorgängersystem 2K6 LUNA waren unter anderem die Erhöhung der maximalen Schussentfernung der Rakete um ca. 20 km, die höhere Marschgeschwindigkeit und der größere Fahrbereich der neuen Startrampe. Die erhebliche Verbesserung der Geländegängigkeit des Raketentransportfahrzeuges sowie der Wegfall eines zusätzlichen Kranfahrzeuges für das Be- und Entladen der Startrampe zeichneten das neue TRs aus. Die Transportkapazität des RTF wurde von zwei auf drei erhöht, für den Transport auf der Straße konnte auf einen Tiefladeanhänger verzichtet werden.
Ein wesentlicher Nachteil der Taktischen Rakete 9M21 war die geringe Treffergenauigkeit. Selbst der Einsatz eines nuklearen Gefechtskopfs bot keine garantierte Zerstörung von punktförmigen, gut geschützten Zielen wie einem Gefechtsstand. Aufgrund dessen wurde 1966 mit der Entwicklung einer modernisierten Variante begonnen, die unter der Bezeichnung **LUNA-3** auch der NVA zur Einführung angeboten wurde. Die TR des neuen Taktischen Raketensystems LUNA-3 war mit einem einfachen Lenksystem ausgestattet, das bei einer Schussentfernung von 70 km eine zirkuläre Abweichung von höchstens 500 m zulassen sollte. Flugtests, die in den Jahren 1968 und 1969 durchgeführt wurden, erbrachten allerdings keine zufriedenstellenden Ergebnisse, sodass die Arbeiten am TRs LUNA-3 abgebrochen wurden.

Jede Raketenabteilung der Gefechts-Divisionen der LaSK verfügte anfänglich über drei, ab 1971 über vier Startanlagen 9P113. Zur Führung und zum Ermitteln der Anfangsangaben fand die Bewegliche Führungsstelle PU2 (9S445) mit der Meteorologischen Funkmess-Station RWZ-1 PROBA Verwendung. Weiterhin gehörten die Taktische Rakete 9M21, eine automatische Vermessungseinrichtung GAZ-69TMG sowie die Raketentransporteinrichtung 9T29 zur Ausstattung.
Für die Versorgung der RA zeichnete unter anderem die Raketen-Transportbatterie 2, für die Ausbildung der Spezialisten die Raketen-Ausbildungsabteilung 12 verantwortlich. Die materiell-technische Sicherstellung wurde durch die Raketentechnische Basis 2 realisiert. Ab 1977 begann die Ausrüstung der sechs RA der Gefechts-Divisionen mit modernisierten Startanlagen 9P113, Raketentransportfahrzeugen 9T29 und Führungsstellen PU2M (9S445M). Die ältere Technik diente der Ausrüstung der RA der Mob-Divisionen, dieser Prozess konnte 1987 abgeschlossen werden. Damit waren die RA der sechs *Divisionen der ständigen Gefechtsbereitschaft* und die RA der fünf *Mob-Divisionen* mit jeweils vier Startanlagen 9P113 ausgerüstet. In den verschiedenen Ausbildungseinrichtungen befanden sich weitere vier Startanlagen.
1983 erfolgte in der RA-9 die Ablösung des TRs 9K52 LUNA-M durch das TRs 9K79 TOTSCHKA. Fünf Jahre später erfolgte der Einsatz eines weiteren TRs 9K79 TOTSCHKA in der RA-7. Die Planungen sahen den Einsatz des TRs 9K79 TOTSCHKA auch in den restlichen vier RA der Gefechts-Divisionen vor.
In der *Stellungnahme zur Entwicklungsplanung 1991 / 1995* der NVA schlug der Chef des RWD unter anderem vor, aufgrund der internationalen militärpolitischen Entwicklung, die Ausrüstung der restlichen vier RA erst ab 1996 mit dem **Raketenkomplex TOTSCHKA-U** zu beginnen.

Mit dem *Befehl 42/90 des Ministers für Nationale Verteidigung über die Umstrukturierung der Raketentruppen der NVA vom 23.03.1990* wurde befohlen, dass die *3. und 5. Raketenbrigade operativ-taktischer Bestimmung* bis Ende November 1990 zur *3. und 5. Raketenbrigade taktischer Bestimmung* umzustrukturieren sind. Gleichzeitig sollten die elf Raketenabteilungen der Divisionen sowie die beiden beweglichen raketentechnischen Basen aufgelöst werden. Der zuständige Bedarfsträger RWD sollte die nicht mehr benötigte Ausrüstung einer anderen Verwendung zuführen. Jede Raketenbrigade taktischer Bestimmung sollte mit einem TRs 9K79 TOTSCHKA und drei TRs 9K52 LUNA-M ausgerüstet werden. Weiterhin sollten vier SA 9P113, acht RTF 9T29, eine Führungsstelle 9S445M und sechs Autodrehkräne 9T31M1 als Reservetechnik in der Raketentechnischen Basis-2 eingelagert werden.

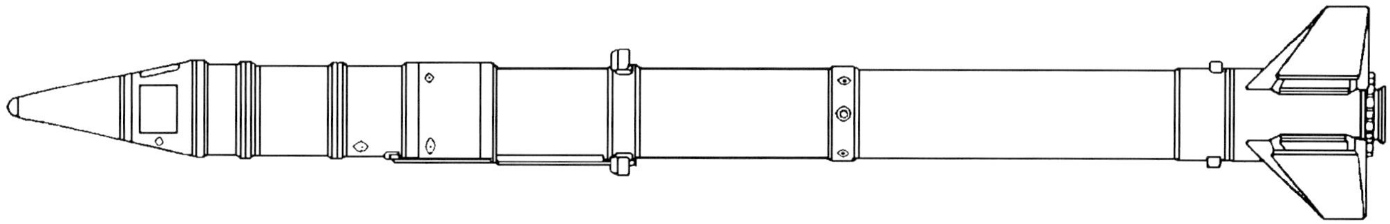

Die Taktische Rakete 9M21B, die Zeichnung stammt aus der DV-41/143 von 1970.

Taktische Rakete

9M21Б - ТР 9M21 с специальной ГЧ АА22 =
9M21B - TR 9M21 mit Spezial-Ladung AA22
9M21Ф - ТР 9M21 с осколочно-фугасной ГЧ 9Н18Ф =
9M21F - TR 9M21 mit hochexplosivem Splitter-Gefechtskopf 9N18F
9M21E3 - ТР 9M21 с практической ГЧ 9Н32Е =
9M21E3 - TR 9M21 mit Übungs-Gefechtskopf 9N32E
9M21E4 - ТР 9M21 с практической ГЧ 9Н36Е =
9M21E4 - TR 9M21 mit Übungs-Gefechtskopf 9N36E
9M21К - ТР 9M21 с кассетной ГЧ 9Н18К =
9M21K - TR 9M21 mit Kassettengefechtskopf 9N18K

Die ungelenkte Feststoffrakete des TRs 9K52 LUNA-M bestand aus dem einheitlichen Träger 9M21 und einem Gefechtskopf, der in verschiedenen Modifikationen, entsprechend der zu erfüllenden Aufgabe, montiert wurde.
Die **Taktischen Raketen 9M21B, 9M21F** und **9M21K** dienten dem Bekämpfen von lebenden Kräften, Feuermitteln, Kampftechnik und Kernwaffeneinsatzmitteln. Mit den **Raketen 9M21E3** und **9M21E4** wurden in der Ausbildung Lehr-Gefechtsstarts durchgeführt.

Der Gefechtskopf und das Triebwerk waren durch eine Flanschverbindung miteinander verbunden. Zur aerodynamischen Stabilität der Rakete während des Fluges waren vier Stabilisatoren am Raketenkörper befestigt. Da die Stabilisatoren um 1° zur Raketenachse geneigt waren, rotierte die Rakete während des Fluges um ihre Längsachse. Die Drehung wurde auf dem Anfangsabschnitt der Flugbahn vom Rotationstriebwerk eingeleitet und auf der gesamten Flugbahn durch die Wirkung des Luftstroms auf die geneigt angeordneten Stabilisatoren aufrechterhalten. So konnten Störfaktoren, die durch geometrische und gasdynamische Abweichungen hervorgerufen wurden, verringert und die Treffergenauigkeit erhöht werden.
Zur Führung auf der Startschiene verfügte die Rakete vorn über zwei Führungspylone und hinten über einen Führungszapfen. Um die Flugstabilität zu erhalten, waren auf der jeweils gegenüberliegenden Seite der Rakete drei entsprechende Gewichtsäquivalente angeordnet.
An jedem Führungspylon war ein Druckschalter zum Zünden des Rotationstriebwerks mit Verzögerung angebracht. Da ein einmal gezündetes Feststofftriebwerk nicht mehr abgeschaltet werden konnte, wurde in Abhängigkeit von der Entfernung zum Ziel die Rakete mit oder ohne angebauten Bremsflächen gestartet. Die Raketen verfügten grundsätzlich über montierte Bremsflächen, da es weniger Zeit bedurfte, die Bremsflächen zu demontieren. Sie waren am hinteren Raketenende auf den Düsenbuchsen des Starttriebwerks befestigt und erlaubten das Schießen auf Ziele in einer topografischen Entfernung von 15 bis 30 km. War die Entfernung zum Ziel größer, wurden die Bremsflächen demontiert. Ohne Bremsflächen erreichte die Rakete die maximale Entfernung von 67 km.

Taktische Rakete		
GRAU-Index Träger	9M21	9M21
GRAU-Index Gefechtskopf	9N18F	9N32
Art des Gefechtskopfs	Splitter-Spreng	nuklear
Bezeichnung in der NVA	9M21F	9M21B
Beginn Einführung in die NVA	1965	
NATO-Bezeichnung	FROG-7	
Einsatzebene	Division / Raketenabteilung	
Maximale Schussentfernung (km)	67 - 80	
Minimale Schussentfernung (km)	12 - 15	
Länge Rakete (mm)	8960	9400
Durchmesser mit Flügeln (mm)	1700	
Durchmesser Träger (mm)	544	
Geschwindigkeit der Rakete (m/s)	1200	
Art des Triebwerks	Feststofftriebwerk	
Leermasse Träger (kg)	1300	1300
Startmasse (kg)	2450	
Masse Gefechtskopf (kg)	---	420
Startanlage	9P113	

In Abhängigkeit von der Entfernung zum Ziel wurden die Raketen ohne oder mit angebrachten Bremsflächen gestartet. Gut zu erkennen, die 16 kleinen Düsen des Starttriebwerks, die kreisförmig um den Düsenblock des Marschtriebwerks angeordnet waren. Mithilfe von jeweils drei, sich gegenüberliegenden, Düsen des Starttriebwerks wurden die Bremsflächen gehalten.

Die Startanlage 9P113 des Taktischen Raketensystems 9K52 LUNA-M, beladen mit einer Taktischen Rakete 9M21F.

Der **Träger 9M21** setzte sich hauptsächlich aus dem Marsch-, dem Start- und dem Rotationstriebwerk sowie dem vorderen Abschnitt mit der elektrischen Ausrüstung zusammen.

Das Marschtriebwerk verlieh der Rakete die Anfangsgeschwindigkeit und bestand hauptsächlich aus der Brennkammer, dem Boden, dem Zündsatz, der Treibladung, dem Düsenblock, der Buchse mit Düseneinsatz und den Pyropatronen. Die Brennkammer nahm die Treibladung auf und gab ihr festen Halt. Innen war die Brennkammer mit einer Wärmeschutzschicht ausgekleidet, die sie vor Überhitzung schützte. Den Boden verschloss die Brennkammer und verband sie mit dem Marsch- und dem Starttriebwerk. Eine Pyropatrone zündete die aus Nitroglyzerinpulver bestehende Treibladung des Marschtriebwerks. Die Treibladung bestand aus zwei zylinderförmigen Halbladungen mit einem Gesamtgewicht von 1090 kg. Sie brannte von innen und von außen gleichzeitig ab, was eine schnelle und gleichmäßige Verbrennung und den nötigen Schub erzeugte. Der Düsenblock verschloss die Brennkammer des Marschtriebwerks und gewährleistete das Ausströmen der Pulvergase. Die Buchse mit Düseneinsatz war eine auswechselbare Baugruppe, mit der der kritische Düsenquerschnitt verändert werden konnte. Da die Verbrennungsgeschwindigkeit abhängig von der Temperatur der Treibladung war, wurde der optimale Schub durch Veränderung des Düsendurchmessers mithilfe auswechselbarer Düseneinsätze gewährleistet. Mit zunehmender Kälte verringerte sich der Düsendurchmesser. Die Düseneinsätze wurden bei Bedarf durch die Bedienung der Startrampe mithilfe eines Spezialschlüssels gewechselt. Zu jeder Rakete gehörte eine Buchse mit drei farblich gekennzeichneten, auswechselbaren Düseneinsätzen, die jeweils für einen bestimmten Temperaturbereich der Pulverladung bestimmt waren. Die Raketen wurden in den zentralen Lagern mit dem Düseneinsatz I für den Temperaturbereich 0 °C bis 40 °C, Brenndauer 6,8 s, ausgestattet. Zum EWZ gehörten die Düseneinsätze II (-25 °C bis 0 °C, Brenndauer 8,8 s) und III (unter -25 °C, Brenndauer 10,8 s). Die Raketen konnten so in den drei Temperaturbereichen eine Geschwindigkeit von 1200 m/s erreichen, was etwa der dreifachen Schallgeschwindigkeit entsprach. Mithilfe von Pyropatronen wurde der Zündsatz des Marschtriebwerks gezündet.

Das Starttriebwerk verdoppelte kurzzeitig die Anfangsgeschwindigkeit der Rakete zum Verlassen der Startschiene. Es bestand im Wesentlichen aus dem Gehäuse, der 40 kg schweren Pulverladung und dem Zündsatz. Das Gehäuse nahm die Pulverladung auf und stellte die Verbindung zum Marschtriebwerk her. Die Pulverladung war zwischen dem Düsenblock und dem Raketenkörper rundum angeordnet. Sie wurde zeitgleich mit dem Marschtriebwerk gezündet, indem der Feuerstrahl durch kleine Bohrungen in der Hauptdüse die zusätzliche Treibladung zündete. Der Gasstrahl trat durch 16 kleine Düsen aus, die rund um die Hauptdüse am Triebwerksboden angeordnet waren. An jeweils drei, sich gegenüberliegenden, Düsen des Starttriebwerks wurden die Bremsflächen seitlich an der Rakete befestigt. Das Starttriebwerk brannte 0,44 s. Außen am Starttriebwerk waren die vier Stabilisatoren, um 1° zur Längsachse versetzt, befestigt.

Das Rotationstriebwerk verlieh der Rakete auf dem Anfangsabschnitt der Flugbahn die notwendige Drehung. Die wichtigsten Bestandteile waren die Brennkammer, die Pulverladung, der Zündsatz sowie zwei Verzögerer. Das Rotationstriebwerk war im Oberteil der Rakete 9M21 angebracht, seine kleine Brennkammer lag zwischen Triebwerk und Gefechtskopf. Es hatte einen eigenen Zündmechanismus, eine etwa 12,7 kg schwere Treibladung und vier, tangential zum Raketenkörper angebrachte Austrittsdüsen. Eine Brenndauer von ca. 0,5 s gaben der Rakete nach Verlassen der Startschiene einen Drehimpuls um die eigene Längsachse, was die Flugbahn stabilisierte. Gezündet wurde das Rotationstriebwerk durch eine Thermobatterie, die beim Drücken der Startknöpfe aktiviert wurde. Die Aktivierung dauerte 3 s. Beim Verlassen der Startschiene wurde an den vorderen zwei Führungspylonen ein Druckschalter frei, der den Zündstromkreis mit einer kurzen Verzögerung schloss und das Rotationstriebwerk zündete.

Marsch- und Starttriebwerk wurden gleichzeitig, das Rotationstriebwerk erst nach dem Verlassen der Startschiene gezündet.

Die Verbindung zwischen Rakete und Startrampe wurde über zwei Abreißstecker hergestellt. Die Kabelanschlüsse dafür befanden sich an der Startschiene, rechts der große Stecker für das Triebwerk, links der kleinere Stecker für den Kernsprengkopf. Beide Stecker hatten einen mit einer starken Feder versehenen Druckring, der vor dem Anschluss mithilfe eines Spannschlüssels gespannt werden musste. Beide Stecker wurden an der Rakete arretiert und über ein an der Startschiene befestigtes Zugseil, das durch die Vorwärtsbewegung der Rakete gespannt wurde, entriegelt.
Ein Stahlzylinder, der vordere Abschnitt mit der elektrischen Ausrüstung, stellte die Verbindung zwischen dem Gefechtskopf mit dem Triebwerk her. In ihm befanden sich unter anderem der Stromversorgungsblock für den Gefechtskopf und das Bordkabelnetz. Das Bordkabelnetz verband die Teile der elektrischen Ausrüstung der Rakete untereinander. Es stellte den Kontakt zur Prüf- und Starteinrichtung der Startrampe her. Ein Duritschlauch verband die Gefechtsköpfe 9N32 oder 9N36 mit der Druckluftanlage der Startrampe. Mithilfe der Druckluft wurden die Ampullenbatterien in den Gefechtsköpfen aktiviert. Der Schlauch brach beim Start an einer Sollbruchstelle am Gefechtskopf ab. Er war wie die Stecker an der Rakete mit einem Stahlseil an der Startschiene befestigt.
Die Sprengkraft des nuklearen **Gefechtskopfs 9N32 (Spezial-Ladung AA22)** variierte zwischen 3 und 25 kt TNT-Äquivalent. Die Ampullenbatterien des Gefechtskopfs versorgten den Funkmesszünder, der kurz vor dem Ziel eingeschaltet wurde und den Kernsprengkopf in den eingestellten Höhen zwischen 1200 und 1700 m zur Detonation brachte. In den Ampullen befand sich der Elektrolyt, der durch den beim Start der Rakete entstehenden Druckluftstoß in die Trockenbatterie gedrückt wurde und somit die Batterie in Betrieb setzte. Der Kernsprengkopf verfügte über vier Sicherheitsstufen. Die erste Stufe wurde mit dem Reißen des Steuerkabels beim Verlassen der Startrampe, die zweite Stufe mit der Inbetriebnahme der Ampullenbatterie und die dritte Stufe mit dem Erreichen der Marschgeschwindigkeit aktiviert. Wenn der Funkmesszünder im Gefechtskopf die festgelegte Detonationshöhe festgestellt hatte, schaltete er den Gefechtskopf scharf (vierte Stufe).

Der **Gefechtskopf 9N18F** war der Splitterspreng-Gefechtskopf der TR 9M21F und diente der Vernichtung lebender Kräfte und Kampftechnik des Gegners, die entweder offen oder in leichten Deckungen untergebracht waren. Bei direktem Treffer konnte durch die Wirkung der Hohlladung eine Eisenbetondecke von bis zu 2 m Dicke durchschlagen werden. Bei der Detonation des Gefechtskopfs wurden etwa 16.000 vorgeprägte Splitter von der Größe 13 x 13 mm mit einem Gewicht von ca. 8 g gebildet. Die bekämpfte Fläche betrug bei größter / kleinster Reichweite der Rakete 10.000 m² / 5000 m². Durch die Sprengwirkung bildete sich ein 3,5 m tiefer Trichter mit einem Durchmesser von 12 m. Die Sicherungs- und Auslöseeinrichtung gewährleistete die Sicherheit des Gefechtskopfs bei der Nutzung und in der Anfangsphase des Fluges. Sie hob nacheinander die drei Sicherheitsstufen auf. Die erste und zweite Sicherheitsstufe wurde aufgehoben, indem eine Pyropatrone die Sperre des mechanischen Laufwerkes absprengte und eine Fliehkraftsperre das Laufwerk freigab, das zu arbeiten anfing. Nach 90

In der Gefechtsausbildung wurde die Montage des Trägers 9M21 mit der Gefechtskopf-Imitation 9N32M trainiert.

s war das Laufwerk abgelaufen, die Zündladung wurde unter den Detonator geschoben und der elektrische Kontakt hergestellt – der Gefechtskopf war scharf. Ein Impulsreaktionsgenerator erzeugte beim Auftreffen der Rakete auf ein Hindernis einen elektrischen Impuls für die Elektrodetonatoren der Sicherungs- und Auslöseeinrichtung.

Die Taktische Rakete 9M21K verfügte über den **Gefechtskopf 9N18K**, einen Kassettensprengkopf mit 42 Gefechtselementen 9N22. 12 Kassettensprengköpfe wurden 1985 an die NVA geliefert. Weitere Lieferungen fanden nicht statt, da die Produktion eingestellt wurde. Die Kassetten wurden aus Höhen von 400, 800 oder 1200 m ausgestoßen. Durch die Höhe wurde die Größe der zu bekämpfenden Fläche und die Dichte der Gefechtselemente bestimmt.

Die **Gefechtsköpfe 9N32E** und **9N36E** wurden für Lehr-Gefechtsstarts mit den Raketen 9M21E3 und 9M21E4 eingesetzt. Sie besaßen anstelle der Gefechtsladung Massenäquivalente.

Die Brenndauer für das Marsch-/ Start-/ und Rotationstriebwerk betrugen 6 bis 12 s / 0,22 bis 0,44 s / 0,3 bis 0,5 s. Laut Schusstafel von 1968 erreichte die Rakete mit Bremsflächen eine Entfernung von 29.597 bis 30.375 m bei einer Gipfelhöhe von 14.650 bis 15.530 m. Die Fluggeschwindigkeit lag zwischen 937 und 1038 m/s, die Flugzeit zwischen 118 und 119 s. Ohne Bremsflächen erreichte die Rakete eine Entfernung von 66.000 bis 67.250 m bei einer Gipfelhöhe von 24.810 bis 28.460 m. Die Fluggeschwindigkeit lag zwischen 937 und 1038 m/s, die Flugzeit zwischen 150 und 158 s.

Beim Drücken der Knöpfe START (galt für Rakete 9M21F) setzte die Spannungsquelle der Startrampe die Batterien des Stromversorgungsblocks in Betrieb. Erreichte die Spannung des Stromversorgungsblocks den Wert 10 V, wurde die Spannung von der Startrampe an die Pyropatronen des Marschtriebwerks und an die Elektrozünder der Sicherungs- und Auslöseeinrichtung übertragen. Die Pyropatronen sprachen an, entzündeten das Schwarzpulver des Zündsatzes der Pulverladung des Marschtriebwerks und damit auch die Treibladung. Die durch den Austritt der Pulvergase des Marschtriebwerks entstandene Schubkraft verlieh der Rakete die Vorwärtsbewegung. Ein Teil des Feuerstrahls vom Marschtriebwerk zündete den Zündsatz und die Pulverladung des Starttriebwerks, welches kurzzeitig die Schubkraft des Triebwerks verdoppelte. Die Elektrozünder der Sicherungs- und Auslöseeinrichtung sprachen an und gewährleisteten das Aufheben der ersten Sicherheitsstufe des Gefechtskopfs 9N18F sowie das Auslösen des Zeitlaufwerkes der Sicherungs- und Auslöseeinrichtung. Damit lief die Zeit für die Fernschärfung. Nach Abbrennen des Verzögerungssatzes wurde die Pulverladung des Rotationstriebwerks entzündet, welches nach Verlassen der Startschiene die Rotation der Rakete einleitete. Bei normalem Flug der Rakete wurde automatisch die zweite Sicherheitsstufe des Gefechtskopfs aufgehoben. Die Sicherungs- und Auslöseeinrichtung wurde nach Ablauf der Zeit für das Fernschärfen aktiviert. Beim Auftreffen der Rakete auf das Ziel erzeugten der Impulsträgheitsgenerator und der Impulsreaktionsgenerator in den Kopf- oder Seitenkontaktgebern einen elektrischen Impuls, der an die Elektrodetonatoren der Sicherungs- und Auslöseeinrichtung übertragen wurde. Dieser Impuls bewirkte die Detonation der Detonationskapsel und damit die Detonation der Sprengladung des Gefechtskopfs.

Das **Verpackungsgestell 9Ja616** wurde zur Lagerung und zum Transport von Triebwerken oder Raketen verwendet. Es konnte außerdem zur Montage des Triebwerks mit dem Gefechtskopf eingesetzt werden.

1979 standen für das Schießen bei taktischen Übungen 16 Raketen 9M21E3 zur Verfügung. Nach dem Verschuss der „E-Raketen" wurden bei Übungen grundsätzlich *F-Raketen* gestartet. Im Ausbildungsjahr erhielt jede RA eine scharfe Rakete 9M21F für die *Taktische Übung mit Gefechtsstart*.

Für die Ausbildung nutzten die RA eine Anzahl von Lehrtrainingsraketen. Diese Raketen hatten ein Gewichtsäquivalent im Gefechtskopf und eins im Triebwerk. Alle Gefechtsköpfe verfügten zudem über Imitatoren für die Rakete 9M21B, sodass die Einstellungen für den Start authentisch trainiert werden konnten. Der Bestand an Lehrtrainingsraketen lag zwischen 3 und 5 Stück. Sie waren mit einem zusätzlichen russischen *У = U* in der Beschriftung des Gefechtskopfs und des Triebwerks gekennzeichnet.

Da Triebwerke und Gefechtsköpfe für den einmaligen Gebrauch gedacht waren und die Lehrtrainingsraketen aus den gleichen Modulen bestanden, wurde nach einer festgelegten Nutzungsfrist eine Hauptinstandsetzung in Doberlug-Kirchhain durchgeführt. Alle stark beanspruchten Teile, wie die Stecker, Gefechtskopfschrauben

Eine Lehrtrainingsrakete 9M21ФУ = 9M21FU.

oder Bremsflächen, Muttern und Düsen wurden ausgewechselt. Teilweise wurden auch die Imitatoren gewechselt.

Aus der *Meldung über die Sicherstellung der NVA mit Raketen und Munition vom 01.01.1990* ging hervor, dass 216 taktische Raketen für 36 Startrampen 9P113 (9 RA x 4 SR x 6 Raketen) vorhanden waren, was einem Ausrüstungsgrad von 100 % entsprach. Die Anzahl und Art der Gefechtsköpfe, über die die NVA verfügte, geht aus dieser Meldung nicht hervor. Von den 216 Raketen befanden sich 108 in den Einheiten und 108 waren als allgemeine Vorräte eingelagert.

Startrampe

9П113 - самоходная пусковая установка Бр-231 ТРК 9К52 = 9P113 - selbstfahrender Werfer Br-231 TRK 9K52

Die **Startanlage 9P113** war für den Transport, die Aufbewahrung, die Montage und das Starten der Taktischen Raketen 9M21B, -F, -E und -K vorgesehen.

Die Abmessungen der SA (LxBxH) betrugen 10.690 x 2800 x 3350 mm bei einer Masse mit Bedienung, EWZ-Satz und Rakete von ca. 19.000 kg. Ohne Rakete wies die Startanlage eine Höhe von 2860 mm auf. Die zulässige Marschgeschwindigkeit war den zu transportierenden Raketen anzupassen. Sie betrug im Gelände / auf der Straße zwischen 15 und 20 km/h / 40 und 60 km/h. Mit einer Tankfüllung konnten etwa 650 km zurückgelegt werden.
Die Startanlage bestand aus dem Basisfahrzeug ZIL-135LM und dem raketentechnischen Teil. Die wesentlichsten Elemente des raketentechnischen Teiles waren die Startschiene, die Krananlage, die Hebe- und Schwenkeinrichtung, die Höhenrichtmaschine, die Zieleinrichtung, die Kontroll- und Starteinrichtung sowie die Elektroausrüstung.
Für das Steuern des raketentechnischen Teils war ein elektro-hydraulischer Antrieb vorgesehen, der sowohl dem Heben und Senken der Startschiene als auch dem Kranbetrieb diente. Nach Umschalten auf Kranbetrieb konnte mit drei Hydraulikmotoren der Kranausleger auf und ab bewegt sowie gedreht und die Seiltrommel genutzt werden. Zum Heben und Senken der Startschiene waren Motor- oder Handbetrieb vorgesehen. Der Kran ließ sich nur in Betrieb nehmen, wenn die Startschiene in Marschlage gezurrt war. Der Kran konnte nur mit Motorantrieb betrieben werden.

Die Taktische Rakete 9M21F wurde in den berechneten Abschusswinkel gehoben.

Die Startanlage 9P113 in Gefechtslage.

Die Startschiene gab der Rakete beim Start die Richtung und über den Erhöhungswinkel die Flugweite vor. Sie war über zwei Zapfen schwenkbar im Unterlafettenkörper gelagert und konnte im Bereich von 3° bis 65° gehoben werden. An ihr befanden sich Befestigungs- und Führungselemente für die Rakete. Die Startschiene wurde beim Marsch über zwei Zurrungen gesichert. Mithilfe der Druckluftanlage wurden die nuklearen Gefechtsköpfe 9N32, 9N32M oder 9N36 unmittelbar vor dem Start mit Druckluft von etwa 10 kp/cm^2 versorgt. Diese Druckluft wurde benötigt, um die Ampullenbatterien im Gefechtskopf in Arbeitsbereitschaft zu versetzen. Dazu verfügte die Druckluftanlage über eine Druckluftflasche mit einem Fassungsvermögen von 3 l mit einem maximalen Druck von 125 kp/cm^2. Über einen Druckminderer wurde der Luftdruck auf einen konstanten Arbeitsdruck von 11 kp/cm^2 reduziert. Als Reserve oder bei Ausfall der Druckluftanlage standen zwei Druckluftflaschen zur Verfügung, die in der Startschiene verbaut waren. Die Oberlafette war schwenkbar auf dem Basisfahrzeug gelagert, die Gefechtszurrung der Oberlafette verhinderte ein selbständiges Verändern des Seitenwinkels während des Starts. Die Seitenrichtmaschine, eine Spindelrichtmaschine, diente dem Richten der Startschiene nach der Seite. Da der Seitenrichtwinkel nur zwischen + / -7° geändert werden konnte, musste die Startrampe in Zielrichtung aufgestellt werden. Mit der Höhenrichtmaschine wurde die Startschiene in den geforderten Höhenwinkel gebracht. Sie konnte von Hand oder mit Motor betrieben werden. Dazu wurde ein Hydromotor eingesetzt, der ein stufenloses Heben und Senken der Höhenrichtmaschine ermöglichte. Der Handantrieb diente dem Feinrichten bzw. dem Richten bei Ausfall des Motorantriebs.

Mithilfe des an der Startanlage befestigten Krans erfolgte das Be- und Entladen der Startanlage sowie das Montieren der Gefechtsköpfe. Er befand sich auf der rechten Seite des Fahrgestells. Der Kran war ursprünglich nur zum Be- und Entladen der Startanlage vorgesehen. Er konnte Lasten bis 2600 kg heben. Für die Eigenmontage eines Gefechtskopfs war der Kranausleger zu kurz. Erst in den 1980er-Jahre wurden Methoden entwickelt, um Gefechtskopfmontagen und -wechsel mit dem Rampenkran zu ermöglichen. Für das Training der Gefechtskopfmontage wurden zum Transport der Gefechtskopfcontainer herkömmliche Lkw wie LO-2002A oder Ural-375D eingesetzt, da isothermische Fahrzeuge nicht zum Bestand der RA zählten.

Der Gefechtskopf im Containerunterteil wurde von der Pritsche des URAL-375D auf eine aufgebaute Rampe gezogen und mithilfe des Kranes der Startanlage angehoben.

Die Montage des Gefechtskopfs erfolgte auf der Startanlage 9P113, ein wichtiges Element der Gefechtsausbildung.

Die Hebe- und Schwenkeinrichtung wurde mit je einem Hydromotor gleichen Typs bewerkstelligt. Ein dritter Hydromotor bewegte die Seiltrommel. Über das hydraulische Leitungssystem wurde die Hydropumpe mit den Hydromotoren zu Ölkreisläufen verbunden. Die Anlage arbeitete mit einem Arbeits-Nenndruck von 110 kp/cm². Ein Hydraulikschloss unterbrach den Ölkreislauf bei fehlendem Ölstrom. Somit wurde ein selbständiges Senken und Wippen des Kranauslegers und der Startschiene verhindert. Jedem Hydromotor war ein Hydraulikschloss zugeordnet.

Ein Federausgleicher erleichterte die Arbeit der Höhenrichtmaschine im Erhöhungsbereich der Startschiene von 3° bis 17°. Vier

Der Kran der Startanlage 9P113 im Einsatz.

Das Basisfahrzeug der Startanlage, der schwere Lkw ZIL-135LM, auffallend für die spätere, nach 1975 gelieferte, Version war ein kastenförmiger Schutzanbau an der Fahrzeugfront, hinter dem sich der Gemeinschaftsluftfilter für die Besatzung der Startrampe befand.

klappbare Stützteller mit Spindelheber gewährleisteten die Standfestigkeit der SA beim Start der Rakete. Dazu musste die Luft in den Rädern auf 0,5 kp/cm² abgelassen werden, sodass die gesamte Last der Startrampe auf den 4 Stützen lag. Außerdem konnte mit ihnen die Startanlage horizontiert werden. Die beiden vorderen Spindelheber befanden sich links und rechts am Fahrgestell zwischen den beiden vorderen Achsen. Zur Befestigung der hinteren Spindelheber dienten die am Basisfahrzeug angeschweißten Halterungen.
Mithilfe der Zieleinrichtung wurde die SA auf das Ziel gerichtet. Wesentliche Elemente waren der Richtaufsatz, er diente dem Richten nach der Seite, das Rundblickfernrohr, zwei Richtkreise PAB-2a und der Kollimator. Der Richtaufsatz befand sich auf der linken Seite der Startrampe, mit ihm wurde der Erhöhungswinkel im Bereich von 0° bis 78° und der Geländewinkel eingestellt. Die Startschiene wurde nach der Seite über das Rundblickfernrohr mithilfe der beiden Richtkreise PAB-2a gerichtet. Der Kollimator kam in Ausnahmefällen zum Einsatz, wenn die Startrampe gerichtet war und minimale Korrekturen vorgenommen werden mussten.
Mit der Elektroausrüstung wurde der Antrieb der Startschiene und des Krans, die Heizanlage für den Gefechtskopf der Rakete 9M21B, die Funktionalität der Kontroll- und Starteinrichtung sowie die Richtaufsatzbeleuchtung sichergestellt. Als Energiequellen dienten vier paarweise und parallel geschaltete 12-V-Akkumulatoren mit einer Gesamtkapazität von 252 Ah bei einer Nennspannung von 24 Volt, ein Hilfsaggregat mit einer Leistung von 0,5 kW sowie zwei Generatoren. Die Generatoren speisten die Stromverbraucher der Startrampe und luden die Akkumulatoren auf. Sie hatten eine Leistung von je 6,5 kW und wurden vom linken oder rechten Fahrzeugmotor angetrieben. Die Generatoren arbeiteten unabhängig voneinander. Wenn beide Fahrzeugmotoren liefen, erzeugte nur der linke Generator Elektroenergie, während der zweite Generator automatisch abgeschaltet wurde. Wenn nur ein Motor arbeitete, wurde der zu ihm gehörende Generator automatisch an das Bordnetz geschaltet. Beide Generatoren gewährleisteten eine Spannung von 26 bis 28 V bei 230 A. Das Hilfsaggregat diente der Stromversorgung der elektrischen Anlage bei abgestelltem Motor, zum Beheizen des Gefechtskopfs und des Wärmebezugs, dem Aufladen der Fahrzeugbatterien und der sicheren Stromversorgung beim Start. Wenn das Aggregat zum Start nicht ansprang, wurde ein Fahrzeugmotor angelassen und die Drehzahl auf 2400 U/min gestellt, was

Der Höhepunkt des Ausbildungs-Halbjahres war der reale Start einer TR. Ein beeindruckendes Bild, nach dem Verlassen der Startanlage 9P113 wurde das Rotationstriebwerk gezündet und so die Rakete in Rotation um die Längsachse versetzt.

der geforderten Drehzahl beim Arbeiten mit der Startschiene, dem Kranbetrieb oder dem Raketenstart entsprach.
Mit der Heizanlage wurde im Inneren des Gefechtskopfs der Rakete 9M21B eine Temperatur zwischen 5 °C und 25 °C aufrecht gehalten und die Akkumulatoren vor ihrer Inbetriebnahme beheizt. Mit einem Heizpult wurde das Beheizen des Gefechtskopfs gesteuert und kontrolliert.
Mit der Kontroll- und Starteinrichtung wurden die Raketen 9M21B, -F, -K und -E für den Start vorbereitet und gestartet. Die dafür notwendigen Pulte waren im Fahrerhaus des Basisfahrzeuges untergebracht. Mit den Pulten wurden unter anderem die Stromkreise der Raketen überprüft, die Rakete gestartet, die Sicherheitsstufen und die Inbetriebnahme der Akkumulatoren kontrolliert, die Verkabelung der Startrampe überprüft sowie die Ladungstemperatur des Triebwerks gemessen.

Zur Ausrüstung der Startanlage gehörte ein separates Fernstartpult mit 50 m Kabel, mit dem die Rakete gestartet wurde. Im Havariefall, beim Ausfall des Fernstartpultes oder seines Kabels, erfolgte der Start vom Kontrollpult im Fahrerhaus.

Das **Spezial-Kfz ZIL-135LM** wurde als Basisfahrzeug im taktischen Raketensystem 9K52 LUNA-M für die Startanlage 9P113, für die Raketentransporteinrichtung 9T29 und als Fahrschulfahrzeug eingesetzt. 1966 begann die Einführung des allradgetriebenen Spezial-Kraftfahrzeug ZIL-135LM mit hoher Geländegängigkeit in seinen Verwendungszwecken. Es bestand hauptsächlich aus dem Triebwerk, der Kraftübertragung, dem Fahrwerk, der Lenkung, der Bremsanlage, der elektrischen Anlage, dem Fahrerhaus mit verschiedenen Verkleidungen und Abdeckungen. Zum Triebwerk gehörten zwei Motoren mit ihren Anlagen. Zum Einsatz kam je ein flüssigkeitsgekühlter V-8-Ottomotor vom Typ ZIL-375Ja (linke Fahrzeugseite) und ZIL-375Ja2 (rechte Fahrzeugseite), die sich hinter dem aus glasfaserverstärktem Polyester gefertigten Fahrerhaus befanden. Jeder Motor verfügte über einen Hubraum von 8 l und erbrachte eine maximale Leistung von 180 PS (133 kW). Die Kraftübertragung war so ausgelegt, dass das Drehmoment des rechten Motors auf die Räder der rechten Fahrzeugseite und des linken Motors auf die Räder der linken Fahrzeugseite übertragen wurde. Die Kraftübertragung bestand aus jeweils einer Zweischeiben-Trockenkupplung, einem mechanisch zu betätigenden Fünfstufen-Wechselgetriebe, einem einstufigen Verteilergetriebe, acht Seiten- und acht Radvorgelegen und den Gelenkwellen. Der Fahrzeugrahmen, eine außerordentlich steife Konstruktion, bestand aus zwei großen U-Profil-Längsträgern, die untereinander vier Diagonalkreuze und mehrere Quertraversen verbanden. Die wesentlichen Teile dieses Rahmens bestanden aus gewalztem, hochwertigem Titanstahl. Die gelenkten Räder der Vorder- und Hinterachse besaßen eine unabhängige Drehstabfederung. Die ungelenken Räder der beiden mittleren Achsen waren ungefedert aufgehängt, die Abfederung erfolgte ausschließlich über die großvolumigen Reifen. Der ZIL-135LM verfügte über eine vom Fahrersitz aus zu betätigende Reifenfüllanlage, die die Anpassung des Reifeninnendrucks an die Geländegegebenheiten auch während der Fahrt ermöglichte.
Die in der NVA eingesetzten Spezial-Kfz ZIL-135LM ließen sich in eine frühe und eine spätere Version einteilen. Auffallend für die späte, nach 1975 gelieferte, Version war ein kastenförmiger Anbau an der Fahrzeugfront, hinter dem sich ein Gemeinschaftsluftfilter für die Besatzung des Basisfahrzeuges befand. Die Ausmaße der frühen und der späten Version des Fahrzeuges (LxBxH) betrugen jeweils 9270 x 2800 x 2530 mm bei einer Gesamtmasse im ausgerüsteten Zustand von 10.500 kg. Der Radstand lag bei 2400 + 1500 + 2400 mm, die Spurweite bei 2300 mm. Das Fahrzeug erreichte eine Höchstgeschwindigkeit von 65 km/h bei einem Kraftstoffverbrauch von 120 l auf 100 km. Mit einem Kraftstoffvorrat von 520 l konnten auf asphaltierter Straße bis zu 570 km zurückgelegt werden.

Transporttechnik

9T29 - транспортно-заряжающая машина ТРК 9К52 =
9T29 - Transport-Lademaschine TRK 9K52

Zum Transport der TR 9M21 wurde die **Raketentransporteinrichtung 9T29** (RTE) eingesetzt, jeder SA 9P113 war eine RTE zugeordnet. Als Basis kam das Spezial-Kfz ZIL-135LM(1) zum Einsatz. Mit der Raketentransporteinrichtung 9T29 konnten bis zu drei Raketen 9M21B, -E oder -F in ihren Versionen oder drei Triebwerke 9M21 transportiert werden. Außerdem gestattete ihre Ausrüstung das Beheizen von einem, zwei oder drei Gefechtsköpfen der Rakete 9M21B sowie die Temperaturmessung und -überprüfung während der Fahrt und im Stand. Die Überprüfung der Stromkreise des Gefechtskopfs 9N18F auf Beschädigungen sowie die Überprüfung der Ausgangslage der Sicherheitsstufe des Gefechtskopfs 9N32 gehörten genauso zum Leistungsspektrum wie die Montage und Demontage des Triebwerks mit den Gefechtsköpfen 9N18F, 9N32 oder 9N18K. Auch das Auswechseln der Buchsen mit Düseneinsatz sowie die Entgiftung und Entaktivierung der RTE mit der Entgiftungsanlage DK-4-63 waren mit dem EWZ möglich.

Die RTE bestand aus dem vierachsigen geländegängigen Basisfahrzeug ZIL-135LM und dem Transportaufbau, der auf das Basisfahrzeug montiert war. Der Transportaufbau diente der Auflage, Befestigung und Abdeckung von bis zu drei Raketen, deren Schutz vor mechanischen Beschädigungen sowie atmosphärischen Niederschlägen während des Transports. Die Raketen wurden für den Transport auf Auflagen gelegt, mit Haltebändern und einem Bügel befestigt. Zur Verhinderung einer Längsverlagerung und der Verdrehung wurden die Führungszapfen der Raketen in den Rah-

Vorbereitung der Raketentransporteinrichtung 9T29 für die Übergabe einer Taktischen Rakete 9M21.

men des Widerlagers der hinteren Auflage gesetzt. Spezielle Puffer verhinderten, dass große Biege- und Drehmomente vom Rahmen des Basisfahrzeuges auf die Raketen übertragen wurden. Spezielle Trittflächen erleichterten das Be- und Entladen der Raketen und ermöglichten das Unterbringen des EWZ-Satzes. Zur Aufrechterhaltung der vorgegebenen Temperatur im Gefechtskopf der Rakete 9M21B diente ein Heizsystem. Die Wärmebezüge wurden während der Fahrt vom Netz der RTE und im Stand von zwei autonomen Elektroaggregaten gespeist. Das Umladen der Raketen von der Raketentransporteinrichtung auf die Startanlage und umgekehrt wurde mit dem Kran der SA durchgeführt. In Ausnahmefällen kam ein Autodrehkran mit einer Tragfähigkeit von mindestens 3 t zum Einsatz.

Die Ausmaße der RTE (LxBxH) in Marschlage betrugen 9970 x 2800 x 3230 mm bei einer Masse im aufgetankten Zustand mit Bedienung, drei Raketen und dem kompletten EWZ-Satz von ca. 20.000 kg, unbeladen 12.149 kg. In Arbeitslage betrugen die Ausmaße (LxBxH) 10.200 x 3080 x 2725 mm. Die RTE konnte beladen auf befestigten Straßen / im Gelände bis zu 40 / 15 km/h fahren. Verschiedene Modernisierungsmaßnahmen erlaubten ab Ende der 1970er-Jahre Geschwindigkeiten auf befestigten Straßen / im Gelände von 60 / 20 km/h. Lediglich beim Transport von Raketen mit dem Gefechtskopf 9N32 mussten Geschwindigkeiten von 40 / 15 km/h gefahren werden. Ohne Raketen erreichte das Fahrzeug beachtliche 65 km/h bei einem Fahrbereich von 650 km.

1986 verfügte die NVA über 92 Raketentransporteinrichtungen 9T29, von denen jeweils acht in den fünf RA der Gefecht-Divisionen und in den fünf RA der Mob-Divisionen eingesetzt waren. Die acht RTE, die durch die Einführung des ersten TRs 9K79 TOTSCHKA ausgesondert wurden, befanden sich in langfristiger Aufbewahrung. Acht RTE waren in den Raketen-Transportabteilungen 2 und 12, vier wurden in verschiedenen Ausbildungseinrichtungen genutzt.

Das Basisfahrzeug der Raketentransporteinrichtung 9T29, der schwere Lkw ZIL-135LM, auffallend für die spätere nach 1975 gelieferte Version (unteres Bild) war ein kastenförmiger Anbau an der Fahrzeugfront mit dem Gemeinschaftsluftfilter der Besatzung.

Auf Paraden der NVA oft zu sehen, die Raketentransporteinrichtung 9T29, beladen mit drei Taktischen Raketen 9M21.

Isothermtechnik

Die **Isothermfahrzeuge 2U662**[1] und **2U662MU**[1] (ab 1970) wurden zum klimatisierten Transport der Spezialgefechtsköpfe für das Taktische Raketensystem 9K52 LUNA-M eingesetzt.

Ab 1974 wurde den TRs das **Isothermfahrzeug 9F223**[1] auf Spezial-Kfz ZIL-131 (K) zugeführt. Die Planung sah die Zuführung der ersten sechs Fahrzeuge bis 1978 vor, die frei werdenden Isothermfahrzeuge 2U662MU wurden als Mob-Reserve eingelagert und später ausgesondert.

Krantechnik

Für Umlade- und Wartungsarbeiten wurden die in den RA bereits vorhandenen Autokräne eingesetzt. Ab dem Planungszeitraum 1975 bis 1980 war der Einsatz des Autodrehkranes 9T31M1[1] auf Spezial-Kfz URAL-375D vorgesehen.

Führungs- und Vermessungstechnik

9C445M - пункт управления ПУ2М батареи ТРК 9К52 =
9S445M - Kontrollpunkt PU2M Batterie TRK 9K52

Ab 1970 wurde für die Vorbereitung eines Raketenschlages die **Bewegliche Führungsstelle PU2M (9S445M)** auf Spezial-Kfz GAZ-66 (K) mit funktechnischem System PROBA eingesetzt. Dies führte zu einer Zeitersparnis von 3 Min. und erhöhte die Genauigkeit der errechneten Einstellwerte für einen Raketenstart.

Über die Führungsstelle PU2M konnten die Nachrichtenverbindungen zur vorgesetzten Führungsstelle und zu den Elementen der Gefechtsordnung, insbesondere zu den Startanlagen, optimiert werden. Die Führungsstelle PU2M errechnete erstmals die Einstellungen für den Start von Raketen auf sich bewegende Ziele, für Ziele im Gebirge und hinter Deckungen. Mithilfe der elektronischen Rechenmaschine 9W57M-1 (ehemals WM-3M OLCHA-M) wurden die Daten der Windsondierung der Atmosphäre auf dem aktiven Teil der Flugbahn erfasst und deren Auswirkungen auf das

Übergabe/Übernahme eines Gefechtskopfs vom Isothermfahrzeug 9F223 an ...

Richten der Startanlage errechnet. Die Dekodierung und Präzisierung der Einheitswettermeldung (EWM) entsprechend der Höhe der Startstellung, die Erneuerung der EWM aufgrund neuer Temperaturwerte und die Erarbeitung einer Behelfswettermeldung nach den in der Startstellung gemessenen Werten wurde vorgenommen. Zum Bestand der Führungsstelle zählten neben der elektronischen Rechenmaschine das Kopplungswerk zur Verbindung mit dem funktechnischen System PROBA, ein Windgewehr WR-2 sowie ein Stromversorgungssystem, Nachrichtenmittel und systemspezifische Hilfsausrüstung. Die Ausmaße der Führungsstelle PU2M (LxBxH) betrugen 6100 x 2342 x 2845 mm, bei einer Gesamtmasse von 5200 kg. Die Masse mit angehängter Funkmess-Station erreichte 7500 kg.

Mit der Rechenmaschine konnten mindestens 1500 Operationen in der Minute durchgeführt werden. Die Speicherkapazität des externen Speichers betrug 256 x 13-stellige binäre Zahlen, im internen Speicher konnten bis zu 8192 x 18-stellige binäre Zahlen gespeichert werden. Da die Rechenmaschine über einen Ferritkernspeicher verfügte, war sie weitestgehend gegen den elektromagnetischen Impuls einer Kernwaffendetonation resistent. Die Eingabe der ermittelten Anfangsangaben für den Raketenstart erfolgte von Hand über eine Tastatur oder automatisch durch die meteorologische Funkmess-Station. Die Rechenmaschine benötigte für die Windsondierung der Atmosphäre zwischen 2 und 10 Min. und zur Ermittlung der Angaben für einen Raketenstart bei Veränderung der ballistischen Bedingungen ca. 2,5 Min.
Ab 1979 wurde die Modifikation, die **Führungsstelle PU2M1 (9S445M)** auf Spezial-Kfz GAZ-66 (K) mit **meteorologischer Funkmess-Station RWZ-1A** in den Plan IMPORT aufgenommen. Mit der Einführung des Raketensystems 9K52 LUNA-M in die Mob-Divisionen wurden auch hier die Führungsstellen PU2M genutzt.

Ab 1983 sollte in den Führungsorganen der Raketenabteilungen zur weiteren Beschleunigung aller Prozesse der Feuerleitung die **Führungsstelle 1W111-1** auf Spezial-Kfz ZIL-131 eingesetzt werden. Als Nachfolgetyp der Führungsstellen PU2M und PU2M1 sollte sie den Empfang verschlüsselter Informationen über Draht- und Funkverbindungen vom vorgesetzten Stab sowie von den Startanlagen ermöglichen und für die automatische Ermittlung der Anfangsangaben für das Schießen eingesetzt werden. Den Planungsangaben zufolge war die Einführung von drei Führungsstellen 1W111-1 von 1983 bis 1985 vorgesehen. Ein Truppeneinsatz erfolgte nicht. Bisher konnte lediglich das Vorhandensein einer Führungsstelle belegt werden.

... eine Startrampe 9P113 mithilfe eines Autodrehkranes 9T31M1.

Für die topografische Sicherstellung wurde im TRs 9K52 LUNA-M laut Planung von 1967 die **automatische Vermessungseinrichtung GAZ-69TMG**[1] eingesetzt.

Ab 1971 machte sich mit der Einführung der Führungsstelle PU2M (9S445M) der Einsatz des neuen **Vermessungsfahrzeuges UAZ-452T** notwendig.

Das seit 1971 aus der UdSSR eingeführte Fahrzeug nutzte für die topografische Sicherstellung den Kurstisch KP4, den Kursanzeiger 1G13 und das Rundblickvisier WOP. Die Abmessungen des Basisfahrzeuges UAZ-452AÄ (LxBxH) betrugen 4360 x 1940 x 2090 mm bei einem Gewicht von 2850 kg. Während der Arbeit des Vermessungsfahrzeuges wurden zu jedem Zeitpunkt die Daten über die zu-

Führungsstelle PU2M auf Spezial-Kfz GAZ-66, rechts die meteorologische Funkmess-Station RWZ-1 auf Einachs-Spezialanhänger IAPS-738.

Die Führungsstelle 1W111-1.

rückgelegte Strecke und die Fahrtrichtung des Fahrzeuges an die Recheneinrichtung des Kurstisches weitergeleitet. Somit ließen sich am Kurstisch permanent die Koordinaten für den Standort des Vermessungsfahrzeuges ablesen.

Das Vermessungsfahrzeug UAZ-452T wurde gleichzeitig als *Führungsstelle Zugführer Feuerzug* genutzt. Über kurze Entfernungen erfolgte die Kommunikation zwischen dem Vermessungsfahrzeug und der Führungsstelle PU2M per Zuruf, über weite Entfernungen wurde ein tragbares UKW-Sprechfunkgerät eingesetzt.

Fahrschul- und Trainingstechnik

Im STAN für die Raketenabteilung vom Oktober 1967 wurde eine **Übungsstartanlage 2T29 auf Spezial-Kfz ZIL-157** geplant. Leider fehlen noch weiterführende Informationen.

Die Startanlage 9P113 und das Vermessungsfahrzeug UAZ-452T bei der Spezialausbildung (linkes Bild), das Vermessungsfahrzeug UAZ-452T mit der typischen Abdeckung auf dem Fahrzeugdach für das Rundblickvisier WOP.

Fahrschulfahrzeug auf Basis des RTF 9T29.

Bereits 1968 wurde für die Ausbildung der Fahrer ein **Schulfahrzeug ZIL-135** (Bestand der Raketen-Ausbildungsabteilung 12) geplant. Auch im VdKBA von 1988 befand sich der Nachweis für ein Lehr-Kfz ZIL-135. Die Ausbildungsfahrzeuge wurden in den Kfz-Werkstätten der NVA umgerüstet.

Der **Ausbildungssatz UTK3M / MF**, ab 1969 für die Beschaffung vorgesehen, war für die Ausbildung des Personalbestandes am Raketenkomplex 9K52 LUNA-M bestimmt. Er ermöglichte das Training der Montage der Bremsflächen, der Vorbereitung und der Überprüfung der Rakete 9M21F sowie das Beladen der Startanlage 9P113 in der technischen Stellung. Es konnten die Vorbereitung der Anfangseinstellungen, die Vorbereitung und Durchführung des Starts einer Rakete, ihre Wartung und Lagerung sowie die Arbeiten der meteorologischen Posten, der Rechner und der Topografen trainiert werden. Zum Ausbildungssatz UTK3MF gehörten die Lehrgefechtsrakete 9M21UTK mit Verpackungsgestell, EWZ und Ergänzungsteile sowie das Lehrgeschoss M21OF. In der Lehrgefechtsrakete war ein Rohr (MN21) des Geschosswerfers BM-21 zum Verschuss des Geschosses M21OF verbaut.

Das Lehrgeschoss M21OF hatte eine Länge von 2885 mm, ein Kaliber von 122 mm und eine Startmasse von 66 kg. Die maximale Geschwindigkeit des Geschosses betrug 700 m/s, die maximale Höhe der Flugbahn lag bei 7030 m. Die maximale Reichweite betrug 20.630 m, die minimale Reichweite mit Bremsring lag bei 8000 m, ohne Bremsring bei 10.060 m. Anhand der Ergebnisse des Starts des Geschosses M21OF konnte die Erfüllung der Feueraufgabe bewertet werden.
Jede Raketenabteilung erhielt im Jahr eine scharfe Rakete für die taktische Übung mit Gefechtsstart. Damit zum Beispiel ein Gruppenschlag trainiert werden konnte, erhielten die RA weitere drei Lehrgeschosse M21OF für jeweils drei Ausbildungssätze UTK3M.

Meteorologische Sicherstellung

МРК-1 - метеорологический радиотехнический комплекс 1 =
MRK-1 - meteorologischer Funktechnikkomplex 1

Zur Vorbereitung der Anfangsangaben für das Schießen mit der Taktischen Rakete 9M21 kamen die **meteorologische Funkmess-Station RWZ-1A** auf Einachs-Spezialanhänger 1,5 t (K) und ein Windgewehr WR-2 zum Einsatz.

Ein etwas verwirrender Anblick, etwas fliegt, die Rakete liegt aber noch auf der Startrampe.

Mithilfe des Ausbildungssatzes UTK3M / MF konnten fast alle Tätigkeiten zur Vorbereitung eines Raketenstartes trainiert werden, auch die Übergabe einer Rakete an die Startanlage.

Mit dem Einsatz der Beweglichen Führungsstelle PU2M1 (9S445M1) auf Spezial-Kfz GAZ-66 (K) wurde die meteorologische Funkmess-Station RWZ-1A verwendet. Sie entsprach in Aufbau und Wirkungsweise dem funktechnischem System PROBA[1]. Da Führungsstelle und meteorologische Station miteinander elektronisch gekoppelt waren, mussten technische Veränderungen am System PROBA vorgenommen werden, die die direkte Datenübertragung zeitnah und fehlerfrei gewährleisteten.

Mit der Bildung der *3. und 5. Raketenbrigade taktischer Bestimmung*, ausgerüstet in den TRs 9K52 LUNA-M und 9K79 TOTSCHKA, fanden zwei **Artillerie-meteorologische Funkmess-Stationen MRK-1** in der Meteorologenbatterie Verwendung. Die Artillerie-meteorologische Funkmess-Station MRK-1 (SchKWAL-2, Index 1B27) löste ab 1986 die Station MARS-1 in den Raketen- und Artillerietruppenteilen der LaSK ab. Mithilfe der Radiosonden 1B25-1 / 1B25-3 wurden Sondierungshöhen von 30 / 50 km erreicht, die maximale Entfernung des automatischen Begleitens betrug 150 / 200 km. Zum Komplex MRK-1 gehörten das Mess- und Auswertefahrzeug 1B27-1 auf URAL-375A (K), das Aggregatefahrzeug 1B27-2 und das Hilfsgerätefahrzeug 1B27-3, beide nutzten das Spezial-Kfz GAZ-66 mit Pritsche / Plane als Basis. Das Fahrzeug 1B27-1 gewährleistete die Vorflugkontrolle der Radiosonde, das automatische Begleiten der Radiosonde, den Empfang und die Verarbeitung der meteorologischen und Funkmessinformationen sowie das Verbreiten der verschiedenen Arten von Wettermeldungen an die Anwender. Die mit der Radiosonde in der Atmosphäre ermittelten Werte wurden vom Sender der Sonde abgestrahlt und vom Fahrzeug 1B27-1 empfangen, ausgewertet und zu einer Einheitswettermeldung formuliert. Dieser Vorgang erfolgte automatisch. Die Radiosonden stiegen an einem mit Wasserstoff gefüllten Ballon auf.

Die Ausrüstung des Aggregate- und des Hilfsgerätefahrzeuges entsprach in etwa der Ausrüstung der Station MARS-1. Bis 1990 war ein Bestand von acht Stationen MRK-1 geplant. Da zum Aufgabenbereich auch die meteorologische Sicherstellung der Stäbe und des Schießens der Artillerie gehörte, wurde der Gesamtbedarf auf 29 Stationen beziffert.

Verbleib

Die Bundeswehr übernahm vom Taktischen Raketensystem 9K52 LUNA-M unter anderem 48 Startrampen 9P113 und 92 Raketentransportfahrzeuge 9T29.
Eine Startrampe befindet sich im Depot des Militärmuseums der Bundeswehr in Dresden.
An Abgaben an NATO-Länder sind zwei Träger mit je einem Gefechtskopf nach Frankreich und eine Startrampe mit vier Trägern und zwei Gefechtsköpfen an die USA belegbar.
Was aus den restlichen 46 Startrampen und 94 RTF wurde, muss noch geklärt werden.
In einem *„Verzeichnis der in der Bewaffnung der NVA befindlichen Spezialausrüstung, an deren unentgeltlichen Übernahme das Ministerium für Verteidigung der UdSSR interessiert ist"* wurde unter anderem der *„TRK Luna-M - 9K52"* und die *„Bewegliche Führungsstelle taktische Raketenbatterie 1W111-1"* aufgelistet.

Das Mess- und Auswertefahrzeug 1B27-1 auf URAL-375A (K) in Marschlage.

Taktische Rakete 9M79

Die im Text verwendeten Technikbezeichnungen stammen aus dem Stellenplan / Ausrüstungsnachweis der Raketenabteilung 9 vom April 1986.

Das **Taktische Raketensystem 9K79 TOTSCHKA**, ausgestattet mit den Taktischen Raketen 9M79F, 9M79K oder 9M79B, der Startrampe 9P129 und dem Raketentransport-Ladefahrzeug 9T218, war zum Bekämpfen der Gefechtsordnung des Gegners in der taktischen Tiefe bestimmt.

Die Entwicklung des Taktischen Raketensystems 9K79 TOTSCHKA begann 1968 im Konstruktionsbüro in Kolomna, 1976 wurde es in die Sowjetarmee eingeführt. Das TRs 9K79 TOTSCHKA zeichnete sich, ähnlich wie das OTRs 9K714 OKA, durch eine Vielzahl von technischen Verbesserungen aus. Durch den Einbau eines Navigationssystems in die Startrampe und den gelenkten Flug der TR bis ins Ziel, konnte auf Vermessungs- und meteorologische Technik verzichtet werden. Die Ausmaße der neuen TR 9M79 erlaubten den Transport in einem geschlossenen Laderaum. Obwohl die Transportkapazität des Raketentransport-Ladefahrzeuges auf zwei TR verringert wurde, machte die Schwimmfähigkeit von SR und RTLF diesen Mangel wett. Durch die Steigerung der Treffergenauigkeit konnten erstmals konventionelle Gefechtsköpfe wirkungsvoll gegen Punkt- oder kleine Flächenziele eingesetzt werden. Die TR wurde im Laderaum liegend auf das Ziel gerichtet, auf den Startwinkel gehoben und sofort gestartet. Ein Aufklären der Startstellung und das Verhindern eines Startes war faktisch unmöglich. Das eingesetzte Führungsfahrzeug R-145BM auf SPW-60PB, die Startrampe und das Raketentransport-Ladefahrzeug nutzten hermetisierbare Basisfahrzeuge und konnten demzufolge kontaminierte Geländeabschnitte ohne Vorbereitung überwinden und in solchen handeln.

1983 löste das TRs 9K79 TOTSCHKA das TRs 9K52 LUNA-M in der RA der 9. PD und 1988 in der RA der 7. PD ab. Jede Raketenabteilung verfügte über zwei Raketenstartbatterien mit je zwei Startrampen 9P129 und je zwei Raketentransport-Ladefahrzeuge 9T218 sowie einer Führungsstelle R-145BM auf SPW-60PB.

In einer *Stellungnahme zur Entwicklungsplanung der NVA 1991 / 1995* des Chef RWD vom August 1988, schlug er zur Einführung des TRs 9K79 TOTSCHKA in die RA der MSD unter anderem Folgendes vor:
*Herbeiführung der Entscheidung, ob unter Bezugnahme auf die derzeitige internationale militär-politische Entwicklung die Einführung des Raketenkomplexes **TOTSCHKA-U** für den Zeitraum 1991-1995 erfolgen soll. Vorschlag: Beginn der Einführung ab 1996.*

Taktische Rakete

9M79K - TP 9M79 с кассетной ГЧ 9Н123К =
9M79K - TR 9M79 mit Kassetten-GK 9N123K
9M79Ф - TP 9M79 с фугасной ГЧ 9Н123Ф =
9M79F - TR 9M79 mit Spreng-GK 9N123F
9M79Б - TP 9M79 со специальной ГЧ АА60 =
9M79B - TR 9M79 mit Spezial-Ladung AA60

Die **Taktischen Raketen 9M79K, 9M79F** und **9M79B** gewährleisteten das Bekämpfen von Punktzielen sowie von kleinen und großen Flächenzielen der Gefechtsordnung des Gegners.
Die Rakete bestand aus dem Träger 9M79 und dem Gefechtskopf mit spezifischer Anwendung.
Gegen Punkt- und kleine Flächenziele wurden der Splitter-Spreng-gefechtskopf / konzentrierter Wirkung 9N123F oder der Kassettengefechtskopf / Splitterwirkung 9N123K eingesetzt. Besonders wichtige, in der Regel große Ziele, wurden mit dem Spezialgefechtskopf 9N39 bekämpft.
Die TR war eine einstufige Feststoffrakete mit Selbst- und Trägheitslenkung, der Start erfolgte mit konstantem Winkel von 78°, die Betriebszeit der Triebwerkseinrichtung lag in Abhängigkeit von der Treibstoffanfangstemperatur zwischen 18,4 bis 28,0 s. Da sich die TR bis ins Ziel lenkte, verringerte sich die zirkuläre Zielabweichung im Vergleich zur TR 9M21 des TRs 9K52 LUNA-M von 4 auf 0,3 % der Schussentfernung (von 2800 m auf 200 m).

Eine Variante der Taktischen Rakete 9M79, die vier Luftruder befinden sich in Gefechtslage.

Taktische Rakete	
GRAU-Index Träger	9M79
GRAU-Index Splitter-Sprenggefechtskopf	9N123F
Bezeichnung in der NVA	9M79
Beginn der Einführung in die NVA	1983
NATO-Bezeichnung	SS-21 SCARAB
Einsatzebene	Division / Raketenabteilung
Maximale Schussentfernung (km)	70
Minimale Schussentfernung (km)	15
Flugzeit bei maximaler Entfernung (s)	136
Geschwindigkeit der Rakete (m/s)	1100
Länge Rakete (mm)	6400
Durchmesser mit Flügeln (mm)	1440
Durchmesser ohne Flügel (mm)	650
Art des Triebwerks	Feststofftriebwerk
Startmasse der Rakete (kg)	2000
Masse Gefechtskopf 9N123F (kg)	48/2
TNT-Äquivalent (kt)	10 - 100
Startrampe	9P129

Der **Träger 9M79** war für alle Raketenvarianten gleich. Er bestand aus der Gerätezelle, der Triebwerkseinrichtung, der Heckzelle, den Flügeln und den Kabelabdeckungen.
Die Gerätezelle war zur Aufnahme des Lenksystems bestimmt. Die Triebwerkseinrichtung war ein Eindüsen-Feststofftriebwerk, das die vorgegebenen Parameter bei Lufttemperaturen von -40 °C bis 50 °C ohne Veränderung des kritischen Düsenquerschnittes gewährleistete. In der Heckzelle waren die Bordstromquelle, Blöcke des Lenksystems sowie die Rudermaschinen untergebracht. Die Steuerorgane der Rakete waren vier Luft- und vier Strahlruder. Die Strahlruder lenkten die Rakete im Anfangsabschnitt der Flugbahn so lange, bis die Effektivität des Lenkens aufgrund der erreichten Geschwindigkeit der Rakete durch die Luftruder gegeben war. Die Luftruder gewährleisteten den gelenkten und stabilen Flug der Rakete bis zum Zünden des Gefechtskopfs. Das Lenksystem war zur Stabilisierung und zur Lenkung der Rakete während des Fluges sowie zum Erreichen der geforderten Treffergenauigkeit bestimmt. Es gewährleistete außerdem die Stromversorgung der kontaktlosen

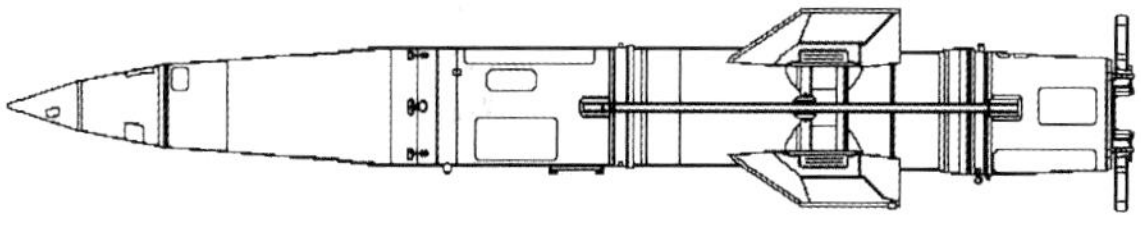

Grafik der taktischen Rakete 9M79F, zu erkennen an der kleinen, länglichen Öffnung an der Raketenspitze, hier lag das optische Fenster für den Laserhöhenmesser.

Zündeinrichtung sowie der Sicherheits- und Zündeinrichtung und gab die Kommandos zum Einschalten der Zündeinrichtung sowie zum Aufheben der Sicherheitsstufen. Auf das Kommando der kontaktlosen Zündeinrichtung erfolgte das Einschwenken der Rakete bei Annäherung an das Ziel auf einen optimalen Winkel hinsichtlich der Erdoberfläche, um die höchste Effektivität des Gefechtskopfs zu erreichen. Wesentlicher Bestandteil des Lenksystems war das Kommandokreiselgerät mit kreiselstabilisierter Plattform (KSP). Die KSP gewährleistete das Einhalten der vorgegebenen Orientierung im Raum und die Winkelstabilisierung der empfindlichen Achsen der zwei Kreiselintegratoren. Die KSP stellte Abweichungen der Rakete vom vorgegebenen Flugprogramm fest, gab die gemessenen Werte in einen Digital-Analogrechner ein und gewährleistete im Havariefall das Abschalten der Stromversorgung für die Zündeinrichtung und verhinderte damit die Detonation des Gefechtskopfs.

Für die Bereitstellung der erforderlichen Energie wandelte ein Gas-Turbinengenerator (GTG) die kinetische Energie der Pulvergase in mechanische (Drehbewegung der Turbine) und weiter in elektrische (Drehbewegung des Generators) Energie um. Der GTG versorgte das Lenksystem mit Gleich- sowie mit 3-Phasen-Wechselspannung. Zusätzlich gewährleistete der GTG den Antrieb der Kreiselpumpe des Hydraulikantriebes der Rudermaschinen. Die Hydraulikeinrichtung wandelte die elektrischen Steuersignale in eine Verschiebung der Kolbenstangen der Rudermaschinen um, die dann die Ruder der Rakete um den Winkel veränderten, der in Größe und Polarität dem Steuersignal entsprach. Die Rudermaschine wandelte mit ihren Hydraulikantrieben die anliegenden elektrischen Steuersignale in proportionale Winkelstellungen ihrer Ruderblätter um.

Der Gefechtskopf 9N123F bekämpfte die Ziele durch Splitter-Sprengwirkung, der Gefechtskopf 9N123K durch Splitterwirkung. Beide Gefechtsköpfe besaßen die gleiche Masse, hatten das gleiche äußere Aussehen und wurden in gleicher Weise an den Träger 9M79 montiert. Der Unterschied zwischen beiden Gefechtsköpfen bestand in ihrem inneren Aufbau.
Der **Splitter-Sprenggefechtskopf / konzentrierte Wirkung 9N123F** bestand aus dem Gehäuse, der Gefechtsladung, der kontaktlosen Zündeinrichtung, den zwei Kontaktgebern und der Sicherheits- und Zündeinrichtung. Die Gefechtsladung setzte sich aus der Sprengladung, dem Zündsatz und einem dünnwandigen Behälter zusammen. Auf dem Behälter war ein Glasfaserband mit aufgeklebten Splittersegmenten in drei Gewichtsgruppen gewickelt (21 g - 6000 Stück, 10 g - 4000 Stück, 5,5 g - 4500 Stück). Die Sicherheits- und Zündeinrichtung erzeugte den Zündimpuls zum Auslösen der Gefechtsladung. Sie verfügte über zwei Sicherheitsstufen, die im Moment des Verlassens der Startschiene und bei Erreichen

der geforderten Höhe auf dem abfallenden Ast der Flugbahn aufgehoben wurden. Die kontaktlose Zündeinrichtung erzeugte mithilfe von zwei unabhängig arbeitenden Höhengebern zwei Kommandos. Der Funksensor erarbeitete das erste Kommando bei einer Höhe von 400 bis 500 m über dem Erdboden für das Lenksystem zum Einschwenken der Rakete auf einem Winkel von 80° zur Erdoberfläche. Der Laserhöhenmesser generierte das zweite Kommando zum Zünden des Gefechtskopfs, wenn die Rakete auf dem abfallenden Ast der Flugbahn eine Höhe von 9 bis 21 m über der Erdoberfläche erreicht hatte. Die beiden Kontaktgeber erzeugten ein elektrisches Signal beim Auftreffen des Gefechtskopfes auf ein Hindernis im abfallenden Ast der Flugbahn bei Ausfall der Sicherheits- und Zündeinrichtung. Zur Erhöhung der Effektivität der Splitterwirkung war die Gefechtsladung in einem Winkel von 10° zur Längsachse des Gefechtskopfs eingebaut. Dadurch nahm der Gefechtskopf im Moment der Detonation eine senkrechte Lage zur Erdoberfläche ein. Die Gesamtmasse des Gefechtskopfs betrug 482 kg, die Masse des Sprengstoffes der Sprengladung lag bei 162,5 kg. Die zu bekämpfende Fläche hatte ein Ausmaß von 2 bis 3 ha.
Der **Kassettengefechtskopf / Splitterwirkung 9N123K** bestand aus dem Gehäuse, den 50 Splitterladungen, der mittleren Ladung, dem Funkmess-Sensor, den zwei Kontaktgebern und der Sicherheits- und Zündeinrichtung. Die Splitterladungen wurden zum direkten Bekämpfen von ungepanzerten und leicht gepanzerten Objekten eingesetzt. Die mittlere Ladung gewährleistete die Zerstörung des Gefechtskopfgehäuses, das Scharfmachen der Zünder der Splitterladungen, das Aufklappen der Schleifenstabilisatoren und das Ausstreuen der Splitterladungen, wenn die Rakete die festgelegte Höhe von 2250 m über dem Ziel erreicht hatte. Der Funkmess-Sensor war eine aktive Funkmesseinrichtung, die im Dauerstrichbetrieb arbeitete. Der Funkmess-Sensor bestimmte die Entfernung bis zur reflektierenden Erdoberfläche und gab ein elektrisches Signal an die Sicherheits- und Zündeinrichtung ab, wenn die festgelegte Höhe über dem Ziel erreicht war. Nach dem Ausstreuen der Splitterladungen wurden die Zünder geschärft und die Schleifenstabilisatoren freigegeben. Die Splitterladungen gingen zum gerichteten und stabilisierten Flug über. Beim Auftreffen der Splitterladungen auf die Erdoberfläche sprach der Kontaktzünder an und die Splitterladungen wurde gesprengt. Die Masse des Gefechtskopfs betrug 482 kg, die Masse des Sprengstoffs einer Splitterladung lag bei 1,45 kg. Damit konnte eine Fläche von 3,5 bis 7 ha bekämpft werden.
1990 verfügte die NVA über 48 Träger 9M79. Da der Kampfsatz pro Startrampe 9P129 mit 6 Raketen festgelegt war, entsprach die Anzahl der Träger einem Grad der Sicherstellung mit Munition von 100 %. 24 Träger gehörten zum Truppenvorrat der Raketensysteme (ein Träger auf der Startrampe, zwei Träger auf dem RTLF) und 24 Träger zu den operativen Vorräten.

Startrampe

9П129 - самоходная пусковая установка ТРК 9К79 = 9P129 selbstfahrender Werfer TRK 9K79

Die **Startrampe 9P129** war zur Vorbereitung, zum Start und zur kurzfristigen Aufbewahrung der Rakete bestimmt. Sie gewährleistete den Transport der Rakete zur Startstellung auf Straßen, im Gelände sowie über Wasserhindernisse. Sie ermittelte ihre laufenden Koordinaten und die Koordinaten des Startpunktes. Mithilfe der Bordapparatur der Rakete und der Bodenkontroll- und Starteinrichtung führte sie die Vorstartkontrolle durch. Nach Ermittlung der Zielkoordinaten durch die Bodenkontroll- und Starteinrichtung errechnete die Startrampe die Flugbahn. Der Start der Rakete konnte aus einer nicht vorbereiteten Startstellung ohne abgesetzter Bedienung oder mittels des Fernstartpultes, wenn sich die Bedienung in einer Deckung befand, erfolgen. Der festgelegte Temperaturbereich des Spezialgefechtskopfs konnte bei niedrigen Lufttemperaturen gehalten werden. Der Stellungswechsel der Startrampe war 1 Min. 15 s nach dem Start der Rakete möglich.

Die Hauptbestandteile der Startrampe waren das Spezial-Kfz BAZ-5921 als Basisfahrzeug, die Startausrüstung, die Bodenkontroll- und Starteinrichtung, die Zieleinrichtung, die Vermessungseinrichtung, das Stromversorgungssystem, die Nachrichtenmittel, die Mittel des Schutzes vor Massenvernichtungswaffen, die Heiz- und Belüftungsanlage sowie der EWZ-Satz 1.
Zur Startausrüstung gehörten die Startschiene mit Zurreinrichtung der Rakete, der Hebemechanismus, die hydraulischen Erdstützen, die Deckel, das Heizsystem mit Thermocontainer sowie die Hydraulikanlage. Die Startschiene gewährleistete die elektrische Verbindung der Geräte und Blöcke der Startrampe mit den Blöcken der Rakete und gab der Rakete beim Start die Flugrichtung. Die Zurreinrichtung befestigte die Rakete mit der Startschiene in Marschlage. Der Hebemechanismus hob die Startschiene mit Rakete aus der Marsch- in die Gefechtslage, d. h. auf einen konstanten Startwinkel von 78° und senkte die Startschiene aus der Gefechts- in die Marschlage ab. Das Heben und Senken erfolgte mit einem Hydraulikzylinder, der am Widerlager des Schildzapfengehäuses und an der Startschiene befestigt war. Die vier hydraulischen Erdstützen dienten dem Ausheben und Horizontieren der Startrampe in der Startstellung. Sie bestanden aus Hydraulikhebern und Stütztellern. Die Deckel der Startrampe verschlossen und schützten den Lastraum sowie die Rakete vor Niederschlägen, direkter Sonneneinstrahlung und mechanischen Beschädigungen. Die Deckel wurden mithilfe von zwei Hydraulikzylindern geöffnet und geschlossen. Der Spezialgefechtskopf der Rakete war im Lastraum der Startrampe von einem Thermocontainer umgeben. Dieser Container, der auf seiner Innenseite mit Heizelementen versehen war, gewährleistete den festgelegten Temperaturbereich des Spezialgefechtskopfs bei niedrigen Lufttemperaturen. Der Thermocontainer wurde zusam-

Die Startrampe 9P129 der tschechischen Armee in Gefechts- und Marschlage.

men mit den Deckeln der Startrampe geöffnet, sodass der Spezialgefechtskopf erst kurz vor dem Start freigegeben wurde.
Die Hydraulikanlage beinhaltete alle Hydraulikmechanismen, -antriebe und -zylinder sowie die Rohrleitungen. Der Antrieb der Hydraulikpumpe erfolgte über ein Getriebe vom Motor des Elektroaggregates. Bei Ausfall dieses Motors wurde die Hydraulikpumpe über eine Zapfwelle vom Fahrmotor angetrieben. Das Stromversorgungssystem der Startrampe gewährleistete die Stromversorgung der Bodenkontroll- und Starteinrichtung, der Ziel- und der Vermessungseinrichtung, des Heizsystems des Thermocontainers, des Funkgerätes sowie der Hydraulikanlage. Zum Stromversorgungssystem gehörten zwei Leistungsgeneratoren mit einer Leistungsabgabe von je 9 kW, die Akkumulatoren, Schalt- und Verteilerkästen, Regler, Blockierungen und das Kabelnetz. Während des Marsches der Startrampe wurde die Stromversorgung durch einen der Leistungsgeneratoren sichergestellt, der dazu vom Fahrzeugmotor angetrieben wurde. Der zweite Generator arbeitete im Stand und wurde von einem zusätzlichen Dieselmotor angetrieben. Sie bildeten zusammen das Elektroaggregat. Jede Startrampe verfügte über einen EWZ-Satz 1, der die Aufrechterhaltung der ständigen Einsatzbereitschaft der Startrampe sowie die Durchführung der täglichen technischen Wartung am Basisfahrzeug gewährleistete.

Die Bodenkontroll- und Starteinrichtung (BKSE) gewährleistete das Überprüfen der Ausgangslage des Steuersystems der Startrampe und des Lenksystems der Rakete. Sie führte die Vorstartkontrolle und die periodische Kontrolle der Bordapparatur der Rakete durch und ermöglichte die Eingabe der Ausgangsangaben zur Errechnung der Flugbahn und der Startrichtung. Die BKSE errechnete die Flugbahn, den Richtungswinkel und gab die Werte für Flugbahn und Richtungswinkel in das Lenksystem automatisch ein. Sie nahm die Bord- und Bodenautomatik, die die Vorbereitung zum Start durchführte, in Betrieb und startete die Rakete. Mithilfe eines Äquivalentes führte die BKSE ihre Eigenkontrolle aus.
Die Zieleinrichtung gewährleistete zusammen mit der BKSE das Richten der Rakete aus einer nicht vorbereiteten oder vorbereiteten Startstellung, die Ausgabe der erforderlichen Informationen zum Berechnen der Basisrichtung bezüglich der Längsachse der Startrampe, die Ausgabe von Steuersignalen an das Lenksystem der Rakete und die Eingabe der Feinaufgabe entsprechend den Kommandos des Lenksystems.
Die Vermessungseinrichtung gewährleistete das Ermitteln der laufenden Koordinaten der Startrampe während des Marsches und der Koordinaten des Startpunktes beim Start aus einer nicht vorbereiteten Startstellung. Sie sicherte das Fahren der Startrampe auf der befohlenen Marschstrecke, das Bestimmen der Richtung des Einfahrens in die Startstellung sowie das Ermitteln des Richtungswinkels. Die NVA besaß ab 1988 zwei Taktische Raketensysteme 9K79 mit zwei mal vier Startrampen 9T129.

Das **Spezial-Kfz BAZ-5921** wurde als Basisfahrzeug für die Startrampe 9P129, das **Spezial-Kfz BAZ-5922** als Basisfahrzeug für das Raketentransport-Ladefahrzeug 9T218 eingesetzt. Bei den Basisfahrzeugen BAZ-5921 und BAZ-5922, in der NVA seit 1983 der Größenklasse V zugeordnet, handelte es sich um schwimmfähige, dreiachsige Spezialfahrzeuge hoher Geländegängigkeit mit Allradantrieb und lenkbarer Vorder- und Hinterachse, Sie wurden zum Transport spezieller militärischer Ausrüstung bei Außenlufttemperaturen von -40 °C bis 50 °C eingesetzt. Der BAZ-5922 stellte eine Modifikation des Basisfahrzeuges BAZ-5921 dar. Er unterschied sich vom BAZ-5921 im Wesentlichen durch die Anordnung der Trennwand der Fahrzeugwanne, durch die sich der Laderaum vergrößerte und die Fahrerkabine verkleinerte. Außerdem gab es noch einige geringfügige Veränderungen bei den Kraftstoff-, der Luftansaug-, der Druckluft-, der Feuerlösch- und der Filterventilationsanlage. Die aus Stahl geschweißte Fahrzeugwanne besaß eine rahmenähnliche Tragkonstruktion. Der Motor 5D20K-300, ein schnell laufender 4-Takt-Dieselmotor mit Flüssigkeitskühlung und Direkteinspritzung, leistete bei einer Drehzahl von 2600 U/min maximal 300 PS (221 kW). Dadurch erreichte das Fahrzeug auf der Straße eine Höchstgeschwindigkeit von 70 km/h, was einer Kraftstoffverbrauchsnorm von ca. 40 l / 100 km entsprach. Der Motor befand sich zwischen der ersten und zweiten Achse und verfügte über eine Trockensumpfschmierung. Die Teilung des rein mechanischen Antriebsstranges zur rechten und zur linken Fahrzeugseite erfolgte im Verteilergetriebe, das über einen pneumatisch zu betätigenden Geländegang und einen ebenfalls pneumatisch schaltbaren Momentenausgleich zwischen der linken und der rechten Fahrzeugseite verfügte. Vom Wechselgetriebe aus wurden über ein Zwischengetriebe die Wasserstrahl-Triebwerke angetrieben, die dem Fahrzeug im Wasser eine Geschwindigkeit von 8 km/h verliehen. Die Basisfahrzeuge verfügten über Einzelradaufhängung mit Drehstabfederung und Schwingungsdämpfern. Sowohl der BAZ-5921 als auch sein Pendant, der BAZ-5922, erhielten eine Filterventilations- und eine Feuerlöschanlage, einen elektrischen sowie einen Druckluftanlasser. Befallene Geländeabschnitte wurden mit eingeschalteter Filterventilationsanlage überwunden. Dabei wurde mithilfe von gereinigter Luft (gereinigt von radioaktiven Stoffen, chemischen Kampfstoffen, biologischen Kampfmitteln) im abgedichteten Fahrerraum ein Überdruck erzeugt, der das Eindringen kontaminierter Luft verhinderte.
Die BAZ-Typenreihe verfügte über eine zentrale, vom Fahrersitz aus zu betätigende Reifendruckregelanlage, mit der sich die einzelnen Räder unabhängig voneinander den Geländegegebenheiten anpassen ließen. Weiterhin zählten eine leistungsfähige Lenzanlage sowie zwei Nachtsichtgeräte zur Grundausstattung. Die Ausmaße des Basisfahrzeuges BAZ-5921 (LxBxH) betrugen 9485 x 2782 x 2350 mm, die des Basisfahrzeuges BAZ-5922 betrugen 9463 x 2783 x 2350 mm. Beide Fahrzeuge hatten eine Masse im einsatzbe-

reiten Zustand von 11.500 kg. Der Radstand lag bei 5400 mm, die Bodenfreiheit bei voller Belastung betrug 400 mm und die Spurweite erreichte 2275 mm.

Transporttechnik

9T218 - транспортно-заряжающая машина ТРК 9К79 =
9T218 - Transport-Lademaschine TRK 9K79
9T222 - транспортный полуприцеп ТРК 9К79 для 2 ракет =
9T222 - Transportauflieger TRK 9K79 für 2 Raketen
9T238 - транспортный полуприцеп ТРК 9К79 для 2 ракет =
9T238 - Transportauflieger TRK 9K79 für 2 Raketen

Für den Transport der TR wurden in der RA vier **Raketentransport-Ladefahrzeuge 9T218** (RTLF), die das Spezial-Kfz BAZ-5922[(1)] als Basisfahrzeug nutzten, eingesetzt (jeder SR war ein RTLF zugeordnet). Das RTLF gewährleistete die zeitweilige Aufbewahrung von ein oder zwei Raketen oder Trägern sowie das Durchführen von Be- und Entladearbeiten. Das Umsetzen und die Montage von Gefechts- und Spezialgefechtsköpfen mithilfe des zum Fahrzeug gehörenden Krans sowie das Aufrechterhalten des erforderlichen Temperaturbereiches für die Rakete mit Spezialgefechtskopf bei niedrigen Außentemperaturen waren möglich. Mit dem RTLF wurde die SR 9P129 be- oder entladen und die Rakete auf die abnehmbaren Auflagen des Kontroll- und Prüffahrzeugs 9W819 umgesetzt.

Die Abmessungen des Raketentransport-Ladefahrzeuges 9T218 (LxBxH) betrugen in Marschlage 9463 x 2782 x 2435 mm bei einer Masse ohne / mit 2 Raketen von 14.220 / 18.075 kg. In Marschlage lag die Höhe bei 6050 mm. Mit Raketen auf der Straße / im Gelände betrug die Höchstgeschwindigkeit 60 / 15 km/h, der Fahrbereich auf der Straße ca. 650 km. Die Tragfähigkeit des Krans des RTLF lag entsprechend der Auslegerausladung von 0,9 bis 1,2 m zwischen 2,67 bis 0,95 t. Zum Umsetzen einer Rakete vom Raketentransportfahrzeug auf das Raketentransport-Ladefahrzeug benö-

Im Laderaum des Raketentransport-Ladefahrzeuges 9T218 befanden sich zwei komplett montierte Raketen 9M79. Zwischen den beiden Raketen war der fahrzeugeigene Kran für Umladearbeiten angeordnet. Gut zu erkennen, die beiden Thermocontainer zum Beheizen der Spezialgefechtsköpfe.

tigte die Bedienung bei Tag / Nacht maximal 18 / 21 Min., vom Raketentransport-Ladefahrzeug auf die Startrampe 19 / 22 Min. Die Zeit für die Gefechtskopfmontage auf der Startrampe dauerte 46 Min., auf dem Raketentransport-Ladefahrzeug 38 Min.

Als Nachrichtenmittel verfügte das RTLF über das Funkgerät R-123 MT.
Die vorderen und die hinteren Auflagen mit den Haltebändern sicherten die Rakete oder den Träger im Laderaum des RTLF. Zwei Erdstützen mit Stütztellern hoben die hintere Achse bei Verladearbeiten an und erhöhten somit die Standsicherheit. Die Hydraulikanlage gewährleistete den Antrieb für die Erdstützen, die Arbeit des Krans sowie das Heben und Senken des Lasthakens. Die Elektroausrüstung war für das Beheizen des Spezialgefechtskopfs im Thermocontainer, die Steuerung der Hydraulikanlage sowie die Versorgung des Funkgerätes und der Beleuchtung verantwortlich. Zu den Stromquellen gehörten zwei Generatoren mit einer Leistung von je 9 kW und Akkumulatoren. Ein Generator gehörte zum Elektroaggregat und wurde im Stand genutzt, der zweite Generator wurde während des Marsches vom Fahrermotor angetrieben.

Der Kran der RTLF war im hinteren Teil des Laderaumes auf einer Stütze angeordnet, die an die Holme des Fahrgestelles des Basisfahrzeuges angeschweißt war. Mit der Universaltraverse 9T315 wurden Raketen, Träger oder Container 9Ja234 be- oder entladen. Die Traverse 9T316 diente zu Be- und Entladearbeiten von Gefechtsköpfen sowie zur Gefechtskopfmontage oder -demontage an Raketen.

Das **Raketentransportfahrzeug 9T222** (RTF) belieferte die Startrampe 9P129 und das Raketentransport-Ladefahrzeug 9T218 mit gefechtsbereiten Raketen. Es diente dem Transport und dem zeitweiligen Aufbewahren von ein oder zwei Raketen oder Trägern in ihren Containern oder von bis zu vier Gefechtsköpfen in ihren Containern. 1966 begann im Brjansker Automobilwerk die Fertigung der aktiven Lastzüge ZIL-137A und ZIL-137B. Jeder Lastzug bestand aus einer Sattelzugmaschine ZIL-137 (wurde von ZIL geliefert) und einem aktiven Sattelauflieger ZIL-137A oder ZIL-137B. Die speziell für den Einsatz in diesen Lastzügen eingesetzten Sattelzugmaschinen erhielten die Bezeichnung ZIL-137. Die Lastzüge wurden hauptsächlich für den Transport von Fla-Raketen für die Fla-Raketensysteme 2K11 KRUG und 2K12 KUB gefertigt. Auf der Sattelzugmaschine wurde über einen zusätzlichen Abtrieb vom Verteilergetriebe eine Hydraulikpumpe angetrieben, auf dem Sattelauflieger befand sich ein Hydraulikmotor. Hydraulikpumpe und -motor waren über zwei flexible Hochdruckschläuche miteinander verbunden. Der Hydraulikmotor trieb über ein Untersetzungsgetriebe und Kardanwellen die beiden Achsen des Sattelaufliegers an. Auf Basis des Lastzuges ZIL-137A entstand das Raketentransportfahrzeug 9T222, das zwei Raketen für das TRs 9K79 TOTSCHKA transportierte. Das Gewicht unbeladen / beladen des Sattelaufliegers betrug 3800 / 19.500 kg. Beladen konnte der Lastzug bis 60 km/h, mit eingeschaltetem aktivem Antrieb 7 km/h fahren.
Bei der Bestellung des TRs 9K72 TOTSCHKA für die NVA gehörte des RTF 9T222 zum Bestand des Systems. Da das Brjansker Automobilwerk die Produktion dieses RTF nur bis 1985 aufrecht hielt, verzichtete die NVA und schwenkte auf das Nachfolgemodell, das RTF 9T238, um.
Das **Raketentransportfahrzeug 9T238**, die Weiterentwicklung des RTF 9T222, bestand aus der Sattelzugmaschine 4401 und dem aktiven Sattelauflieger 9551. Die neue Sattelzugmaschine 4401 ersetzte das Vorgängermodell ZIL-137 der Lastzüge ZIL-137A und ZIL-137B. Bei der Sattelzugmaschine 4401 wurde das Drehmoment des Motors mechanisch durch das unter der Sattelvorrichtung montierte Kegelradgetriebe mit Kardanwellen an beide Achsen des Sattelaufliegers 9551 übertragen. Der Antrieb des Sattelaufliegers konnte nur im ersten oder zweiten Gang oder beim Rückwärtsfahren erfolgen. Das RTF diente dem Transport und dem zeitweiligen Aufbewahren von ein oder zwei Raketen oder Trägern in ihren Containern oder von bis zu vier Gefechtsköpfen in ihren Containern. Das RTF hatte die Abmessungen (LxBxH) von 14.750 x 2620 x 3150 mm (Höhe mit Plane) bei einer Masse mit Bedienung und zwei Raketen in Containern 9Ja234 von 17.860 kg. Die Masse mit vier Gefechtsköpfen in Containern 9Ja236 lag bei 15.664 kg. Die Leermasse erreichte 12.550 kg.

Die Höchstgeschwindigkeit mit Raketen in Containern durfte auf der Straße nicht mehr als 60 km/h betragen, im Gelände höchstens 15 km/h. Die Höchstgeschwindigkeit unbeladen mit zugeschaltetem Antrieb des Sattelaufliegers lag bei 18 km/h. Der Fahrbereich bei voller Belastung erreichte 650 km. Die wichtigsten Bestandteile des Sattelaufliegers waren ein Tragrahmen mit Bodenteil und die entsprechenden Aufnahmeeinrichtungen zum Befestigen der Container. Fixierstifte und Sperren sicherten die Container gegen Längs- und Querverschiebungen. Für die Be- und Entladearbeiten war das RTF mit der Universaltraverse 9T315 und der Traverse 9T316 ausgerüstet.
Aufgrund der hohen Anschaffungskosten legte der Chef LaSK für den Planungszeitraum 1981 bis 1985 fest, dass RTF 9T238 gegen das **Raketentransportfahrzeug 9T79N** auszutauschen. Das RTF 9T79N setzte sich aus der Sattelzugmaschine TATRA-815 und dem Sattelauflieger NV 30.23.20 zusammen. Das N in der Bezeichnung stand für NVA. Es diente dem Transport und der zeitweiligen Lagerung von Raketen, Trägern und Gefechtsköpfen des Taktischen Raketensystems 9K79 TOTSCHKA. Mit ihm konnten bis zu vier Raketen oder vier Träger 9M79 mit maximal vier Gefechtsköpfen 9N123 transportiert werden. Geplant war der Einsatz ab 1985, der Gesamtbedarf wurde für ein TRs mit sieben Raketentransport-

In der NVA wurde mit Befehl 44/57 des Ministers für Nationale Verteidigung ein Verzeichnis der zum Einsatz vorgesehenen Bewaffnung und Ausrüstung geführt, das *Verzeichnis der Bewaffnung und Ausrüstung (VdBA)*. Dieses Verzeichnis war das Grundsatzdokument für die Beschaffung von Bewaffnung und Ausrüstung durch den Dienstbereich Technik und Bewaffnung des Ministeriums für Nationale Verteidigung. Das VdBA unterlag einer ständigen Weiterentwicklung und wurde ab Anfang der 1980er-Jahre als *Verzeichnis der Kampftechnik, Bewaffnung und Ausrüstung (VdKBA)* geführt. Jeder Bedarfsträger (Verwaltungen der Waffengattungen, Spezialtruppen und Dienst) im MfNV musste die Aufnahme neuer Kampftechnik, Bewaffnung oder Ausrüstung für die Nutzung in der NVA in das VdBA beantragen. Dazu war ein *Antrag zur Aufnahme* zu erstellen und durch den Chef des jeweiligen BT zu unterschreiben.
Das hier gezeigte Dokument aus dem VdKBA wurde 1984 vom Bedarfsträger Raketentruppen/Artillerie zur Beschaffung des Raketentransport-Ladefahrzeuges 9T218 gestellt.

Vertrauliche Verschlußsache

GVS-/VVS-/Tgb.-Nr.: A631225
2. Ausf.=1Blatt

M 01887
VdKBA-Nr.

01 050 50
Kl.-Kennz.

ZAK / EMK-Nr.

Chef Raketen- und Waffentechnischer Dienst

Bedarfsträger

Antrag zur Aufnahme
in das Verzeichnis der Kampftechnik, Bewaffnung und Ausrüstung

1. Bezeichnung: Raketentransportladefahrzeug 9T218 (1K)

2. Kurzbezeichnung: R-Trp-L-Fzg 9 T 218 (1K)

3. Nachfolgetyp für:
3.1 VdKBA-Nr. / Kl.-Kennz. M ______ / __ __ __

4. Austauschbewaffnung /-technik
4.1 VdKBA-Nr. / Kl.-Kennz. M ______ / __ __ __
4.2 Leistungen aus der Volkswirtschaft
- Art:
- Grundtyp:

5. Verwendungszweck:
Das Raketentransportladefahrzeug 9T218 dient zum Transport und zur zeitweiligen Lagerung von 2 Raketen taktischer Bestimmung. Das Raketentransportladefahrzeug 9T218 gewährleistet bei niedrigen Außentemperaturen das Beheizen der Spezialgefechtsköpfe im Stand und in der Bewegung. Das Raketentransportladefahrzeug 9T218 hat einen Kran S 6-75 zum Be- und Entladen mit Raketen bzw. zur Durchführung von Montagearbeiten.
Einsatz: RA der MSD/PD
Jahr der Einführung: 1984
Herstellerland: UdSSR
Basisfahrzeug: BAZ 5922

Angaben zur Datenerfassung:

A E	D Z	KATN:	NZ:	SBZ:	STG:	KLU:	BT:	SB:	MP:	VW:	AK:
	M	Ø1887	GØ1331		Ø1	Ø5Ø	5Ø	3	1		1

NVA 44 703 Ag 117/XXVI-6/82-2078

Das Umladen einer Rakete vom RTLF 9T218 mit fahrzeugeigenem Kran und der Traverse 9T315 auf die Startrampe 9P129, hier bei den Streitkräften der tschechischen Armee.

Das Raketentransportfahrzeug 9T238, mit zwei Containern 9Ja234 beladen.

fahrzeugen festgelegt. Die Ausmaße (LxBxH) des RTF betrugen 15.575 x 2500 x 4000 mm bei einer Masse unbeladen / beladen von 16.400 / 27.000 kg.

Der **Lufttransport- und Lagerwagen 9T133** gewährleistete den Transport von ein oder zwei Containern 9Ja234 mit Raketen oder Trägern im Bereich der Lager. Er stellte den Lufttransport auf Start- und Landebahnen von Flugplätzen sicher und konnte zur zeitweiligen Aufbewahrung von ein oder zwei Containern verwendet werden. Der **Lufttransport- und Lagerwagen 9T114** gewährleistete den Transport eines Containers 9Ja236 mit Gefechtskopf im Bereich der Lager, auf Start- und Landebahnen der Flugplätze zur Durchführung des Lufttransportes sowie der zeitweiligen Aufbewahrung des Containers 9Ja236.

Ein Radzugmittel der Größenklasse V (TATRA-813 oder TATRA-815) mit einem Lastanhänger der Größenklasse IV (Tiefladeanhänger 20/1 oder der Tiefladeanhänger P-202) diente dem Transport defekter Startrampen oder Raketentransport-Ladefahrzeuge.

Isothermtechnik

Für den temperierten Transport der Spezialgefechtsköpfe wurde das bereits in der NVA vorhandene **Isothermfahrzeug 9F223**(1) eingesetzt.

Krantechnik

Für Kranarbeiten in der *Transport- und Umladegruppe* kamen zwei **Autokräne 9T31M1**(1) zum Einsatz.

Führungs- und Vermessungstechnik

Die Gefechtsarbeit des Taktischen Raketensystems 9K79 TOTSCHKA wurde von einem **Stabs-Kfz (KSA) II** (auf Spezial-Kfz LO-2002A) aus organisiert.

Für die Führung von jeweils zwei SR 9P129 kam eine **Führungsstelle R-145BM**(3) auf SPW-60PB zum Einsatz. Trotz der in der Startrampe eingebauten Vermessungseinrichtung wurde als redundante Technik das **Vermessungsfahrzeug UAZ-452T**(1) eingesetzt. Alle Angaben für den Start, auch die laufenden Koordinaten, mussten durch zwei unabhängige Verfahren ermittelt und vom vorgesetzten Führungsorgan verglichen werden. Bei Übereinstimmung konnten beide Werte freigegeben werden.

Mit der Einführung des TRs 9K79 TOTSCHKA in die 7. PD 1988 bestand zum ersten Mal die Möglichkeit, das Taktische Raketensystem mithilfe des **Automatisierten Feldführungssystems 9S743 PASUW** (AFFS) zu führen. Das AFFS verfügte über das **Kommando-Stabsfahrzeug MP24M**(2) für den Chef Raketentruppen und Artillerie sowie über das **Kommando-Stabsfahrzeug MP24M1**(2) für den Stabschef Raketentruppen und Artillerie. Beide Stabsfahrzeuge stellten mithilfe der Datenübertragungsgeräte, dem **Rechnerkomplex Stab BETA-3M**(2) und dem **Rechnerkomplex Stab RTA BETA-3M**(2) die Informationsverarbeitung und die Durchführung der Berechnungen der Startangaben für die TR sicher.

Kontroll-, Prüf- und Wartungstechnik

9B819 - автоматизированная контрольно-испытательная машина (АКИМ) ракет и ГЧ ТРК 9К79 =
9W819 - automatisierte Kontroll- und Testmaschine (AKIM) Rakete und GK TRK 9K79
9B844 - машина технического обслуживания СПУ 9П129 и АКИМ 9В819 ТРК 9К79 =
9W844 - Wartungsfahrzeug SR 9P129 und AKIM 9W819 TRK 9K79

Das **Kontroll- und Prüffahrzeug 9W819**, eingesetzt in den beweglichen raketentechnischen Basen, diente der Durchführung der Regelarbeiten und der Überprüfung von Apparaturen an den TR 9M79F und 9M79K, an den Trägern 9M79 und an den Gefechtsköpfen 9N123F und 9N123K. Zur Durchführung der Arbeiten wurde die Rakete oder der Träger aus dem Containern 9Ja234 herausgenommen und auf die Auflagen des Kontroll- und Prüffahrzeugs 9W819 gelegt. Der Gefechtskopf verblieb bei der Überprüfung im Container 9Ja236, es wurde lediglich der Deckel des Containers abgenommen.

Bei der Rakete 9M79B musste erst der Spezialgefechtskopf demontiert und danach der Träger überprüft werden. Für die Sicherstellung mit elektrischer Energie nutzte das Kontroll- und Prüffahrzeug 9W819 das Elektroaggregat ÄSB-12-WS/400 M1U1 auf Einachs-Fahrgestell.

Das Kontroll- und Prüffahrzeug 9W819 war auf dem Spezial-Kfz ZIL-131 mit Koffer K-131 aufgebaut. Die Zeit zur Lokalisierung einer Fehlerquelle in der Bordapparatur der Rakete betrug in der Regel 1 h 42 Min. bis 4 h 30 Min., in Ausnahmefällen bis zu 7 h. Alle Regelarbeiten an Raketen und Trägern wurden automatisch durchgeführt. Die Gesamtdauer der Regelarbeiten, einschließlich das Umladen der Raketen oder Träger aus den Containern und zurück, betrug 1 h 12 Min. Für die Überprüfung der Gefechtsköpfe wurden 20 bis 22 Min. benötigt. Die Abmessungen des Prüffahrzeugs (LxBxH) betrugen 7490 x 2405 x 3325 mm bei einer Masse ohne Bedienung von 9930 kg. Die Abmessungen des Elektroaggre-

Die Taktische Rakete 9M79F (zu erkennen an dem kleinen, länglichen hellen Schatten am unteren Bereich der Raketenspitze, hier befand sich das optische Fenster für den Laserhöhenmesser) lag auf den zuvor montierten Auflagen des Kontroll- und Prüffahrzeugs 9W819, wurde über Steckverbindungen mit den Kontroll- und Prüfapparaturen verbunden und im automatischen Regime überprüft. Bei diesem Fahrzeug handelte es sich um das Kontroll- und Prüffahrzeug des TRs TOTSCHKA-U, dem Nachfolgemodell, das für die Einführung in die NVA vorgesehen war.

Das Kontroll- und Prüffahrzeug 9W819 in Marschlage, wie es in der NVA eingesetzt wurde.

gates lagen bei 3947 x 2070 x 2300 mm, die Masse betrug 1780 kg. Das **Kontroll- und Wartungsfahrzeug 9W844**, eingesetzt in den BRTB, gewährleistete die technische Wartung an der Startrampe 9P129 und am Kontroll- und Prüffahrzeug 9W819. Es ermöglichte die Einzelüberprüfung und die Durchführung von Instandsetzungsarbeiten an den Geräten und Blöcken der Bodenkontroll- und Starteinrichtung, der Zieleinrichtung und der Vermessungseinrichtung der Startrampe 9P129. Es erlaubte den Wechsel von defekten Geräten und Blöcken aus dem Gruppen-EWZ-Satz.

Das Kontroll- und Wartungsfahrzeug 9W844 war auf dem Spezial-Kfz ZIL-131 mit Koffer K-131 aufgebaut. Zum Fahrzeug gehörte das Elektroaggregat ÄSB-12-WS/400 M1U1 auf Einachs-Fahrgestell. Die Abmessungen des Kontroll- und Wartungsfahrzeuges (LxBxH) betrugen 7490 x 2405 x 3370 mm bei einer Masse ohne Bedienung von 9849 kg. Die Abmessungen des Elektroaggregates lagen bei 3947 x 2070 x 2300 mm, die Masse betrug 1780 kg. Die Gesamtlänge des Zuges erreichte 10.797 mm.

Fahrschul- und Trainingstechnik

Mit dem stationären **Komplextrainer 9F625** wurde die Arbeit mit der Vermessungseinrichtung, insbesondere die Anfangsorientierung mit oder ohne Orientierungspunkt trainiert. Mit dem Trainer konnten die Anfangsangaben für den Start der Rakete aus einer nicht vorbereiteten Startstellung mit und ohne Fernstartpult geübt werden. Es war möglich, das Verlegen des Raketenschlages auf ein neues Ziel sowie das Überprüfen der Rakete und der Startrampe in den Regimen KONTROLLE und START zu trainieren.

Für die Ausbildung der Fahrer der Basisfahrzeuge BAZ-5921 und BAZ-5922 wurde ein **Fahrschulfahrzeug** entwickelt, das die ungewöhnlichen Sichtverhältnisse des Fahrerplatzes realistisch darstellten. Stationiert war das Fahrzeug im Raketen-Ausbildungszentrum 40.

Meteorologische Sicherstellung

Da die Taktische Rakete 9M79 bis ins Ziel gelenkt wurde, war eine meteorologische Sicherstellung nicht notwendig. Die Rakete glich alle durch meteorologische Ursachen hervorgerufenen Veränderungen der Flugbahn selbständig aus. Somit entfiel auch die demaskierende Wirkung des aufsteigenden Wasserstoffballons. Trotzdem befanden sich verschiedene meteorologische Instrumente wie die Windbüchse WR2, ein Schalenmanometer und ein Schleuderthermometer in der Ausrüstung der Raketenabteilung.

Verbleib

Mitte 1990 wurde ein *Plan der Maßnahmen in Verbindung mit der Reorganisation der NVA* aufgestellt. Darin hieß es:

Im Interesse einer ordnungsgemäßen und termingerechten Realisierung der darin getroffenen Festlegungen weise ich Folgendes

Das Kontroll- und Wartungsfahrzeug 9W844 mit Elektroaggregat ÄSB-12-WS/400 M1U1 auf Einachsanhänger.

Auf diesem Foto waren mehrere Fahrschulfahrzeuge für Basisfahrzeuge operativ-taktischer und taktischer Raketensysteme zu erkennen. Im Zentrum das Fahrschulfahrzeug für das Basisfahrzeug BAZ-5921.

Eine einzigartige Aufnahme, die Startrampe 9P129 der NVA bei der Gefechtsausbildung (der Fotograf wurde bei der zufälligen Begegnung nicht ertappt).

an:

1. *Die Übergabe der Technik / Ausrüstung bzw. Dokumentationen ist durch die jeweiligen Chefs / Leiter in enger Zusammenarbeit mit den zuständigen Kommandeuren / Stäben der NVA und den Chefs / Leitern sowie Kommandeuren / Stäben der Westgruppe der Streitkräfte kurzfristig und verantwortungsvoll in Übereinstimmung mit dafür vorgesehenen Planungen vorzubereiten.*
2. *Alle in der Anlage 2 des Planes vorgesehenen Maßnahmen sind, wenn nicht anders festgelegt, bis zum 25.09.1990 abzuschließen.*

R. Eppelmann

In der Anlage 2 dieses Planes wurde zur Verwendung und Vernichtung sensitiver Dokumente, Technik und Bewaffnung der NVA unter anderem folgende Eintragung fixiert:
Raketenkomplex 9K79 TOTSCHKA - alle Elemente des Raketenkomplexes 9K79, einschließlich Lehr- und Trainingsgeräte sowie Dienstvorschriften, Rückgabe an die UdSSR bis 15.09.1990.

Beide Taktische Raketensysteme 9K79 TOTSCHKA wurden fristgemäß und vollständig an die Westgruppe der Streitkräfte übergeben.

Flügelraketen

Flügelrakete S2

Die im Text verwendeten Technik- und Einheitsbezeichnungen stammen aus dem Stellenplan / Ausrüstungsnachweis der Spezial-Küstenartillerieabteilung vom Oktober 1965.

1962 erhielt die Volksmarine der NVA das Küstenraketensystem 4K87 SOPKA. Dazu wurde am 1. Oktober 1962 eine neue Waffengattung der Volksmarine, die *Küstenraketentruppen der Volksmarine*, aufgestellt. Aus Geheimhaltungsgründen erhielt die neue Einheit die Bezeichnung *selbständige bewegliche Spezial-Küstenartillerieabteilung* (sbSKAA) und das Raketensystem die Bezeichnung *Spezial-Küstenartilleriesystem 4K87 SOPKA* (SKAs). Ende der 1960er-Jahre wurde die Einheitsbezeichnung auf Spezial-Küstenartillerieabteilung 18 erweitert.
1958 wurde das erste mobile Küstenraketensystem 4K87 SOPKA (deutsch Kuppel) mit der Flügelrakete S2 in die sowjetische Seekriegsflotte eingeführt. Nach sowjetischen Quellen setzte sich das SKAs aus bis zu vier Startrampen B163 mit je einer gefechtsbereiten Flügelrakete S2, der Radarstation zur Frühwarnung und Fernaufklärung MYS, der Verfolgungsstation BURUN sowie dem Zentralposten ZP zusammen. Der Zentralposten als Führungsstelle verfügte über die Richt-Radarstation S1M, deren Sende- und Empfangsausrüstung separat auf einem mobilen Antennenmast aufgebaut war. Die Ausrüstung für Kontrolle, Überprüfung und Wartung der Raketen sowie für das Nachladen der Startrampen ergänzten das System.
Die sbSKAA wurde der 4. Flottille unterstellt. Damit besaß die Volksmarine zum ersten Mal die Möglichkeit, große Überwasserschiffe überraschend von Land aus anzugreifen und zu vernichten.
Die Vorbereitungen für die Indienststellung des SKAs begannen bereits 1961. Wesentliche Schritte waren die Auswahl eines geeigneten Standorts für die sbSKAA, für das Objekt 123 sowie mögliche Start- und Reservegefechtsstellungen.
Als mögliche Startstellungen wurden der Raum Buk-Spitze und der Raum *Stubbenkammer* vorgesehen, da sie entsprechend den operativ-taktischen Forderungen zur Sicherung der Küste der DDR auf Höhen von 109 und 125 m lagen. Damit war die maximale Reichweite der Raketen in einem Sektor von 170° gewährleistet. Als Reservegefechtsstellungen wurden der Raum *Darß* und der Raum *Die Schwarbe* (nahe der Ortschaft Nonnevitz auf der Insel Rügen) festgelegt.
In Vorbereitung der Auswahl der Standorte wurden in Zusammenarbeit mit dem Bezirks-Hygieneinstitut Rostock und den Hygieneinspektionen der Kreise epidemiologische Berichte erarbeitet. Sie gaben Auskunft über anzeigepflichtige Infektionskrankheiten für das gesamte Jahr 1961.
Das *Objekt 123* diente als Technische Basis dem Bereitstellen der Flügelraketen S2. Die wichtigsten Aufgaben waren der Empfang, die Lagerung und die Vorbereitung der Raketen zum Schießen. Dazu waren Lagerräume für die Flügelraketen, für die Gefechtsköpfe und Startmotoren sowie für die Zünder und Zündpatronen notwendig. Eine Werkstatt zur Prüfung und Vorbereitung der Flügelraketen, ein Platz zum Umladen und Komplettieren waren genauso erforderlich wie ein Prüfstand und ein Verbrauchsstofflager für Treib- und Schmierstoffe. Die verkehrstechnische Anbindung an das Straßennetz musste den schnellen Transport der vorbereiteten Flügelraketen zu den Startstellungen garantieren. Das *Objekt 123* sollte im Raum *Schwarzenpfost*, nahe der Ortschaft Blankenhagen entstehen. Die Entfernung zu den Startpositionen betrug 48 und 108 km. Die Kaserne und die Wirtschaftszone mit den Garagen sollte im Objekt Kühlungsborn untergebracht werden. 1964 wurde das *Objekt Gelbensand* (in unmittelbarer Nähe zum Objekt 123) der 4. Flottille übergeben, die es als neuen Standort für die sbSKAA nutzte.

Spezial-Küstenartilleriesystem 4K87 SOPKA

4К87 - противокорабельная крылатая ракета С2 БРК (Береговой Ракетный Комплекс) Сопка = 4K87 - Anti-Schiffs-Marschflugkörper S2 BRK (Küsten-Raketen-Komplex) SOPKA

Die wichtigsten Einsatzgrundsätze und taktisch-technischen Daten des SKAs 4K87 SOPKA wurden in einem GVS-Dokument im April 1964 wie folgt zusammengefasst:
Der Waffenkomplex SOPKA dient zur Bekämpfung von gegnerischen Überwasserzielen bei

- *dem Schutz eigener Flottenbasen und wichtiger Industrieobjekte an der Küste,*
- *der Abwehr von Landungsoperationen,*
- *der Deckung der eigenen Überwasserkräfte im Küstenvorfeld,*
- *der Deckung der Seeflanke der Landeinheiten,*
- *der Störung der gegnerischen Seeverbindungswege.*

Die Spezial-Küstenartillerieabteilung ist eine bewegliche Einheit, die sowohl aus vorbereiteten als auch aus unvorbereiteten Feuerstellungen Gefechtshandlungen durchführen kann. Die Normzeit für das Klarmachen zum Marsch beträgt 1 Stunde 30 Minuten, für die Entfaltung in der Feuerstellung 1 Stunde 40 Minuten. Die mittlere Marschgeschwindigkeit beträgt 18 bis 20 km/h.

Flügelrakete	
Lenkung	autonome Programmlenkung – Selbstlenkung Halbaktive Zielsuchlenkung
Schub, Starttriebwerk **Marschtriebwerk**	27 - 41 t 1,56 t
Basis zwischen S1M und Startrampe	0 bis 800 m
Entfernung der Zielsuchlenkung	0 bis 15 km
Starthöhe	0 bis 800 m
Basis MYS und S1M	0 bis 11 km

Zu den wichtigsten Einheiten der sbSKAA gehörten neben dem Stab zwei Start- und eine Technische Batterie sowie eine Funkmesskompanie. Laut den ersten Ausrüstungsnachweisen verfügte die sbSKAA über zwei Startrampen und eine Funkmess-Komponente (Funkmess-Kabine BURUN und Feuerleitzentrale). Damit war die Bekämpfung eines Ziels mit einer oder zwei Raketen möglich. Ab 1965 sollte mithilfe einer zweiten Funkmess-Komponente die Möglichkeit geschaffen werden, zwei Ziele gleichzeitig anzugreifen. Erst nach der Außerdienststellung des Spezial-Küstenartilleriesystems 1971 rückte mit der Präsentation einer Startrampe B163 im Armeemuseum der DDR in Dresden das Vorhandensein dieses Waffensystems in der NVA in den Fokus der Öffentlichkeit.

Flügelrakete

Die **Flügelrakete S2** wurde hauptsächlich zur Vernichtung von großen Überwasserschiffen und Transportern im Schussbereich von 15 bis 95 km eingesetzt. Sie verfügte über einen stromlinienförmigen, zylindrischen Rumpf mit frontalem Lufteinlass, auf dessen Oberseite sich das Gehäuse des Zielsuchkopfes befand. Die Rakete erhielt gepfeilte Tragflächen mit Scharnieren zum Hochklappen und ein Leitwerk mit hoch aufragender Stabilisierungsflosse (äußerlich ähnelte die Rakete dem Jagdflugzeug Mig-15bis).

Die Vorbereitungszeit bis zum Abschuss der ersten Flügelrakete aus einer vorbereiteten Startstellung betrug 41 Min. In einer Salve wurden zwei Flügelraketen verschossen (die NVA besaß zwei

Flügelrakete	
GRAU-Index Raketensystem	4K87
Bezeichnung in der NVA	S2
Beginn der Einführung in die NVA	1962
NATO-Bezeichnung	SSC-2B SAMLET
Einsatzebene	Spezial-Küstenartillerie-abteilung
Maximale Schussentfernung (km)	95
Minimale Schussentfernung (km)	15
Maximale Flughöhe (m)	400
Fluggeschwindigkeit (km/h)	300
Länge Rakete (mm)	8480
Höhe der Rakete ohne Booster (mm)	2119
Höhe der Rakete mit Booster (mm)	2935
Maximale Flügelspanne (mm)	4722
Breite mit abgeklappten Flügeln (mm)	1956
Durchmesser des Raketenkörpers (mm)	1200
Art des Triebwerks	Flüssigkeitstriebwerk
Brennstoff / Masse (kg)	Flugkerosin T-1 / 165
Masse Rakete mit Starttriebwerk betankt (kg)	3262
Masse Rakete ohne Starttriebwerk betankt (kg)	2929
Masse Rakete unbetankt (kg)	2735
Masse Gefechtskopf / davon Sprengstoff (kg)	1010 / 860
Startrampe	B163

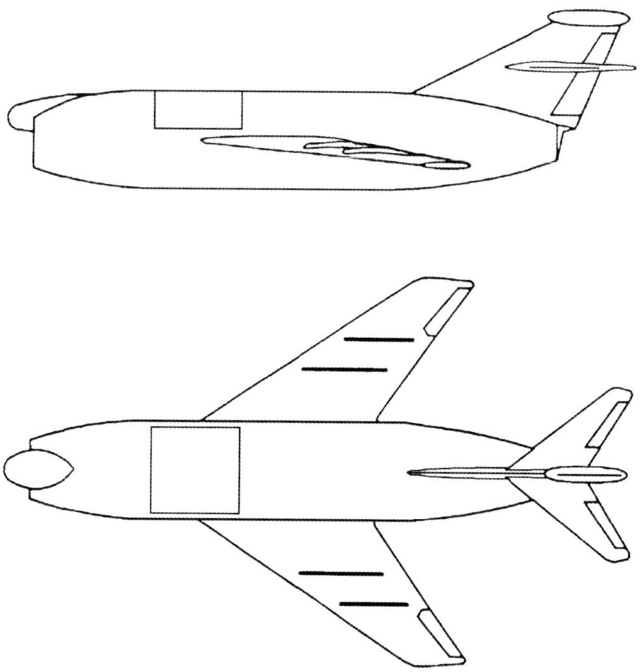

Grafik der Flügelrakete S2

Die Flügelrakete S2, gut zu erkennen das Feststoff-Starttriebwerk, das nach Brennschluss abgeworfen wurde (oberes Bild). Die beiden Tragflächen der Flügelrakete S2 wurden zur Verringerung der Breite in Transportlage hochgeklappt, das Leitwerk fehlt.

Teile des SKAs 4K87 SOPKA auf Kuba (1969) beim Herstellen der Gefechtsbereitschaft. Im rechten Bildteil (von rechts nach links) die Funkmess-Kabine BURUN, die Feuerleitzentrale ZP mit aufgebautem Windmessgerät und ein ADK vor der mobilen Antennenanlage der Leitfunkmess-Station S1M auf einem Spezial-Kfz KrAZ-219. Im linken Bildteil die Elemente der Stromversorgung, ganz links das Stromversorgungsaggregat ESD-30-N2, zwei Elektroaggregate ESD-20 und die Kabelanhänger.

Startrampen), die Trefferwahrscheinlichkeit eines Kreuzers lag bei 70 bis 80 %. Bis zum Abfeuern der zweiten Salve vergingen höchstens 17 Min.

Arbeitsweise des Spezial-Küstenartilleriesystems 4K87 SOPKA
In einem Dokument von 1964 wurde das Zusammenwirken innerhalb des Spezial-Küstenartilleriesystems wie folgt beschrieben:
Nach der Beendigung der Entfaltung und der Abstimmung des Systems wird von der Funkmeßkabine MYS Zielsuche durchgeführt. Beim Ausmachen von Zielen wird vom Hauptbefehlsstand (HBS) ‚Gefechtsalarm' für die Spezial-Küstenartillerieabteilung (SKA-Abteilungen) ausgelöst. Das Kommando wird von der Funkmeßkabine MYS zur Feuerleitzentrale ZP (FLZ) über Fernspruch oder Funk gegeben. Durch Klingelzeichen wird von der Feuerleitzentrale ZP für alle Gefechtsstationen (BURUN, Startrampen) ‚Gefechtsalarm' gegeben. Auf das Kommando ‚Gefechtsalarm' besetzt das Personal seine Stationen entsprechend den Gefechtsinstruktionen und schaltet sämtliche Geräte und Apparaturen ein. In Abhängigkeit von der konkreten Lage wird vom Abteilungskommandeur die Art der Feuerführung bestimmt (zentrale Feuerleitung, autonome). Vom Kommandeur der Abteilung wird das zu bekämpfende Ziel ausgewählt und die entsprechende (umgerechnete) Zielanweisung vom HBS zur Feuerleitzentrale übermittelt. Der Waffenleitgast gibt die übermittelten Werte der Zielanweisung in das Gerät 2 ein. Danach wird von der FLZ zur Funkmeßkabine (FMK) BURUN das Kommando ‚Zielanweisung aufnehmen' gegeben. Wenn die FMK BURUN die Zielanweisung aufgenommen und das Ziel ausgemacht hat, werden die Signale ‚Zielanweisung aufgenommen' und ‚BURUN sieht Ziel' zur FLZ (Gerät 2) übermittelt. Danach erfolgt die Übermittlung der Zielanweisung zur Leitfunkmeß-Station (LFMS) S1M. Die LFMS S1M nimmt die Zielanweisungen auf und begleitet das Ziel ununterbrochen ohne Einschalten der Hochspannung.
Nach Abschluss der Entladung werden die Startrampen geladen und die Bordverbindungen der Rakete angeschlossen. Nachdem das Kabel RK-63 angeschlossen ist, wird der Stromkreis des Starttriebwerks überprüft. Nach der Überprüfung wird vom Pult SW-28 das Signal ‚Zur Überprüfung bereit' auf das Gerät 101 der FLZ gegeben. Auf das Kommando ‚Anfangen mit Überprüfung' wird vom Gerät 101 das Klingelsignal ‚Alles in Deckung' an die Startrampen gegeben. Die Pyropatronen werden eingesetzt und alles begibt

sich in Deckung. Aus der Deckung wird vom Gerät 63 das Signal ‚Überprüfung angefangen' zum Vorstart-Kontrollwagen PPK und zur FLZ übermittelt. Damit beginnt die autonome Überprüfung der Elektro-Ausrüstung, des Blockes S3 und des Autopiloten der Rakete.
Gleichzeitig damit erfolgt das Richten der Startrampen auf den Überprüfungswinkel. Nach Abschluss der autonomen Überprüfung werden die Batterien klar zum Gefecht gemeldet. Auf das Kommando ‚Abteilung zum Gefecht' werden die Bordapparaturen der Rakete eingeschaltet, das Marschtriebwerk angelassen, und bei 6500 bis 7000 U/min die Speisung der Bordapparaturen der Rakete automatisch auf den Bordgenerator umgeschaltet. Nach Aufleuchten des Signals ‚Generator eingeschaltet' wird von der FLZ das Kommando ‚Komplex Überprüfung' gegeben. In dieser Zeit hat das Marschtriebwerk 8000 bis 10 000 U/min erreicht. Dabei leuchtet am Gerät 101 (FLZ) das Signal ‚Bereitschaft Marschtriebwerk' auf. Danach erfolgt das Kommando ‚Verbesserungen berichtigen' für das Gerät 2. Gleichfalls wird die Blockierung ‚B' in den VKP berichtigt. Nach Beendigung der komplexen Überprüfung und beim Vorhandensein folgender Signale am Pult SW-28 ‚S3 eingeschaltet', ‚Anfangslage Antenne B', ‚Zeitmechanismus in Anfangslage', ‚Nullbasis' und ‚Generator eingeschaltet' wird mit dem Umschalter das Signal ‚Überprüft' auf das Gerät 101 in der FLZ gegeben. Wenn in der FLZ die Signale ‚Verbesserungen und Blockierungen berichtigt' und ‚Überprüft' aufleuchten, wird die Bereitschaft der Abteilung zum HGS gemeldet.
Danach wird vom Abteilungskommandeur das Kommando ‚Volllast' gegeben. Der Waffenleitgast am Gerät 2 drückt den Knopf ‚Volllast' und löst damit den Zeitmechanismus im Gerät 101 aus, gleichzeitig gelangt dieses Kommando auf das Gerät 63 im VKP. Der Bedienungsgast am Pult SW-28 fährt das Marschtriebwerk auf volle Leistung. Gleichzeitig erfolgt vom Pult SW-28 das Ausfahren des Kabels RK-63. Beim Kommando ‚Volllast' geht die FMS S1M auf Verfolgung und schaltet die Hochspannung ein. Der Waffenleitgast des Gerätes 112 führt die Rampen (automatisch oder halbautomatisch) auf den Richtwinkel. Beim Anliegen der Spannung vom Bordgenerator und bei ausgefahrenem Kabel RK-63 wird auf das Pult SW-28 und auf das Gerät 101 das Signal ‚Bereit' gegeben. Fünf Sekunden vor dem Signal ‚Start gestattet' wird vom Zeitmechanismus des Gerätes 101 mit der Hupe in der FLZ und dem VKP das Signal ‚Achtung Start' gegeben, und gleichzeitig damit wird der Autopilot entblockiert. Beim Aufleuchten des Signals ‚Start gestattet' drückt der Waffenleitmeister auf den Knopf ‚Start'. Wenn der Start erfolgt ist, leuchtet am Gerät 101 und am Pult SW-28 das Signal ‚Start erfolgt' auf. Wenn innerhalb von 250 bis 400 ms der Start nicht erfolgt, so erarbeitet das Verzögerungsrelais im Gerät 101 das Signal ‚Kein Start'."

(Aus dem Dokument geht die Bedeutung der Abkürzung VPK nicht hervor.)

Die weitere Arbeitsweise:

Die von der Feuerleitzentrale ZP gerichtete Startrampe B163 gab der Flügelrakete die notwendige Flugrichtung vor, die durch den Autopiloten auf eine Flughöhe von ca. 400 m gebracht und autonom zum Rendezvouspunkt in den Leitstrahl gesteuert (erster Flugabschnitt) wurde. Ein Höhenkorrektor überprüfte ständig das Einhalten der erforderlichen Flughöhe.
Beim Eintritt in den von der Leitfunkmess-Station S1M erzeugten Leitstrahl flog die Flügelrakete S2 in Richtung Ziel (zweiter Flugabschnitt). Gleichzeitig begann die Bordapparatur S3 im Lenkregime A zu arbeiten. Auf diesem Abschnitt wurde die Rakete mithilfe barometrischer Korrektoren auf Flughöhe gehalten. Bei Abweichungen von der Linie des Leitstrahls erarbeitete die Bordapparatur S3 ein proportionales Signal, das sie an den Autopiloten übermittelte, der die Rakete auf dem Kurs des Leitstrahls hielt. Auf einer vor dem Start eingegebenen Entfernung erfolgte die Aufhebung der Blockierung für die Selbstlenkung der Bordapparatur S3. Reflektierte das Ziel die von der Funkmess-Kabine BURUN abgestrahlten Funkmess-Signale in ausreichender Stärke, erfasste die Bordapparatur S3 das Ziel, ging in das Lenkregime B über und gewährleistete die selbständige Lenkung der Flügelrakete S2 ins Ziel (dritter Flugabschnitt). Gleichzeitig beendete der Höhenkorrektor seine Arbeit, der Autopilot bestimmte den Vorhaltepunkt für das Auftreffen auf das sich bewegende Ziel.

Die Planung sah die Bevorratung von je zehn Raketen pro Startrampe vor. 1966 befanden sich lt. Ausrüstungsnachweis 20 Flügelraketen S2 im Bestand des SKAs. Da zu einem Kampfsatz (KS) vier Raketen gehörten, verfügte das SKAs über fünf Kampfsätze, von denen zwei zentral eingelagert, die anderen drei KS in der sbSKAA ständig einsatzbereit gehalten wurden.
Um die Einsatzbereitschaft der Raketen zu gewährleisten, mussten sie mindestens viermal im Jahr überprüft werden, was dazu führte, dass die Betriebsstundenzahl der in den Raketen eingebauten Blöcke jährlich um 8 Stunden bis 10 Stunden zunahm und 1970 / 1971 den Maximalwert erreichte. Mit Erreichen des Maximalwertes an Betriebsstunden hätten die Raketen einer Hauptinstandsetzung unterzogen werden müssen, wozu weder die UdSSR noch die DDR imstande gewesen wären, da die UdSSR die Produktion eingestellt hatte und Ersatzteile nicht mehr zu beschaffen waren.

Startrampe

Die Ausmaße (LxBxH) der mit vier Zwillingsreifen ausgestatteten **Startrampe B163** in Marsch- / Gefechtslage betrugen 12.235 / 12.235 x 3100 / 5400 x 2950 / 3765 mm bei einer Gefechtsmasse ohne Flügelrakete von 14.800 kg. In Marschlage lag der Anstellwinkel der Startschiene bei 0°, in Gefechtslage bei +10°. Horizontal konnte die Startrampe B163 in der Startstellung um +/- 174° ge-

Die zwillingsbereifte Startrampe B163 mit Flügelrakete S2 in Startposition, der Anstellwinkel der Startschiene betrug +10°. Der flügelförmige Abweiser an der Spitze der Startschiene verhinderte Beschädigungen durch die Abgase des Starttriebwerks.

dreht werden. Die Länge der Startschiene erreichte 10.000 mm, der Abstand zwischen den Achsen lag bei 6150 mm, die Spur betrug 2180 mm. Die Flügelrakete wurde entweder mechanisch mit einem in der Startrampe B163 integrierten Elektromotor oder manuell mit einer Handkurbel von der Transportanlage PR15 auf die Startrampe B163 gezogen. Als Zug- und für die Bedienung als Transportmittel, fand eine **mittlere Kettenzugmaschine ATS**(2) Verwendung.

Über eine Kabelleitung war die Startrampe mit der Feuerleitzentrale ZP verbunden. Diese übermittelte an die elektrischen Stellmotoren der Startrampe die entsprechenden Steuerkommandos, hob die Startschiene auf den Startwinkel und drehte sie horizontal in Richtung Ziel. Bei Ausfall der Energieversorgung war ein manuelles Regime für das Richten der Startrampe vorgesehen. Die Einnahme einer Startstellung und der Stellungswechsel bei jedem Wetter waren für den Personalbestand schwerste körperliche Arbeit.
Laut dem STAN (1965) und der Bestandsmeldung (1968) der Spezial-Küstenartillerieabteilung befanden sich zwei *Gefechtsstartrampen B163* und eine Startrampe B163 als *Austauschreserve* im Bestand.

Mittel der Funkmess-Sicherstellung

Zu den Mitteln der Funkmess-Sicherstellung gehörten die Funkmess-Kabinen MYS und BURUN, die Feuerleitzentrale ZP mit der Leitfunkmess-Station S1M und die Elemente der Stromversorgung.

Die **Funkmess-Kabine MYS**, die bis zu 11 km von der Feuerstellung des SKAs entfernt entfaltet werden konnte, diente der Seeraumbeobachtung und der Zielsuche. Die Antenne der Funkmess-Station drehte sich mit 6 U/min und arbeitete mit einer Impulsdauer von 0,25 s.

Die Zielgröße und die Aufstellhöhe bestimmten die Aufklärungsreichweite der Station. Da die möglichen Aufklärungspositionen im Raum Buk-Spitze und Stubbenkammer auf einer Höhe von 109 und 125 m lagen, war eine Aufklärungsweite bei Kreuzern oder Zerstörern von bis zu 320 km gewährleistet. Die Funkmess-Kabine MYS konnte mithilfe dem zur Station gehörenden Elektroaggregat ESD-20 bis zu 24 h ununterbrochen arbeiten. Bei Rauschstörungen wurde automatisch oder manuell durch den Operator auf eine andere Arbeitsfrequenz umgeschaltet. Nach dem Auffassen von Überwasserzielen wurden die Koordinaten per Funk oder Fernmelder an die Feuerleitzentrale ZP weitergegeben. Der Stationswagen APM-598 nahm die Ausrüstung der Funkmess-Kabine auf, eine mittlere Kettenzugmaschine ATS(2) wurde als Zug- und für die Bedienung als Transportmittel eingesetzt.

Die Funkmess-Kabine MYS in Arbeitslage. Die Winden wurden abgesenkt und die Stützstangen aufgestellt. Neben der Hauptantenne war die drehbare Antenne mit Antrieb der kombinierten Freund-Feind-Kennungsanlage NICHROM für die Kennungsabfrage aufgebaut.

Mit Beginn des Ausbildungsjahres 1971 / 1972 trat ein neuer STAN für die sbSKAA in Kraft, der die Herauslösung der Funkmess-Kabine MYS aus der Abteilung festlegte.
Für die Seeraumbeobachtung wurden von 1972 bis 1975 fünf weitere Funkmess-Kabinen MYS importiert, die durch die Grenzfunkmesskompanie 6 an neuralgischen Punkten in Küstennähe eingesetzt wurden.

Die Antenne der **Funkmess-Kabine BURUN** arbeitete mit einer Impulsdauer von 0,52 s und erbrachte eine Leistung von 50 bis 80 kW. Da die Antenne ständig auf das Ziel gerichtet war, drehte sie nicht. Bei quasi-optischer Sicht und einer Höhe von 300 m lag die maximale Reichweite der Station bei 200 km.

Die ununterbrochene Funktionsdauer lag zwischen 5 und 8 h. Die Kabine BURUN erhielt von der Feuerleitzentrale ZP ein Ziel zugewiesen und übermittelte ständig die Koordinaten per Kabel an die FLZ.

Als Basis diente ein Stationswagen APS-598. Zur Versorgung mit elektrischer Energie verfügte die Station über ein eigenständiges Elektroaggregat ESD-20. Eine mittlere Kettenzugmaschine ATS[(2)] diente der Station als Zug- und der Bedienung als Transportmittel. Laut STAN der sbSKAA von 1965 gehörten zwei Funkmess-Kabinen BURUN zur Ausrüstung, die ab 1967 eingesetzt wurden und die gleichzeitige Bekämpfung von zwei Zielen ermöglichten.

Die **Feuerleitzentrale ZP mit der Leitfunkmess-Station S1M** diente der Funkmesskompanie der sbSKAA als Führungsstelle. In der Feuerleitzentrale ZP liefen sämtliche Aufklärungsinformationen zusammen. Von hier aus erhielten die beiden Funkmess-Kabinen BURUN ihre zu begleitenden Ziele zugewiesen, die Startrampen wurden kontinuierlich in die entsprechenden Richtungen bewegt. Anhand der Daten, die von den Funkmess-Kabinen BURUN übermittelt wurden, lenkte die Feuerleitzentrale ZP den Antennenmast der Leitfunkmess-Station S1M ständig auf das zu be-

Die Funkmess-Kabine BURUN in Arbeitslage.

Die Feuerleitzentrale ZP mit der Leitfunkmess-Station S1M in Gefechtslage - von links: das Diesel-Elektroaggregat ESD-30-N2 auf Anhänger (K), der Antennenmast auf KrAZ-219, die Feuerleitzentrale ZP. Die Aufnahme entstand 1959 auf dem Staatspolygon Kapustin Jar.

kämpfende Ziel. Von hier aus erfolgte die Alarmierung der Einheit, das Leiten der Startvorbereitung, der Start der Flügelraketen S2 und die Vorbereitungen für einen zweiten Start. Der Spezial-Anhänger (12 t) APL-598 diente der Feuerleitzentrale ZP als Basis.

Die Elemente der Leitfunkmess-Station S1M, außer dem Sende- und Empfangsblock und der Antennenanlage, befanden sich ebenfalls in der Feuerleitzentrale ZP, sie erzeugten den Leitstrahl für den gelenkten Flug der Flügelrakete S2. Die Station S1M arbeitete mit einer Impulsdauer von 0,5 bis 1 s, sie erbrachte eine Leistung von 200 bis 300 kW. Als Basisfahrzeug für den hydraulisch aufrichtbaren Antennenmast der Leitfunkmess-Station S1M wurde ein schwerer Lkw vom Typ KrAZ-219 eingesetzt. Die maximale Reichweite des Leitstrahles lag entsprechend der Zielgröße zwischen 250 und 300 km.

In Gefechtslage erreichte der Antennenmast eine Höhe von 11.010 mm. Die Ausmaße (LxBxH) des Fahrzeuges in Marschlage betrugen 10.130 x 3250 x 3410 mm bei einer Gefechtsmasse von 16.500 kg. Als Zugmittel fand eine mittlere Kettenzugmaschine ATS(2) Verwendung.

Obwohl laut STAN der sbSKAA von 1965 der Einsatz von zwei Feuerleitzentralen ZP vorgesehen war und somit die Bekämpfung von zwei Zielen bei dezentralisiertem Einsatz der Startrampen möglich gewesen wäre, blieb es bei der einen Feuerleitzentrale ZP.

Der **Stationswagen AP-598** wurde im SKAs 4K87 SOPKA in der Variante APM-598 für die Funkmess-Kabine MYS, in der Variante APS-598 für die Funkmess-Kabine BURUN (beide mit ausfahrbarer Plattform) und in der Variante APL-598 für die Feuerleitzentrale ZP eingesetzt. Die Ausmaße des Stationswagens (LxBxH) waren für alle drei Varianten gleich und betrugen 7793 x 2564 x 3230 mm,

Der Antennenmast der Leitfunkmess-Station S1M.

die Länge des Wagens mit Zugstange erreichte 9405 mm. Die Masse des Wagens ohne Apparatur lag bei 9800 kg, bis zu 5600 kg konnten zugeladen werden. Die Spurweite lag bei 1920 mm, der Achsabstand bei 5410 mm. Der Stationswagen stellte eine mit Wärmeisolierung, Ventilation und Beleuchtung ausgestattete, geschlossene Metallkabine (Koffer) auf Fahrgestell dar, der zur Aufnahme, Nutzung und zum Transport von Spezialapparaturen bestimmt war. Der Stationswagen nahm die Kabine, das Fahrgestell mit Bremsvorrichtung, vier Winden, eine ausfahrbare Antennenplattform sowie Ersatzteile, Werkzeuge und Zubehör auf. Zum Fahrgestell gehörte eine doppelt-luftbereifte drehbare Vorderachse mit Federaufhängung sowie eine doppelt-luftbereifte Hinterachse mit Federaufhängung. Die Druckluftbremsen wirkten auf alle vier Räder und wurden vom Zugmittel aus betätigt. Für die Hinterachse war eine zusätzliche mechanische Handbremse vorgesehen. Der Stationswagen wurde mit vier Winden, die am Rahmen befestigt waren, in Stellung gebracht. Der Wagen musste mit allen vier Winden gleichmäßig gehoben und gesenkt werden, um die Winden nicht zu überlasten. Mit den Winden erfolgte die Horizontierung des Wagens, die mit einer Libelle überprüft wurde. Um die Standsicherheit des Stationswagens zu erhöhen, waren rechts und links am Kofferaufbau zwei Stützstangen befestigt. Mit der ausfahrbaren Antennenplattform wurde die auf dem Rahmen der Plattform montierte Antennenanlage ein- oder ausgefahren. Wenn die Antennenplattform eingefahren war, ruhte sie auf vier Puffern in der Kabine und wurde mit vier Zurrschrauben gehalten. Die Plattform wurde mithilfe der Hebevorrichtung und vier Laufspindeln, die sich in der Kabine befanden, aus- und eingefahren. Die Laufspindeln waren oben an der Dachluke eingehängt und unten in speziellen Gummipuffern eingesetzt. Zur Hebevorrichtung gehörten ein Elektromotor, eine Antriebskette, die Laufspindeln und die Gangmuttern, die in Spezialgehäusen an den Ecken der Plattform befestigt waren. Mithilfe der Antriebskette wurde das Drehmoment vom Elektromotor über Zahnkränze an die Gangmuttern übertragen und die Plattform gehoben oder gesenkt. Zur Durchlüftung der Kabine war eine natürliche und eine künstliche Ventilation eingebaut. Die natürliche Ventilation erfolgte durch Ventilationsöffnungen an der rechten und linken Seitenwand. Die künstliche Ventilation erfolgte mit zwei Druckluftventilatoren. Der Innenraum der Kabine wurde durch einen Ofen geheizt.

Zusätzlich wurde auf dem Dach der Station, an einem Teleskopmast drehbar, die Antenne des Funkmess-Kennungssystems KREMNI-2 für die Kennungsabfrage befestigt. Zur Bestimmung der Staatsangehörigkeit eines aufgefassten Ziels sendete das Funkmess-Kennungssystem Abfragesignale in Richtung Ziel. Wenn auf dem Zielobjekt eine Antwortanlage eingebaut war, wurden verschlüsselte

Der Stationswagen AP-598, wie er für das Spezial-Küstenartilleriesystem 4K87 SOPKA zum Einsatz kam. Das Bild stammt aus der DV-42/24.

Beladung der Startrampe B163 - die Flügelrakete wurde mithilfe eines Elektromotors von der Transportanlage PR15 auf die Startrampe B163 gezogen.

Antwortsignale zurückgesendet. Diese wurden von der Abfrageanlage empfangen und, wenn der richtige Kode eingesetzt war, in Kennsignale umgeformt. Diese Signale wurden auf dem mit der Abfrageanlage gekoppelten Sichtgerät der Funkmess-Station als Kennmarken für eigene Schiffe dargestellt. Erschien keine Kennmarke auf dem Sichtgerät handelte es sich um einen Gegner.

Transporttechnik

Die Spezial-Küstenartillerieabteilung verfügte über zehn **Transportanlagen PR15**, bestehend aus dem Sattelauflieger PR15 mit der Sattelzugmaschine ZIL-157W. Zwei weitere PR15 befanden sich im *Objekt 123*.

Der Sattelauflieger hatte einen Kupplungsmechanismus für das Anschlagen an die Startschiene der Startrampe B163 und eine Vorrichtung für die Montage des Starttriebwerks an die Flügelrakete.

Die Ausmaße einer Transportanlage ohne Flügelrakete (LxBxH) betrugen 16.120 x 2210 x 2400 mm bei einem Gesamtgewicht von 9940 kg. Die Ausmaße mit Flügelrakete (LxBxH) lagen bei 16.120 x 2910 x 3330 mm bei einer Gesamtmasse von 13.660 kg. Für den Transport im Gelände und um die Flügelrakete S2 vor meteorologischen Einflüssen zu schützen, wurde sie mithilfe eines Spriegelgestells und einer Plane geschützt. Dafür mussten die Flügel ab- oder hochgeklappt werden.

Krantechnik

8Т26 - подъемный кран = 8T26 - Hebekran

Zur Ausstattung des Spezial-Küstenartilleriesystems 4K87 SOPKA gehörte ein **Autokran K61**[1]. 1966 wurde dieser Kran gegen einen Autokran 8T26 ausgetauscht. Beide Kräne wurden hauptsächlich für Be- und Entladearbeiten der Transportanlagen PR15 genutzt.

Die Flügelrakete S2 auf der Transportanlage PR15 wurde hier bei einer Parade durch die polnische Seekriegsflotte vorgeführt, die in Gefechtslage abgeklappten Flügel erhöhten den Showeffekt (oberes Bild). Um die entsprechende Bewegungsfreiheit beim Transport der Flügelrakete S2 zu gewährleisten, mussten die Flügel hochgeklappt werden.

Der **Autokran 8T26** bestand aus einem Zugmittel und einem Spezialanhänger. Das Zugmittel MAZ-529W (Triebkopf) war ein Radschlepper mit einer Achse, das nur mit verschiedenen Spezialanhängern genutzt werden konnte. Der Spezialanhänger war die funktionelle Verlängerung des Zugmittels. Die Produktion des einachsigen Triebkopfes erfolgte in Minsk (MAZ-529). Dabei wurden für die Verkleidung des Motorraumes verschiedene senkrechte Kühlergrille verwendet. Mit der Verlegung der Produktion des Triebkopfes nach Moskau (MoAZ-546), wurde ein waagerechter Kühlergrill eingebaut. Die Ausmaße (LxBxH) des Zugmittels MAZ-529W betrugen 4200 x 2950 x 2925 mm bei einer Gesamtmasse von 8000 kg. Die Spurweite der Achse lag bei 2300 mm, die Bodenfreiheit bei 540 mm. Als Motor kam ein JAZ M206A, ein Zweitakt-Dieselmotor mit Direkteinspritzung zum Einsatz, der mit sechs Zylindern eine Motorleistung von 180 PS erreichte. Eine Einscheiben-Trockenkupplung mit Zentralfeder übertrug das Drehmoment auf ein mechanisches Fünfganggetriebe. Von dort wurde das Drehmoment über zwei Gelenkwellen mithilfe eines Achs- und eines Radantriebes auf die Räder übertragen.

Mithilfe eines Hebezeuges oder eines Stützrades für das Zugmittel wurde der Kran 8T26 auf den Einachs-Sattelanhänger aufgesattelt. Der Einsatz erfolgte mit oder ohne Abstützung. Die Ausmaße des Autokrans (LxBxH) betrugen in Marschlage 9400 x 3140 x 3520 mm bei einer Gesamtmasse von 24.000 kg. Um eine gute Beweglichkeit innerhalb von Ortschaften zu gewährleisten, wurde der Kranausleger eingezogen. Der teleskopierbare Kranausleger erreichte eine Hakenhöhe von 9500 mm, im abgestützten Zustand wurde mit der maximal zulässigen Last von 10.000 kg eine Reichweite von 4500 mm erreicht. Innerhalb des umgebenden Arbeitsfeldes konnte mit aufgenommener Last eine Arbeitsgeschwindigkeit von 2 km/h gefahren werden. Die Geschwindigkeit auf der Straße / im Gelände erreichte bis zu 40 / 20 km/h.

Nach Auflösung der sbSKAA fand der Autokran 8T26 weiterhin in der Volksmarine, zum Beispiel für Kranarbeiten mit der Flügelrakete P15, Verwendung.

Kran 8T26 auf Basis des Spezial-Kfz MAZ-529 in Marschlage.

Transport- und Tanktechnik für Brennstoff

ТЗ-200 - топливо-заправщик на шасси МАЗ-200П =
TS-200 - Kraftstoff-Tankwagen auf Chassis MAZ-200P
АЦЗ-4-157 - авто-цистерна заправщик на шасси ЗИЛ-157 =
AZS-4-157 - Tankwagen auf Chassis ZIL-157
АТЗ-3-157- авто-топливо заправщик на шасси ЗИЛ-157 =
ATS-3-157 - Autokraftstoff-Tankwagen auf Chassis ZIL-157

Zwei **Tankwagen TS-200** auf Basis des Spezial-Kfz MAZ-200P, ein Tankwagen für jede Startrampe, eingesetzt in der Zuführergruppe der Startbatterie, betankten die Flügelrakete S2 mit Flugturbinentreibstoff T-1. Die Ausmaße des TS-200 (LxBxH) betrugen 7700 x 2600 x 2700 mm bei einer Gesamtmasse mit Ladung von 13.720 kg. Das ursprünglich als Flugplatz-Tankwagen TS-200 eingesetzte Fahrzeug verfügte über einen elliptischen, 7000 l Treibstoff fassenden, Tank mit einer selbst saugenden Kreiselpumpe.
Ab 1967 wurden die beiden Tankwagen TS-200 durch Tankwagen auf Basis des Spezial-Kfz ZIL-157 abgelöst. In der NVA wurden zu dieser Zeit die Versionen **AZS-4-157** oder **ATS-3-157K** genutzt. Aus den Ausrüstungsnachweisen ging nicht hervor, welcher der beiden Tankwagen zum Einsatz kam.

Der **Tankwagen AZS-4-157** auf dem Fahrgestell ZIL-157 erfüllte alle Anforderungen eines modernen Tankwagens, die Lagerung, den Transport und das Betanken von Kraftstoff mit Messung seiner Menge. Er verfügte über einen elliptischen Stahltank mit einem Fassungsvermögen von 4000 l, eine Kraftstoff-Förderpumpe mit einer Kapazität von 400 l/min und verschiedene Schläuche und Anschlussstücke. Die Steuerung der Tankvorgänge erfolgte vom Fahrerhaus aus. Im Unterschied zum Serienfahrzeug wurde der Fahrzeug-Kraftstofftank um 65 mm abgesenkt, der Schalldämpfer unter der Stoßstange angeordnet und das Reserverad stehend in einem speziellen Fach an der rechten Seite des Fahrzeuges platziert. Die Leermasse / Gefechtsmasse betrug 6250 / 9575 kg.

Der **Tankwagen ATS-3-157K** basierte auf dem speziell für den Einsatz in den Streitkräften entwickelten Tankwagen ATS-3-151, der seit Anfang der 1950er Jahre auf dem Spezial-Kfz ZIS-151 ge-

Der Tankwagen TS-200 auf Basis des Spezial-Kfz MAZ-200P.

Der Tankwagen AZS-4-157 (oberes Bild) - der Tankwagen ATS-3-157K.

baut wurde. Der Tankwagen ATS-3-157 wurde für den Transport von Kraftstoff und das gleichzeitige Betanken von bis zu vier Verbrauchern eingesetzt. Er war mit einem 3500 l fassenden, elliptischen Tank, einer Kraftstoff-Förderpumpe mit einer Leistung von 500 l/min und verschiedenen Schläuchen ausgestattet. Am Heck des Fahrzeuges befand sich die Steuerkabine, in der die erforderlichen Instrumente, ein Kraftstofffilter und ein -zählwerk untergebracht waren. Der Tank konnte in maximal 20 Min. befüllt werden, die Leermasse / Gefechtsmasse betrug 6700 / 9540 kg.

Vermessungs- und Nachrichtentechnik

Beim Beziehen nicht vorbereiteter Startstellungen erfolgte die topografische Sicherstellung mit einer **automatischen Vermessungseinrichtung GAZ-69TM**[1], ab 1965 kam die **automatische Vermessungseinrichtung GAZ-69TMG**[1] zum Einsatz.
Für stabile Nachrichtenverbindungen zum vorgesetzten Gefechtsstand kam ein, speziell für den Einsatz im Nachrichtennetz der Volksmarine zugeführte, **Kommandeurs-Funktrupp PROLIW-M auf Spezial-Kfz GAZ-63 (K)** zum Einsatz. Der erst 1965 eingeführte Kommandeursfunktrupp PROLIW-M nutzte die Funkgeräte R-609, R-607 und R-311 für die Sicherstellung der Nachrichtenverbindungen. Die Stromversorgung erfolgte durch das öffentliche Netz oder das eigene Benzin-Elektro-Aggregat BeET-150. Als Antennenanlage kamen eine 7-m Stabantenne und eine 25-m Langdrahtantenne mit Kurbelmast KTM 15 m zum Einsatz. Mithilfe einer 2,5-m Marschantenne war der Verbindungsaufbau auch während der Bewegung möglich. Die Ausmaße des Fahrzeuges in Marschlage (LxBxH) betrugen 5600 x 2300 x 3300 mm bei einer Gefechtsmasse von 4500 kg. In der Anordnung 30/71 des Chefs der Volksmarine zur Außerdienststellung der sbSKAA war als eine der ersten Aufgaben die *Auflösung des Funktrupps PROLIW-M* bis zum 30.11.1972 festgelegt.

Kontroll-, Prüf- und Wartungstechnik

Die **Funkmesswerkstatt 59** auf Spezial-Kfz G-5 (K) wurde ab 1964 in einer modifizierten Version für Reparatur- und Instandsetzungsarbeiten an der Funkmess-Technik des SKAs 4K87 SOPKA verwendet. Ab 1968 wurde sie durch eine **Funkmesswerkstatt C** auf Spezial-Kfz URAL-375 (K) abgelöst. Die Stromversorgung erfolgte wahlweise vom Festnetz oder wurde vom mitgeführten Diesel-Elektroaggregat GAD-16 sichergestellt.

Die speziell für die Überprüfung der Flügelraketen S2 notwendige Kontroll-, Prüf- und Wartungstechnik war jeweils zweimal vorhanden und in den beiden Startbatterien und in der Technischen Batterie integriert. Damit war es jederzeit möglich, beide Startrampen, getrennt und unabhängig voneinander, einzusetzen.
In der Kontrollgruppe der Startbatterie befand sich der **Vorstart-Kontrollwagen PPK** auf Spezial-Kfz ZIL-157 (K). Er wurde für die Vorstartkontrolle der Bordgeräte sowie das Anlassen und Hochfahren des Triebwerks der Flügelrakete S2 eingesetzt. Bei Notwendigkeit konnte er den Start der Flügelrakete initiieren. Die Ausmaße (LxBxH) betrugen 7310 x 2436 x 3290 mm bei einer Gesamtmasse von 8750 kg.
Bei den Arbeiten an der Flügelrakete, speziell an der funktechnischen Spezialausrüstung, am Marschtriebwerk, an der Flugzelle und am Autopiloten unter feldmäßigen Bedingungen kam der **Technische Kontrollwagen PTP** auf Spezial-Kfz ZIL-157 (K) zum Einsatz. Die Ausmaße des Fahrzeuges entsprachen denen des Vorstart-Kontrollwagens, seine Gesamtmasse lag bei 8600 kg. Die Versorgung mit elektrischer Energie stellte ein Diesel-Elektroaggregat GAD-30 sicher.
Die Arbeit des Technischen Kontrollwagens PTP unterstützten die stationären **Kontroll- und Prüfstände S100** und **APS** sowie die **Prüfpulte 770A** und **795A**. Der KPS S100 wurde zur Überprüfung der technischen Parameter der Zielsuch-Lenkanlage, der KPS APS für die Überprüfung des Autopiloten eingesetzt. Mit den Prüfpulten 770A und 795A erfolgte die Überprüfung der Zündeinrichtung und der elektrischen Zünder der Flügelrakete.

Elemente der Stromversorgung

Die Elemente der Stromversorgung änderten sich im Laufe des fast 10-jährigen Bestehens der sbSKAA, da sukzessiv die sowjetischen Aggregate durch in der DDR produzierte ersetzt wurden.
Die *Aggregategruppe der Funkmesskompanie* stellte mit zwei **Diesel-Elektroaggregaten ESD-30-N2** die Versorgung der beiden Startrampen B163 und der Feuerleitzentrale ZP mit der Leitfunkmess-Station S1M sicher. Als Basis für das Elektroaggregat fand ein Anhänger der Größenklasse 2-PN-6 mit Fahrgestell MAZ-5207W und Kofferaufbau KUNG-P6 für die Unterbringung sämtlicher Ausrüstung Verwendung. Das Elektroaggregat erzeugte Drehstrom mit einer Nennspannung von 230 V und einer Nennleistung von 30 kW. Die Ausmaße (LxBxH) der Station betrugen 7500 x 2605 x 3270 mm. Der wassergekühlte Sechszylinder-Viertakt-Dieselmotor mit Direkteinspritzung war durch eine Flanschverbindung mit dem Generator verbunden.
Zwei **Kabelanhänger** der Größenklasse 2-PN-6 mit je einer mittleren Kettenzugmaschine ATS[2] transportierten je 300 m Kabel, mit denen Technik verkabelt und versorgt wurde. Die Ausmaße eines Kabelanhängers (LxBxH) betrugen 6400 x 2500 x 2500 mm bei einer Masse von 6300 kg. Da die einzelnen Kabeltrommeln kaum von Hand bewegt werden konnten, kamen zwei **Kabelleger KU-N2NA** auf Spezial-Pkw GAZ-69 zum Einsatz. Die Ausmaße des Kabellegers (LxBxH) betrugen 3850 x 1850 x 2030 mm bei einer Gesamtmasse von 2170 kg.
Vier **Diesel-Elektroaggregate ESD-20-WZ/230** waren für die Stromversorgung der Funkmess-Kabinen MYS und BURUN sowie für den Technischen Kontrollwagen PTP mit Dreiphasen-Wechsel-

spannung 230 V/ 400 Hz bestimmt. Das Elektroaggregat war auf einem Anhänger der Größenklasse 2-PN-2 mit Fahrwerk Modell 710B aufgebaut. Es konnte mithilfe eines Hebezeugs vom Fahrgestell abgehoben und für den stationären Betrieb auf ein Fundament gesetzt werden. Die wichtigsten Baugruppen waren der Motor mit dem Generator, der Umformer, zwei Akkumulatoren, ein Reserve-Kraftstoffbehälter sowie eine EWZ-Kiste und der Kabelsatz. Ein mit dem Generator verbundener Umformer wandelte die erzeugte Energie von 230 V/ 400 Hz in 230 V/ 50 Hz um. Die Abmessungen des Diesel-Elektroaggregates (LxBxH) betrugen 5750 x 1890 x 2300 mm bei einer Masse von 1250 kg. Zur Ausrüstung des Elektroaggregates gehörten ferner ein Kabelsatz, der den Anschluss der Verbraucher an das Elektroaggregat und die Parallelschaltung mehrerer Aggregate ermöglichte. Der EWZ-Satz befand sich in zwei Kisten, die am Anhänger außen befestigt waren.
Ab 1965 wurden die Diesel-Elektroaggregate ESD-20-WZ/230 durch Diesel-Elektroaggregate GAD-30 ersetzt.

Trainingstechnik

Für Ausbildung und Training standen unter anderem vier **Flügelraketen S2 Üb** und ein **Schnittmodell Flügelrakete S2** zur Verfügung.

Verbleib

Nach 9-jährigem Einsatz erfolgte am 01.12.1971 ersatzlos die Außerdienststellung des Spezial-Küstenartilleriesystems 4K87 SOPKA. Als Ursache waren der moralische und technische Verschleiß der Technik anzusehen. Eine Instandsetzung war nicht mehr möglich, da im Herstellerland die Produktion eingestellt worden war und keine Ersatzteile mehr zu beschaffen waren. Bis auf Weiteres war auch ein Nachfolgesystem für die Küstenraketentruppen nicht in Sicht. Was im Einzelnen mit der auszumusternden Technik passierte, kann heute nicht mehr nachvollzogen werden. Gesichert ist, dass Anfang August 1972 eine Startrampe B163 mit einer Flügelrakete S2 dem Armeemuseum der DDR in Dresden übergeben wurde.

Im *Importplan 1971 - 1975 der Volksmarine* von 1970 fand sich folgender Eintrag:
Raketensystem (Nachfolgetyp des Systems SOPKA) mit kompletter Ausrüstung einer SKA-Abteilung, einschließlich Kampfsatz-, Übungs- und Lehrraketen, Austausch-, Reserve- und Ausbildungsanlagen, EWZ und Hauptinstandsetzung sowie technischer Hilfeleistung für 25.000.000 Mark ab 1975.
Ab 1979 konnte dieser Plan umgesetzt werden.

Die Funkmess-Kabinen MYS wurden in der Grenzfunkmesskompanie 6 der 6. Grenzbrigade Küste für die Seeraumbeobachtung eingesetzt. Die Energieversorgung stellten **Diesel-Elektroaggregate GAD-50**, anfallende Instandsetzungsarbeiten die **Schiffselektronischen Werkstätten I** und **III** sicher.

Die Startrampe B163, beladen mit der Flügelrakete S2, im Außengelände des Armeemuseums der DDR in Dresden.

Flügelrakete P21 und P22

Die im Text verwendeten Technik- und Einheitsbezeichnungen stammen aus dem Stellenplan / Ausrüstungsnachweis des Küstenraketenregiment 18 vom März 1986.

Im Spätsommer 1979 begann der zweite Aufbau von Küstenraketentruppen der Volksmarine, ausgerüstet mit dem modernen sowjetischen Küstenraketensystem (KRs) 4K51 RUBESH-Ä.
Die Entwicklung des in der Sowjetunion als *Küsten-Anti-Schiffs-Komplex RUBESH* (RUBESH deutsch: Grenze oder Verteidigungslinie) bezeichneten taktischen Waffensystems begann 1970 auf Basis der ab 1967 entwickelten Flügelrakete P-15M TERMIT. Im Oktober 1978 wurde der Komplex in die Bewaffnung übernommen.
Die dem Stellvertreter des Ministers und Chef der Volksmarine unterstellte *Küstenraketenabteilung 18* (KRA) wurde mit Befehl 31/79 des MfNV am 1. Mai 1980 in Dienst gestellt. Im Oktober 1980 wurden bereits die ersten beiden Startrampen 3P51M per Eisenbahntransport zugeführt.
Die im *Plan der Entwicklung der Nationalen Volksarmee in den Jahren 1981 bis 1985* festgelegten Entwicklungsmaßnahmen zur *Erhöhung der Gefechtsmöglichkeiten der Stoßkräfte und zur Bekämpfung gegnerischer Überwasserkräfte* wurden in zwei Schritten realisiert. Es erfolgte die Umrüstung einer Raketen-Torpedoschnellbootbrigade auf neue Raketenschnellboote des Projektes 1241 RÄ in den Jahren 1984 und 1985. Außerdem wurde die Küstenraketenabteilung 18 bis 1985 zum Küstenraketenregiment 18 erweitert bei gleichzeitiger Aufstockung auf acht Startrampen 3P51M des KRs 4K51 RUBESH-Ä.
Die Aufstellung des Küstenraketenregiment 18 (KRR) erfolgte ab 1. November 1983. Für die rückwärtige Sicherstellung kamen die Raketen- und torpedotechnische Basis-18 (RTTB-18) sowie die Raketentechnische Abteilung-6 (RTA-6) zum Einsatz. Herzstück des KRR waren drei Küstenraketenabteilungen (KRA) mit je vier Startrampen. Jede KRA verfügte über zwei Startbatterien und eine Raketen-technische Batterie. Die 1. KRA erhielt 1980 und 1983 jeweils zwei Startrampen (SR) und war somit voll gefechtsbereit. Die 2. KRA wurde 1985 mit vier Startrampen ausgerüstet. 1990 standen die letzten vier Startrampen für die 3. KRA in der Sowjetunion bereit. Aufgrund der politischen Veränderungen in Europa unternahm die DDR große Anstrengungen, die Lieferung dieser vier Startrampen zu annullieren, was nur zum Teil gelang, Mitte Juni 1990 erhielt das KRR-18 die letzten zwei Startrampen. Zum 01.02.1990 befahl der Kommandeur eine neue Organisationsstruktur des KRR-18. Gründe dafür waren in unbesetzten Planstellen bei Offizieren, Fähnrichen und Berufsunteroffizieren sowie in der Kürzung der Dienstzeiten für Maate und Matrosen zu suchen. Entsprechend dieses Befehls konnte aufgrund der drastischen Personalreduzierung nur noch die 1. Küstenraketenabteilung mit entsprechenden rückwärtigen Einheiten gebildet werden. Die 2. KRA wurde aus dem Kampfbestand des KRR-18 herausgelöst.

Küstenraketensystem

4K51 - Береговой противокорабельный комплекс Рубеж = 4K51 - Küsten-Anti-Schiffs-Komplex RUBESH

Das landgestützte Küstenraketensystem 4K51 RUBESH-Ä (Ä stand für Exportvariante) diente dem Bekämpfen von Überwasser-Kampfschiffen (Kreuzern, Zerstörern), von Transportschiffen oder von Landungsmitteln. Es konnte zur Verteidigung von Flottenbasen oder zur Verstärkung von Küstenabschnitten herangezogen werden und gewährleistete unter anderem das Auffassen von Zielen, das Bestimmen ihrer Koordinaten und der Parameter ihrer Zielbewegung sowie ihrer Staatszugehörigkeit. Es bestimmte die Ausgangswerte für das Schießen, teilte die Ziele zwischen den Startrampen auf, die an der Lösung der Gefechtsaufgabe beteiligt waren, und löste Raketenstarts als Einzelstart oder als Salve aus. Jede Startrampe konnte als schießende Einheit oder als vorgeschobener Gefechtsstand, der an die anderen Startrampen die Zielzuweisungen gab, eingesetzt werden.
Das Küstenraketensystem 4K51 RUBESH-Ä besaß eine hohe Beweglichkeit und Selbständigkeit. Es war in der Lage, in kurzer Zeit große Entfernungen zurückzulegen und das Feuer aus nicht ausgebauten Startstellungen zu führen. Die maximale Schussweite bei Zielzuweisung durch andere Funkmess-Stationen (zum Beispiel Funkmess-Kabine MYS) oder durch Fühlungshalter betrug 80 km *(Fühlungshalter sind Kräfte, die mit Beobachtungs- und Nachrichtenmittel ausgerüstet sind, über einen begrenzten Zeitraum stabilen Kontakt mit dem Ziel halten und einer oder mehreren schießenden Einheiten, zum Beispiel einem KRk, die keinen direkten Kontakt mit dem Ziel halten, die für das Raketenschießen erforderlichen Zielparameter übermitteln)*. In Abhängigkeit von der Höhe des Standortes der Startrampen lag die minimale Schussentfernung zwischen 8 und 22 km. Jede Startrampe verfügte über zwei Startcontainer, die Zeit zum Start beider Raketen lag zwischen 7 und 9 s. Die Flughöhe der Rakete über See lag zwischen 25 und 50 m. Erfolgte der Einsatz vom Festland aus, lag die Flughöhe bei 250 m über der Festlandoberfläche. Die Trefferwahrscheinlichkeit eines einzelnen Schiffes lag bei mindestens 80 %, wobei die Geschwindigkeit eines Ziels bis 15 km/h betragen konnte. Die Reichweite der Funkverbindung zwischen den einzelnen SR lag bei maximal 20 km. Um die Trefferwahrscheinlichkeit beim Schießen auf wich-

tige Ziele zu erhöhen, wurde in Salven geschossen. Dabei erfolgten mehrere Raketenstarts nach der Methode FESTGELEGTE ZEIT oder GLEICHZEITIGER START. Wenn die SR unterschiedlich weit vom Ziel entfernt waren, wurde hauptsächlich die Methode FESTGELEGTE ZEIT angewendet. Dabei erfolgten die Raketenstarts so, dass alle abgeschossenen Raketen der Salve gleichzeitig das Ziel erreichten. So konnte neben der geringen Flughöhe die Wirksamkeit der, auf den gegnerischen Schiffen vorhandenen, Fla-Waffen verringert werden. Für die Vernichtung eines Kreuzers, unabhängig von seiner Bewaffnung mit Fla-Raketen, wurde zum Beispiel eine Salve mit acht Flügelraketen, für die Vernichtung eines Zerstörers oder einer Fregatte mit Fla-Raketen eine Salve mit vier Flügelraketen geschossen.

Flügelrakete

ракеты П21 / П22 = Raketen P21 / P22

Die **Flügelraketen P21** und **P22** waren als freitragender Eindecker mit trapezförmigen Flügeln und starrem, Y-förmigem Höhenleitwerk konzipiert. Da die Flügel abgeklappt werden konnten, war die Unterbringung in einem schmalen Container möglich, von dem zwei auf der Startrampe montiert wurden. Die Flügelrakete verfügte über zwei Triebwerke, ein Feststoff-Starttriebwerk und Flüssigkeits-Marschtriebwerk. Die Pulverladung des Feststoff-Starttriebwerks wog 226 kg. Das Flüssigkeits-Marschtriebwerk wurde mit 219 kg Brennstoff und 635 kg Oxidator betrieben und arbeitete im Beschleunigungs- und im Marschregime. Nach dem Verlassen des Containers öffneten sich die Flügel, die beiden Triebwerke brachten die Flügelrakete auf Marschgeschwindigkeit. Das Starttriebwerk wurde nach Beendigung der Arbeit, ca. 1000 m hinter der Startrampe, abgeworfen. Die wesentlichsten Bestandteile der mit einem Störschutz versehenen Zielsuchlenkanlage (ZSLA) waren der Autopilot, der Funk-Höhenmesser, das Trägheits-Navigationssystem und der Zielsuchkopf. Sie hielten Kurs, Höhe und Geschwindigkeit und lenkten die Flügelrakete ins Ziel. Für die Flügelrakete P21 fand ein Funkmess-Zielsuchkopf, für die Flügelrakete P22 ein Infrarot-Zielsuchkopf Verwendung. Der Funkmess-Zielsuchkopf erlaubte die Erkennung eines Ziels auf eine maximale Entfernung von 40 km, der Infrarot-Zielsuchkopf lag deutlich darunter. Durch den Einsatz eines Funk-Höhenmessers konnte die Mindestflughöhe auf 25 m gesenkt werden. Nach dem Bestimmen des zu bekämpfenden Zieles wurden die Daten in die Waffenleitanlage KORALLE-Ä der Startrampe eingegeben, die die entsprechenden Anfangsangaben für das Schießen errechnete und in die Zielsuchlenkanlage der Flügelrakete übertrug. Nachdem die Doppelcontainer-Startvorrichtung KT-16 auf das Ziel ausgerichtet und der Start erfolgt war, flog die Flügelrakete mithilfe des Autopiloten und des Funk-Höhenmessers entsprechend der Vorgaben des Trägheits-Navigationssystems in Richtung Ziel. Wurde die vorgegebene Strecke absolviert, schaltete sich der Zielsuchkopf ein und fing an, das Ziel in der vorgegebenen Richtung und Entfernung zu suchen. Mit dem Auffinden des Zieles schaltete der Zielsuchkopf auf *Begleitung* um, die Flügelrakete flog selbst lenkend ins Ziel.

Beim Schießen von Salven wurden an den ZSLA der Flügelraketen unterschiedliche Frequenzen eingestellt. Das erschwerte die Anwendung von funkelektronischen Gegenmaßnahmen durch den Gegner, er musste mehrere Frequenzen gleichzeitig stören. Da die Flügelraketen hauptsächlich gegen bewegliche Ziele eingesetzt wurden, errechnete die Waffenleitanlage für den Start einen Vorhaltewinkel. Er garantierte, dass sich die Rakete im Moment des Einschaltens des Zielsuchkopfes, genau auf dem berechneten Kurs befand.

Für die Flügelrakete wurde ein hochexplosiver, kumulativer Gefechtskopf mit einer Sprengladung von 375 kg entwickelt, der in der Mitte des Rumpfes angeordnet war. Für die Steuerung der Flügelraketen wurden Quer-, Höhen- und Seitenruder eingesetzt, die mithilfe von Druckluft bewegt wurden, die sich in Druckluftflaschen zwischen dem Brennstoff- und dem Oxidatortank befand. Die IR-Zielsuchanlage der Flügelrakete P22 war so konfiguriert, dass sie nicht auf von der Wasseroberfläche reflektierten Sonnenstrahlen, grell beleuchteten Wolken, Küstenstreifen oder auf Abgasfackeln der Marschtriebwerke vorausfliegender Flügelraketen reagierte.

Für die Flugbahn der Flügelraketen gab es mehrere Szenarien:

- Erfolgte der Start unweit des Ufers bei einer Höhe der Startstellung knapp über dem Meeresspiegel, flog die Rakete ungefähr 20 s bei einer Höhe von 50 m und senkte sich dann auf 25 m.
- Wenn sich die Startstellung bis 650 m über dem Meeresspiegel im Landesinneren mit quasi optischer Sicht zum Ziel befand, betrug die Flughöhe über Land 250 m, bei Erreichen des Wassers 50 m und bei Erreichen des Zieles schließlich 25 m.
- Es gab auch die Möglichkeit, die Startstellung bis 10 km im Landesinneren hinter einer Deckung einzunehmen. Dabei mussten der schießenden Startrampe die Zieldaten von einer zweiten, das Ziel beobachtenden Startrampe, zugewiesen werden. Die Flughöhe über Land betrug nach Passieren der Deckung 250 m und senkte sich über Wasser auf 50 m und schließlich auf 25 m ab.
- Es bestand außerdem die Möglichkeit, bei der Zielzuweisung durch eine zweite Startrampe, Hindernisse mit einer Höhe bis 40 m zu überfliegen.

Laut der Anordnung 01/85 des MfNV über den *Bestand und die Zusammensetzung der Kampfsätze für die Bewaffnung der NVA (Kampfsatzanordnung)* vom September 1987 setzte sich der Kampfsatz einer Startrampe RUBESH aus drei Flügelraketen P21 und einer Flügelrakete P22 zusammen. Im Januar 1990 verfügte die Volksmarine über acht Startrampen RUBESH mit 3,5 Kampfsätzen (112 Flügelraketen), was einem Grad der Sicherstellung von 100 % entsprach.

P-22:

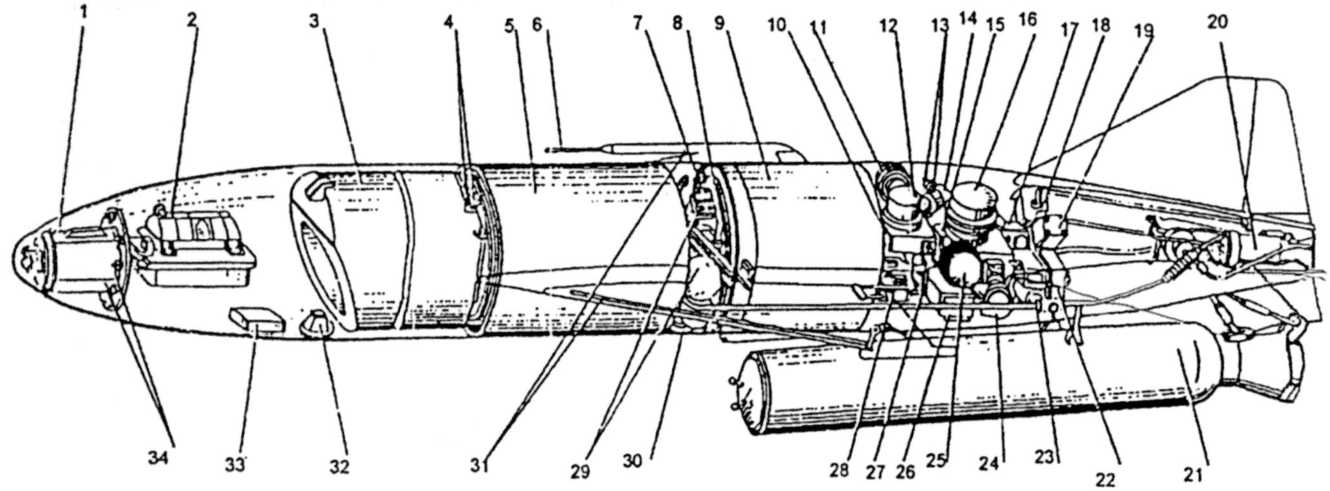

Flügelrakete P-22 - die Grafik stammt aus den Ausbildungsunterlagen

1 - IR-Suchkopf
2 - Signalverarbeitung
3 - Gefechtskopf
4 - Zündersystem
5 - Oxidatortank
6 - Druckrohr
7 - Drucksensor
8 - Flügelausklappmechanismus
9 - Brennstofftank
10 - Energieverteiler
11 - Höhenführungskreisel
12 - Drehratenkreisel
13 - Schalter TWK22000
14 - Hauptkabel AÄRU-129
15 - Ablaufsteuerung DP-2R
16 - Steuereinheit DP-2R
17 - S&A-Einheit
18 - Gier-Stellsystem
19 - Nick-Stellsystem
20 - Triebwerk
21 - Starttriebwerk
22 - Steuereinheit
23 - Konverter PT-125Z
24 - Inverter PO-1500WT
25 - Einheit DP-6B
26 - Radar-Höhenmesser RW-MBÄ
27 - Batterie 52S
28 - Roll-Stellsystem
29 - Druckluftflaschen
30 - Höhenmess-Empfang
31 - Flügelsensorschalter
32 - Höhenmess-Sender
33 - Ablaufsteuerung DWM

Flügelrakete	
GRAU-Index Raketensystem	4K51
Bezeichnung in der NVA	P21 / P22
Beginn der Einführung in die NVA	1979
NATO-Bezeichnung	SSC-3 STYX
Einsatzebene	Küstenraketenregiment
Maximale Schussentfernung (km)	80
Minimale Schussentfernung (km)	8
Maximale / minimale Flughöhe (m)	250 / 25
Fluggeschwindigkeit (km/h)	1100
Länge Rakete (mm)	6560
Durchmesser mit Flügeln (mm)	2500
Durchmesser ohne Flügel (mm)	780
Art des Marschtriebwerks	Flüssigkeitstriebwerk
Brennstoff	TG-2
Oxidator	AK-20K
Masse Rakete betankt (kg)	2624
Startrampe	3P51M

Für fünf *Kleine Raketenschiffe 1241 RÄ* waren 70 Flügelraketen P21 / P22 vorhanden. Jedes Schiff verfügte über einen Kampfsatz von 4 Flügelraketen. Bei einem Bedarf von 3,5 Kampfsätzen entsprachen die 70 Flügelraketen ebenfalls einem Grad der Sicherstellung von 100 %.

Startrampe

3П51М - самоходная пусковая установка =
3P51M - selbstfahrender Werfer

Die **Startrampe 3P51M**, in der NVA wurde grundsätzlich die Bezeichnung **Startrampe RUBESH** benutzt, setzte sich aus dem Chassis des Spezial-Kfz MAZ-543M, aus der Doppelcontainer-Startvorrichtung KT-161 mit Nulllängenführung und der Gefechtskabine zusammen.
Die Doppelcontainer-Startvorrichtung KT-161 verfügte über die notwendigen Aggregate zur Steuerung der Container sowie dem System für die Versorgung der Flügelraketen mit Luft, die für die Tiefkühlung der Infrarot-Zielsuchköpfe benötigt wurde. In der Ge-

Eine der beiden 1990 zugeführten Startrampen RUBESH (3P51M).

Die Startrampe RUBESH (3P51M) in Marschlage.

Startrampe RUBESH (3P51M) in Gefechtslage, die leeren Raketencontainer sind geöffnet.

fechtskabine befanden sich unter anderem die Bildschirme der aktiv / passiv arbeitenden Funkmess-Station HARPUN-Ä, die Waffenleitanlage KORALLE-Ä, die Apparatur für die Vorstartkontrolle der Flügelraketen und die Winkelmesseinrichtung. Die Funkmess-Station HARPUN-Ä benötigte 5 Min. zum Herstellen der Gefechtsbereitschaft. Sie bestimmte die Position und die Bewegungsrichtung von Seezielen. Anhand der Größe der Zielimpulse auf den Bildschirmen und der errechneten Entfernung konnte die Schiffsklasse ermittelt werden. Die Waffenleitanlage KORALLE-Ä (Feuerleitanlage) ermöglichte die Rundum- oder Sektorensuche bis zu einer Zielentfernung von 100 km bei Zielgeschwindigkeiten von bis zu 80 sm/h (1 sm = 1,852 km). Die Aufklärungsergebnisse von bis 100 km entfernt operierenden Fühlungshaltern konnten empfangen und verarbeitet werden.

Die Freund-Feind-Kennungsanlage NICKEL-K, der Antennenmast der Funkmess-Station vor der Gefechtskabine sowie die Nachrichteneinrichtung komplettierten die Gefechtskabine. Die Energieversorgung stellte eine in der Gefechtskabine integrierte Gasturbine mit gekoppeltem Generator sicher.

Die Masse der Startrampe 3P51M mit beiden Flügelraketen betrug 40.215 kg, ohne Flügelraketen 34.995 kg. Die Abmessungen (LxBxH) lagen bei 13.950 x 3150 x 4050 mm. War die Funkmess-Station in Gefechtslage (nur im Stand), betrug die Höhe 7000 mm. Der Richtwinkel der Raketencontainer betrug vertikal 0° bis 16°, horizontal nach beiden Seiten 40°. Zur Bedienung gehörten fünf Armeeangehörige.
Die beiden 1990 gelieferten Startrampen 3P51M verfügten bereits über das Freund-Feind-Kennungssystem PAROL.

Das verwendete **Basisfahrzeug MAZ-543M**[(1)] kam als Spezial-Kfz der Größenklasse VIII ab 1967 zur NVA. Bei der Version M handelte es sich um den MAZ-543 mit nur einer, in Fahrtrichtung

Der Richtwinkel der Raketencontainer betrug vertikal 0° bis 16°, horizontal nach beiden Seiten 40°.

links angeordneten, Fahrerkabine. Die Fahrerkabine ließ sich mit einer Filterventilationsanlage hermetisieren.

Transporttechnik

Für die Zufuhr gefechtsbereiter Flügelraketen kam die **Raketentransporteinrichtung** (RTE) auf schwerem Spezial-Kfz KrAZ-255B1 zum Einsatz. Jeweils zwei Flügelraketen in Transportlage wurden auf der RTE, die mit einem Transport- und Tarngestell ausgerüstet war, transportiert.

28 Raketentransporteinrichtungen waren für die Versorgung der geplanten zwölf Startrampen mit Flügelraketen im Küstenraketenregiment 18 geplant. Im KRR-18 wurde jeder Startrampe eine RTE zugeordnet, die in den jeweiligen Raketentechnischen Batterien eingegliedert waren. Sie versorgten die Startrampen mit einem zweiten Kampfsatz. Somit waren der 1. und 3. Küstenraketenabteilung jeweils vier RTE zugeordnet. Da sich in der 2. KRA ab November 1984 ein zusätzlicher Lager- und Transportzug befand, waren hier insgesamt sechs RTE erforderlich. Vier weitere RTE befanden sich in den Einheiten der materiellen, technischen und medizinischen Sicherstellung.
Zwei weitere RTE befanden sich in der Kfz-Transportgruppe der *Raketen- und torpedotechnischen Basis 18*, acht RTE in der *Raketentechnischen Abteilung 6*, eingesetzt in den drei Raketentransportzügen der Raketentechnischen Kompanie und im Raketentransportzug der Lager- und Transportkompanie (jeweils zwei RTE).

Krantechnik

Zum Beladen der Startrampen mit den Flügelraketen als auch für Verladearbeiten im Bereich der technischen Sicherstellung wurden 13 **Autodrehkräne II** eingesetzt. Aus vorhandenem Bildmaterial ließ sich zum Beispiel der **Autodrehkran-125**(1) identifizieren.

In der Gefechtsausbildung wurde auch der Einsatz einzelner Startrampen 3P51M als vorgeschobener Gefechtsstand trainiert. Die Startrampe klärte im befohlenen Sektor auf und meldete die Aufklärungsergebnisse an die anderen Startrampen.

Als Hebezeug kam der ADK-125 zum Beladen der Raketentransporteinrichtung zum Einsatz.

Transport- und Tanktechnik für Oxidator

Mit Aufstellung der KRA-18 wurden für das Betanken der Flügelraketen P21 und P22 zwei **Transportanlagen für Oxidator AKZ 4-255B**[1] und eine **Auftank- und Transportanlage für Oxidator 9G30M**[1] eingesetzt. Da die Transportkapazität der Anlage 9G30M nur 1,9 m^3 betrug, wurde sie mit Aufstellung des KRR-18 gegen sechs Transportanlagen für Oxidator AKZ 4-255B und drei **Transportanlagen Oxidator TAM 3,5**[1] ausgetauscht.

Transport- und Tanktechnik für Brennstoff

Im KRR-18 wurden drei **Auftank- und Transportanlagen für Brennstoff 9G29M**[1] und sechs **Transportanlagen für Brennstoff AZG 5-375**[1] zum Betanken der Flügelraketen P21 und P22 mit Brennstoff eingesetzt. Ab 1988 kamen auch **Transportanlagen für Brennstoff AZG 5-4320**[1] auf Spezial-Kfz URAL-4320 zum Einsatz.

Wasch- und Neutralisationstechnik

18 **Wasch- und Neutralisationsfahrzeuge 8T311M**[1] (neun im KRR-18, zwei in der RTTB-18 und sieben in der RTA-6) wurden als Mittel der technischen Sicherstellung eingesetzt. Ihr Einsatz sicherte das Betanken der Flügelraketen ab und erfolgte zum Bekämpfen möglicher Brände.

Führungs- und Vermessungstechnik

Vier Startrampen RUBESH (3P51M) wurden in einer Küstenraketenabteilung zusammengefasst. Die SR wurden entsprechend der zu erfüllenden Aufgabe einzeln, zum Beispiel als vorgeschobener Gefechtsposten, paarweise oder im Bestand einer KRA eingesetzt. Wenn die KRA geschlossen handelte, wurde als Maßnahme der Funkmess-Tarnung nur die Radaranlage einer Startrampe eingesetzt, die die Zieldaten ermittelte und die Aufklärungsergebnisse an die anderen drei Startrampen meldete. Diese gaben die Daten in die Waffenleitanlagen und errechneten die Anfangsangaben für den Start.
Für jede KRA wurde ein Führungspunkt (FP) eingerichtet, der ein Stabs-Kfz (KSA) IV als Basis nutzte.

Die Raketentransporteinrichtung für die Flügelraketen P21 und P22 auf dem Basisfahrzeug KrAZ-255B1.

Für die topografische Sicherstellung verfügte jede Küstenraketenabteilung über ein **Vermessungsfahrzeug UAZ-452T**[1].

Kontroll-, Prüf- und Wartungstechnik

Mit den Mitteln der technischen Sicherstellung wurden die Flügelraketen P21 und P22 für das Gefecht vorbereitet. Die Kontroll- und Prüfgeräte überprüften die Flügelraketen vor dem Einsatz und erlaubten bei Notwendigkeit kleinere Instandsetzungen. Für diese Arbeiten war jeder Küstenraketenabteilung eine Raketentechnische Batterie zugeordnet.

Eine **Schiffselektronische Werkstatt I-70** im Container wurde als transportable und unabhängige Basis-Werkstatt zur Ausführung von Reparaturen beliebiger Schwierigkeit an Nachrichten- und funktechnischen Ausrüstungen im KRR-18 eingesetzt. Die Werkstatt war in einem hermetisch verschließbaren 20-Fuß-ISO-Container untergebracht. Vier außen anzubringende Hebestützen ermöglichten das Absenken des Containers ohne Kranunterstützung. Die Werkstatt bot erstmalig unmittelbaren Schutz vor der Einwirkung von KCB-Waffen. Im Inneren befanden sich Werktische, Schränke, Ablagen und Schlafplätze für vier Personen.

Zur technischen Grundausrüstung gehörten die elektrische Installation, Filterbelüftung, Umformer für Sonderspannungen, Notbatterien, Werkzeuge, elektronische Messmittel und weiteres Zubehör. Als Transportmittel kam das schwere Spezial-Kfz TATRA-148 6x6 PPR14 zum Einsatz.

Zur Durchführung von Regel- und Wartungsarbeiten, für die Entkonservierung und das Herstellen der Gefechtsbereitschaft an den Flügelraketen P21 und P22 unter feldmäßigen Bedingungen (Platz zur Kontrolle und Komplettierung der Flügelraketen) kamen mobile **Kontroll- und Prüfstationen KIPS-PR** zum Einsatz. Eine Kontroll- und Prüfstation, auf zwei Basisfahrzeugen ZIL-131 mit Kofferaufbau untergebracht, stellte die Einsatzbereitschaft der Raketen für jeweils vier Startrampen sicher.

Für den Transport der Schiffselektronischen Werkstatt I-70 fand das schwere Spezial-Kfz TATRA-148 6x6 PPR14 Verwendung.

Rechte Seite: Das Messfahrzeug KIPS-PR-1 in Marsch- und in Arbeitsstellung.

Das Fahrzeug KIPS-PR-1, die Prüf- und Kontrollapparatur (Messfahrzeug), war mit Spezial- und standardisierter Messtechnik für die Überprüfung und Regelung der Flügelraketen ausgerüstet. Im Fahrzeug KIPS-PR-2 (Werkzeug-, Geräte- und Ersatzteilwagen) befanden sich Umformtechnik zur Stromversorgung und EWZ-Sätze für die Sicherstellung der Regel- und Wartungsarbeiten.

Die Zuführung der ersten Kontroll- und Prüfstation KIPS-PR erfolgte 1979. Für 1984 war die Zuführung von weiteren zwei Stationen geplant. Durch die BuWe wurden drei Stationen übernommen. Als Pendant zur mobilen Kontroll- und Prüfstation KIPS-PR nutzten die RTTB-18 und die RTA-6 ab 1980 den **Bodenausrüstungssatz für Raketen P21 und P22** (BAS). Der BAS stellte mithilfe der stationären Kontroll- und Prüfapparatur sowie verschiedenen Messgeräten die Vorbereitung, die Überprüfung und Regelung sowie die Übergabe der Flügelraketen P21 und P22 an die Startrampen des KRs 4K51 RUBESH-Ä oder an Raketenschnellboote sicher. Dazu befanden sich EWZ-Sätze und mehrere Kleintransport- und Lastaufnahmemittel im Bestand des BAS. Die Planung sah vor, die RTTB-18 mit einem, die RTA-6 mit drei Bodenausrüstungssätzen auszustatten.

In der Raketen- und torpedotechnischen Basis-18 wurde ab 1980 für die Vorbereitung der Flügelraketen P21 und P22 ein **Technologischer Satz MS-1525AM** auf Spezial-Kfz ZIL-131 eingesetzt. Ein beheizbares Zelt mit fast 154 m^2 ermöglichte die Durchführung von Regelarbeiten und die Vorbereitung der Flügelraketen zur Übergabe an die Startrampen RUBESH oder die RTF unter feldmäßigen Bedingungen. Für die Jahre 1982 und 1984 wurde der Import von zwei weiteren Technologischen Sätzen MS-1525AM geplant.

Das Fahrzeug KIPS-PR-2, die Kontroll- und Prüfarbeiten an den Flügelraketen wurden unter feldmäßigen Bedingungen in einem mitgeführten Arbeitszelt durchgeführt.

Elemente der Stromversorgung

Für die Versorgung der Führungseinheiten, der Nachrichtenmittel und der Mittel der Technischen Sicherstellung mit elektrischer Energie wurden vier **Elektroaggregate GAD-20** (im KRR-18) sowie 13 **Elektroaggregate GAD-40** (fünf im KRR-18, zwei in der RTTB-18 und sechs in der RTA-6) eingesetzt.
Für jeweils zwei Startrampen sah die Planung den Einsatz von einem **Anlassgerät-3** (AG-3) vor. Die Stromversorgung der Funkmess-Station HARPUN-Ä erfolgte im Gefecht mithilfe der bordeigenen Gasturbine. Da diese Anlagen sehr kraftstoff- und verschleißintensiv arbeiteten, wurde in der Gefechtsausbildung und bei Wartungsarbeiten das Anlassgerät-3 eingesetzt. Mit einer Nennleistung von 34 kW konnten weiterhin die Motoren der Startrampen-Basisfahrzeuge in Ausnahmefällen gestartet werden.

Das Anlassgerät AG-3 war auf dem Flugzeugschleppwagen W-50 LA/Z/A aufgebaut. Ursprünglich diente es zum elektrischen Anlass der Triebwerke von Jagd-, Kampf- und Transportflugzeugen. Die Anlage verfügte über zwei elektrische Stromkreise, mit denen Nennspannungen von 28, 57 und 70 V zur Verfügung gestellt werden konnten. Die Energie erzeugte eine Kleingasturbine mit einer Dauerleistung von 110 kW. Die Abmessungen des AG-3 (LxBxH) ohne Kfz betrugen 3500 x 1300 x 1350 mm bei einer Masse von 3500 kg. Ein behelfsmäßiger Aufbau auf Ladeflächen anderer Lkw mit entsprechender Zuladung war möglich. Das Anlassgerät wurde durch den VEB Strömungsmaschinen Pirna produziert.

Fahrschultechnik

Mit der Außerdienststellung der Operativ-taktischen Raketen 8K14 und deren Startrampen 9P117M erhielt die Volksmarine nach der Demontage der Spezialtechnik, ein Lehr-Kfz MAZ-543 für die Ausbildung der Fahrer der Startrampen 3P51M.

Das Anlassgerät 3 auf Spezial-Kfz W-50 LA/Z/A.

Ein Lehr-Kfz MAZ-543 für die Ausbildung der Startrampenfahrer.

Verbleib

Nach fast elf Jahren Truppendienst erfolgte auf dem letzten Regimentsappell am 02.10.1990 die Abgabe der Truppenfahne, was gleichzeitig das Ende des Küstenraketenregiment 18 bedeutete.
Im Buch *Die Küstenraketen-Truppen der Volksmarine - Geschichte und Geschichten* wird die Schlagkraft des Küstenraketensystems 4K51 RUBESH-Ä wie folgt beschrieben: *„Das KRR-18 konnte vollkommen selbständig handeln. Im vollen Bestand wäre es in der Lage gewesen, aus verschiedenen Startstellungen an der Küste der DDR gegen Seeziele in einer Salve gleichzeitig 24 Raketen zu starten. Wenn man berücksichtigt, dass ein Raketentreffer ausgereicht hätte, um ein Kriegsschiff der Klasse Zerstörer in der Mecklenburger oder in der Kieler Bucht oder in der Arkonasee zu vernichten, wird ersichtlich, über was für eine kampfstarke Stoßkraft die VM damit verfügte. Nach jedem Start konnten die Startrampen in kürzester Zeit mit Raketen für einen erneuten Einsatz beladen werden, sodass ein Wiederholungsschlag bereits nach 60 Minuten möglich war. Im Gefechtseinsatz standen drei Kampfsätze Raketen P21 und P22 zur Verfügung."*

Die Bundeswehr übernahm die gesamte Technik des Küstenraketensystems 4K51 RUBESH-Ä.
Laut dem Buch *Raketen über See* von Egbert Lemcke und Holger Neidel ging eine Startrampe nach Großbritannien, zwei blieben in Deutschland (eine in der *Wehrtechnischen Dienststelle für Schiffe und Marinewaffen* und eine im *Militärhistorischen Museum der Bundeswehr* Dresden), eine Startrampe wurde nach Israel abgegeben und die restlichen wurden zu Testzwecken in die USA überführt.

Am *Tag der offenen Albertstadt* in Dresden 2012 konnten Zuschauer die aufwendig renovierte und wieder einsatzbereite Startrampe 3P51M in Aktion erleben.

WEITERE INTERESSANTE BÜCHER ZUM THEMA

Jörg Siegert widmet sich in diesem Band den Rohr- und Raketenwaffen der NVA, die in bewährter Manier umfassend dargestellt und porträtiert werden. Neben den eigentlichen Waffenträgern werden auch die zahlreichen Leit- und Unterstützungsfahrzeuge vorgestellt.
176 Seiten, 180 Abb., 230x265 mm
ISBN 978-3-613-04556-9
€ 29,90 | € (A) 30,80

Michael Normann, der selbst in der NVA diente, stellt in diesem Band die Kampfflugzeuge der »anderen« deutschen Luftwaffe im Detail vor, darunter Muster wie die legendäre MiG-15, die langlebige MiG-21 oder die seinerzeit hochmoderne MiG-29.
176 Seiten, 180 Abb.,230x265 mm
ISBN 978-3-613-04168-4
€ 24,90 | € (A) 25,60

Jörg Siegert stellt in diesem Band die Rad- und Kettenfahrzeuge vor, mit denen die NVA bis zur Integration in die Bundeswehr ausgerüstet war. Detailliert vorgestellt werden etwa 50 verschiedene Grundfahrzeuge wie die Kampfpanzer T 34/76, T 34/85, IS II, PT 76, T 54, T 55, T 72 und ihre Versionen.
160 Seiten, 229 Abb.,230x265 mm
ISBN 978-3-613-04331-2
€ 19,90 | € (A) 20,60

Jörg Siegert beschreibt in diesem Buch in Wort und Bild die gepanzerten Rad-Panzer und Spezialfahrzeuge des Militär-Transportwesens, der Nachrichten- und Pioniertruppen, des Kfz-Dienstes und des Militär-Bauwesens, wie sie bis 1989 bei der NVA in Dienst standen.
160 Seiten, 301 Abb., 210x280 mm
ISBN 978-3-613-04513-2
€ 24,90 | € (A) 25,60

Leseproben zu allen Titeln auf unserer Internetseite

Stand April 2024
Änderungen in Preis und Lieferfähigkeit vorbehalten.

Überall, wo es Bücher gibt, oder unter
WWW.MOTORBUCH-VERSAND.DE
Service-Hotline: 0711 / 78 99 21 51
www.facebook.com/MotorbuchVerlag

Motor buch Verlag